飯店餐飲管理

余炳炎 主編

目錄

第 1 章 飯店餐飲概述

第 2 章 菜單的籌劃與設計製作

第 3 章 原料管理

第 7 章 宴會服務與管理

第 8 章 餐飲服務管理

第 9 章 飯店餐飲銷售管理

第 1 章 飯店餐飲概述

導讀

飯店（Hotel）是隨著人們旅行活動的日益頻繁而出現在人們的社會生活中的，其最初的功能是為旅途中的人們提供過夜住宿服務。由於人類社會的發展和經濟的發達，飯店已變為向客人提供住宿、餐飲、購物、娛樂、健身、會務、展覽、商務等諸多服務的綜合性服務企業。

作為體現現代飯店管理、服務水平高低重要標誌的餐飲部門，其經營好壞已成為評價飯店優劣的主要因素；餐飲部已成為飯店必不可少的組成部分，是飯店所在地區社交活動的中心。

學習目標

明確餐飲部在飯店中的地位、任務

掌握飯店餐飲的經營特點以及內部組織機構的特徵

熟悉餐飲部各營業點的表現形式和飯店經營運轉的主要過程

第一節 餐飲部在飯店中的地位、任務及經營特點

一、餐飲部在飯店中的地位與任務

（一）餐飲部在飯店中的地位

餐飲部在飯店中的地位，和社會的進步和飯店業的日新月異密切相關。受社會經濟發展和人們生活水平的限制，飯店業發展初期的餐飲業往往只能提供一些簡單、經濟的飯菜，處於飯店中的從屬地位，主要解決住店者對飲食的基本需求。20 世紀初以來，隨著社會生產力的迅速發展，國際間各種交往的日益頻繁，飯店業因城市的變化而得以迅猛發展。另外，伴隨著世界經濟的迅速增長，社會生活節奏加快，婦女就業增多，越來越多的人們去飯店、餐館用餐，給餐飲業的繁榮與發展提供了條件。餐飲業內部的競爭也日趨激

烈，經營管理者競相利用特色來吸引就餐者。所有這些因素促進了餐飲業的發展，使餐飲部在飯店中的地位得以提高。

1. 餐飲部生產滿足人們基本生活需要的產品

古人云：「食、色，性也。」民以食為天，飲食是維持生命的基本條件。西方著名心理學家馬斯洛將飲食列為人類五個需求層次中最基本的需求。飯店作為旅遊者離家以後的「家」，其餐飲場所是他們主要的膳食消費地點。現代飯店的餐飲部不僅擁有眾多的餐廳、宴會廳，還有酒吧、音樂茶座、KTV 包廂、房內用餐服務等餐飲設施與服務項目，這些都為飯店所在地的各行各業、各種階層、各種消費層次的人們提供了良好的餐飲消費環境。因此，擁有一個完善的、與飯店經營定位和客人消費要求相適應的餐飲部，是做好飯店經營的基本要求。

2. 餐飲收入是飯店收入的重要組成部分

餐飲部是飯店獲得經濟收益的重要部門之一。餐飲部的收入在飯店總收入中所占的比重因地、因飯店狀況而異，受到飯店本身主、客觀條件的影響，如飯店的經營思想、經營傳統、飯店的位置、內部的設計、檔次等等。就目前星級飯店而言，餐飲部的營業收入約占整個飯店營業收入的 38% ～ 40% 左右，少數地區的飯店，餐飲收入已大大超過飯店的客房收入，占整個飯店營業收入的 1/2 以上。這一勢頭仍有繼續發展的趨勢，歐美先進國家飯店餐飲收入所占比重及地位是相吻合的。因為飯店客房數量是基本固定不變的，其最高收入是一個常量。而餐飲部的最高收入則是個變量，雖然餐位數是固定不變的，但餐飲部可透過提高工作效率、提高服務質量、提高菜餚質量等措施，使餐座的周轉率和人均消費水平得以提高，最終使餐飲部的營業收入達到最大值。

即使從部門盈利來講，雖然餐飲部的成本開支大，其盈利仍可占到飯店利潤總額的 10% ～ 20% 左右，對於一家年利潤上千萬元的飯店來講，這個比例就相當可觀了。

3. 餐飲部管理、服務水平直接影響飯店聲譽美國飯店業的先驅斯塔特勒先生（Mr. Statler）曾經說過：「飯店從根本上說，只銷售一樣東西，那就是服務。」（筆者認為，這是廣義的服務）提供劣質服務的飯店是失敗的飯店，而提供優質服務的飯店則是成功的飯店。飯店的目標應是向賓客提供最佳服務。

餐飲服務水平的高低僅僅是種表象，是賓客能夠直接感受和體會到的，而決定服務水平高低的因素則是餐飲管理水平的高低，服務水平的高低是管理水平的最終表現。餐飲的有形產品不僅可以滿足賓客最基本的生理需求，還可以從色、香、味、形、器等方面使賓客得到感官上的享受。當賓客在典雅舒適的就餐環境中受到熱情款待和周到服務時，他們可在精神上得到享受和滿足。

飯店餐廳的服務人員與賓客直接接觸，其一舉一動、片言隻語，均會在賓客心目中留下深刻的印象。賓客可以根據餐飲部為他們提供的食品、飲料的種類、質量和份量，服務態度及方式來判斷一個飯店服務質量的優劣和管理水平的高低。所以，餐飲管理與服務水平的好壞直接關係到飯店的聲譽和形象。

4. 餐飲部的經營活動是飯店營銷活動的重要組成部分

在日趨激烈的飯店市場競爭中，餐飲部占有極其重要的地位，一直充當飯店營銷的先鋒。相對於飯店的其他營業部門來說，餐飲部在競爭中更具有靈活性、多變性和可塑性。現代飯店如果是同星級的，其客房設施標準相對比較接近，而餐飲和其他服務設施常被客人作為挑選飯店的重要因素。餐飲經營還可為本地消費者提供良好的就餐場所。上海錦江集團所屬的飯店大部分是解放前建造的，雖經過設備、設施等的更新改造，但在硬體方面與同星級的新建飯店仍存在一定的差距。但錦江人揚長避短，發揮自己經營歷史悠久、特色鮮明的優勢，使每家所屬飯店的餐飲獨樹一幟，如錦江飯店的川菜、粵菜，和平飯店的淮揚菜，國際飯店的京魯菜，金門大酒店的閩菜等，都在餐飲業中獨執牛耳，成為同行矚目的領頭羊。餐飲業經營的紅紅火火，又反過來促進了飯店其他部門的生意。

除此之外，飯店餐飲部還可以根據自身的優勢和環境的狀況，舉辦各種食品節等餐飲推廣、義賣活動等，樹立飯店的市場形象，增加飯店的餐飲收入。

5. 餐飲部是飯店用工最多的部門

飯店業屬於勞動密集型行業，而餐飲部通常又是飯店中使用員工數量最多的部門。餐飲部的工作職位多，目前這些職位對員工的教育程度要求不高，因而很受社會上普通勞動力的歡迎。

（二）餐飲部的任務

飯店餐飲部主要承擔著向國內外賓客提供優質菜餚、飲料、點心和優良服務的重任，並透過滿足用餐者的各種需求，為飯店創造更多的營業收入。

1. 向賓客提供以菜餚等為主要內容的有形產品

這是餐飲部的最基本的任務，也是首要任務。餐飲部是飯店唯一生產實物產品的部門。各種檔次、各種風格的飯店，依據自己的市場定位和經營策略，組織餐飲部提供滿足客人所需的優質產品。

2. 向賓客提供滿足需要的、恰到好處的服務

餐飲部是飯店唯一生產、提供實物產品的部門，但這些實物產品價值的實現還取決於飯店餐飲服務人員向就餐者提供令人滿意的服務。在用餐過程中，客人更多注意的是烹飪技藝、服務態度與技巧、用餐的環境與氣氛等無形產品。就餐者在購買餐飲產品的同時，更期望得到與有形產品同時銷售的服務，並期望獲得方便、周到、舒適、友好、愉快等精神方面的享受。這種服務和精神享受必須是恰如其分和恰到好處的，唯有如此，服務才是有效的。恰到好處的服務首先應該是及時的，其次是具有針對性的，再次必須是洞察客人心理的。

3. 增收節支，開源節流，做好餐飲經營管理

增加餐飲收入與餐飲利潤是飯店餐飲部的主要目標。餐飲部應依據飯店所在地的市場變化情況以及飯店本身的狀況，設定經營範圍、服務項目和產

品品種。充分利用各種節日、會議、重大活動等進行推銷。透過舉辦各種食品節、推廣新穎的餐飲產品和用餐方式等，加強食品飲料的銷售；也可以採用擴大用餐場所，增加餐飲接待能力，用外賣、上門服務等方法擴大餐飲服務的外延，來提高餐飲銷售量，以達到增加餐飲收入的目標。

現代星級飯店的餐飲收入雖占整個飯店營業收入的 38% ～ 40% 左右，但餐飲成本所占的比重卻相當高。在一家三星級飯店，餐飲原料成本占餐飲銷售收入的 50% 左右；餐飲產品從原料到成品經歷的環節較多，成本控制的難度較大，從而造成的浪費和損失較多。這需要餐飲部制定出嚴密、完整的操作程序和成本控制措施，並加以監督、執行。

4. 為飯店樹立良好的社會形象

餐飲部與客人的接觸面廣、量大，且又是直接接觸，面對面服務時間長，從而給賓客留下的印象最深，並直接影響客人對整個飯店的評價。

從餐飲角度為飯店樹立良好的社會形象，必須加強餐飲部自身形象建設。形象建設主要透過硬體和軟體建設兩個方面體現出來。就硬體建設而言，首先應從餐飲設施的功能著手，確定各類餐廳、宴會廳、酒吧及餐飲與娛樂相結合的設施是否齊全；其次要看這些設施的檔次高低、先進與否；再者是看這些硬體設施的風格與整個飯店的經營目標是否一致。餐飲部的軟體質量主要體現在管理水平、服務質量和員工的素質等方面。

二、飯店餐飲部的經營特點

餐飲部的經營不同於飯店的其他服務部門，也有別於工業生產部門。

（一）工業產品、商品、餐飲產品經營過程對比

1. 工業產品的經營過程

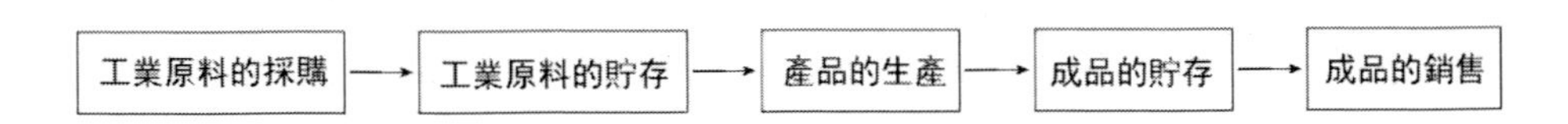

2. 商品的經營過程

3. 餐飲產品的經營過程

（1）飲品

（2）菜餚

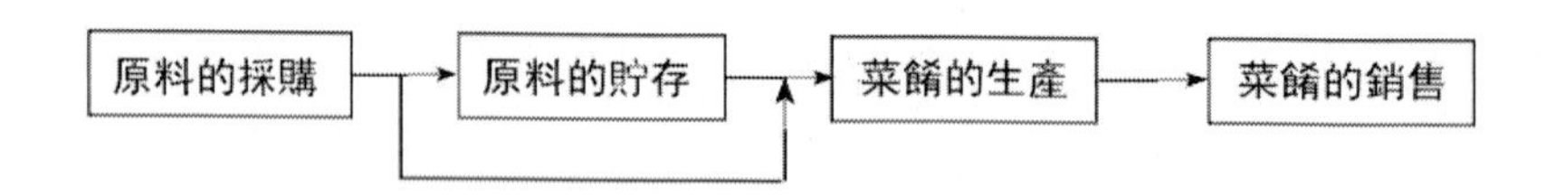

以上透過方框程序圖的形式，對工業產品的經營過程、商品的經營過程、餐飲產品的經營過程分別作了展示。可以看出：就環節的多少而言，工業產品經營過程環節最多，共有五個環節；商品經營過程環節最少，僅有三個；餐飲產品經營過程的環節數居於這兩者之間。就一般管理而言，環節越多，意味著管理難度越大。就餐飲產品的經營過程而言，菜餚與飲品生產加工完畢後，都無貯存這個環節，這在客觀上對餐飲產品的銷售提出了非常迫切的時間要求。餐飲產品中的菜餚經營過程與工業產品的經營過程相似；而飲品的經營過程與商品的經營過程相似，其管理方法也是相似或相近的。

（二）餐飲部的生產、銷售、服務特點

1. 餐飲生產特點

餐飲部作為飯店唯一生產產品的部門，既生產有形的實物產品，如各色美味佳餚，又生產無形的服務產品，如優良的進餐環境和熱情周到的接待服務等。與其他產品生產相比，餐飲產品生產有其不同的特點。

（1）餐飲生產屬個別訂製生產，產品規格多、批量小餐廳銷售的菜餚是客人進入餐廳後個別點菜然後將其製成產品的，它與工業產品大批量、統一規模生產的產品是不同的，這給餐飲產品質量管理和統一標準帶來了許多問題。

(2) 餐飲生產過程時間短

餐飲生產是現點、現做、現消費，就餐者從點菜至消費的時間相當短暫，一家生意興隆的餐廳，只有依靠經驗豐富的廚師，才能滿足客人的需求。

(3) 餐飲生產量難以預測

與工業產品的生產不同，只有就餐者上門，餐廳才有生意做，而就餐者到來的時間、人數、消費要求很難準確預估，產量的隨機性很強，且難以預測。

(4) 餐飲原料、產品容易變質

餐飲原料、產品門類眾多，大多數原料又是鮮活貨，有很強的時間性和季節性，處理不當極易腐爛變質。而餐飲產品也同樣具有如此鮮明的特徵，餐飲原料及成品的質量與時間成反比例關係。

(5) 餐飲生產過程的管理難度較大

餐飲部的生產從食品原料的採購到驗收、貯存保管、領用、粗加工、切配、烹飪、銷售服務和收款，整個過程中的業務環節很多，任何一個環節出現差錯都會影響產品質量，所以也就帶來了管理上的困難。

2. 餐飲銷售特點

(1) 餐飲銷售量受餐飲經營空間大小的限制

餐飲部接待客人的人數受到餐飲經營面積的大小、餐位數多少的限制。因此，必須在已確定的硬體條件下，改善就餐環境，提高服務質量，增加餐飲的銷售量。

(2) 餐飲銷售量受餐飲就餐時間的限制

人們的就餐時間大致相同。進餐時間一到，餐廳賓客盈門，高朋滿座；而時間一過，席終人散，餐廳則門可羅雀。餐飲就餐時間、經營狀況呈現明顯的間歇性。餐飲部應在正常就餐時間之外做文章，如延長營業時間，以提高餐飲銷售量。

(3) 餐飲經營毛利率較高，資金周轉較快

飯店餐飲部的綜合毛利率一般都較高，以三星級飯店為例，其毛利率一般在 50% 左右，四、五星級飯店的餐飲毛利率更在 70% 左右。如果做好有關費用的管理，則能產生出相當部分的純利潤。另外，餐飲的銷售收入中相當一部分以收取現金為主，而餐飲原料中的半數以上是當天採購、當天生產並銷售的，因此，資金周轉也較快。

(4) 餐飲經營中固定成本占有一定比重，變動費用的比例也較大

各種餐廚設備、貯存設備的投資，使得餐飲經營活動中的固定成本占有一定比重。另外，餐飲變動費用、員工的報酬、水電煤等燃料消耗、餐飲原料的支出等均占有相當幅度。餐飲工作人員必須儘量減少原材料消耗，降低各項費用指標，以節支的方法達到增收的目的。

3. 餐飲服務特點

餐飲服務可分為直接對客的前場服務和間接對客的後場服務。前場服務是指餐廳、宴會廳、酒吧等營業場所面對面為賓客提供服務；後場服務則是客人視線不能及的地方，如廚房、管事部等為生產、服務進行的工作。前場服務與後場服務相輔相成，後場服務是前場服務的基礎，前場服務是後場服務的繼續和完善。只有高質量的菜點，沒有良好的服務不行；只有良好的服務，沒有高質量的菜點也不行。因此，美味佳餚只有配以恰到好處的服務，才會受到賓客的歡迎。

餐飲服務有如下特點：

(1) 無形性

同其他任何一種服務一樣，餐飲服務不能夠量化。無形的餐飲服務只能在就餐賓客購買並享用餐飲產品後，憑生理和心理滿足程度來評估其質量的優劣。餐飲服務的無形性給餐飲部經營帶來諸多困難，況且餐飲服務質量的提高是無止境的，這就需要前場、後場一起抓，服務態度、服務技能一起抓，全方位提高餐飲服務水平。

(2) 一次性

餐飲服務的一次性是指餐飲服務只能當次使用、當場享受，這同飯店的客房、客機的座位一樣，如當日租不出去，或當班沒滿座，那麼飯店或航空公司所失去的收入是無法彌補的。因此，餐飲部應接待好每位賓客，在接待中注意自己的每一個言行舉止，給客人留下美好的印象，從而使賓客再次光顧，使頭回客成回頭客，最終使回頭客成為常客。

(3) 同步性

餐飲部的絕大多數產品其生產、銷售、消費幾乎是同步的，餐飲產品的生產過程也就是就餐者的消費過程。同步性決定了餐飲部應做好餐飲銷售環境，使每位餐飲服務員上崗之後全身心地投入到推銷與服務中去，為企業售出更多的產品。

(4) 差異性

餐飲服務的差異性主要從兩個方面反映出來：一方面，餐飲服務員由於受年齡、性別、性格、受教育程度、培訓程度及工作經歷等不同條件限制，他們為就餐者提供的服務肯定不盡相同；另一方面，同一名服務員在不同的場合、不同的時間和不同的情緒中，其服務方式、服務態度等也會出現一定的差異。餐飲部應制定出餐飲服務質量標準、操作程序標準，使員工的服務工作盡可能規範化、標準化，同時在管理上要做到制度化。

第二節 飯店餐飲部的組織機構、職能及對從業人員的素質要求

飯店餐飲部所轄面很廣，各營業點分散於飯店的不同區域和樓面。作為飯店唯一生產實物產品的部門，集生產加工、銷售服務於一身，管理過程全、環節多。從人員結構講，餐飲部員工數居飯店首位，且工種多、文化程度差異大。可以說，餐飲部是飯店最難管理的一個部門。

要將這樣一個複雜的部門管理好，首先必須建立合理、科學、有效的組織網絡，進行科學分工，使各部門各司其職;其次，按照飯店的要求選擇員工，並加以嚴格培訓，使其達到飯店提出的素質要求。

一、不同規模飯店餐飲部的組織機構和職能

（一）組織機構

為便於管理，飯店餐飲部均配有組織機構圖，其主要作用有：

（1）可以清楚地反映每個部門和個人的職責。

（2）可以防止重複工作。

（3）可以直觀地反映每個員工對誰匯報工作，避免越級或橫向指揮。

（4）使每個員工清楚自己在本部門中的位置和發展方向。

飯店餐飲部的規模、大小不同，其組織機構也不盡相同。

圖 1-1 是一家小型飯店餐飲部組織機構圖。其結構應比較簡單，分工也不宜過細。圖中清洗主管的職能類似大中型飯店管事部主管的職能。

1. 小型飯店的餐飲部組織機構

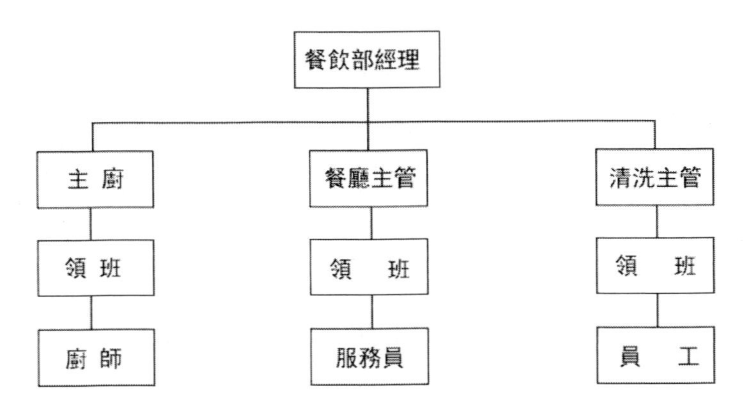

圖 1-1 小型飯店的餐飲部組織機構

2. 中型飯店的餐飲部組織機構

圖 1-2 為一家中型規模的飯店餐飲部組織機構圖。相對於小型飯店，分工更加細膩，功能也較全面。

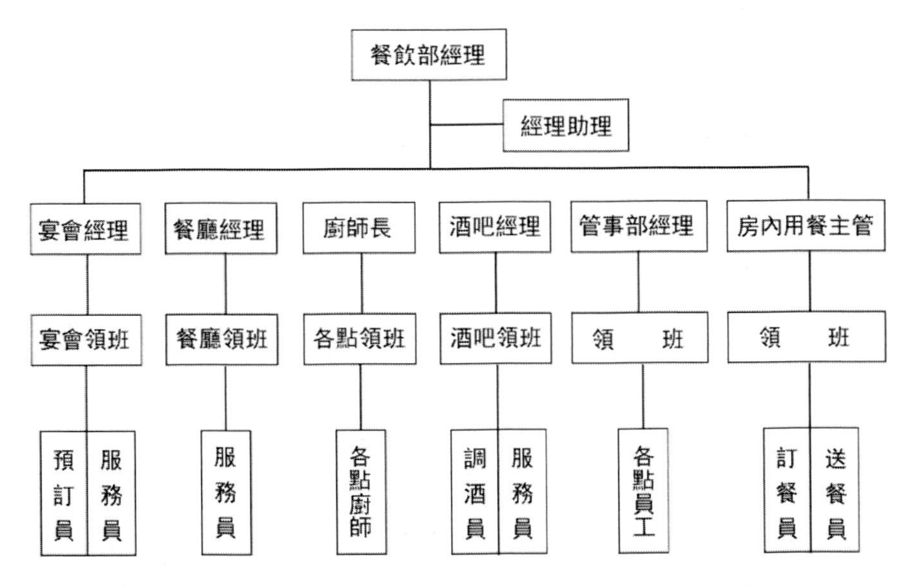

圖 1-2 中型飯店的餐飲部組織機構

3. 大型飯店的餐飲部組織機構

圖 1-3 為一家大型飯店的餐飲部組織機構圖。其結構複雜，層次多，分工明確細膩。圖中餐飲部的採購，主要指鮮活原料、副食品的採購。

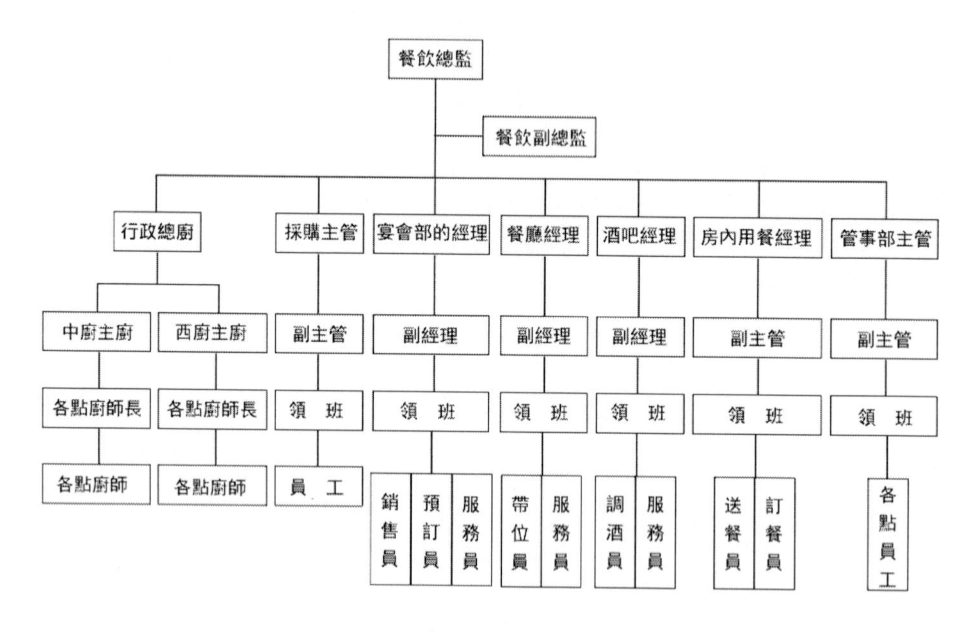

圖 1-3 大型飯店的餐飲部組織機構

（二）飯店餐飲部各業務功能區塊的職能

前面我們按飯店的規模大小，列舉了三種餐飲部組織機構圖。如進一步研究，就不難發現，不管餐飲部的規模大或小，其基本職能與作用是相同或相似的。

圖 1-4 所示，無論飯店規模是大是小，餐飲部主要在下述四塊業務功能區塊中進行運轉與相互聯繫。

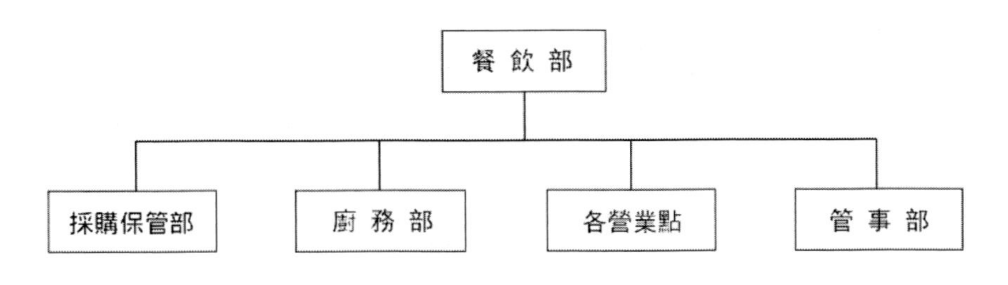

圖 1-4 餐飲部主要業務功能區塊

1. 採購保管部（Purchasing and Storing Department）

在餐飲部領導下，負責餐飲部門生產原料的採購與保管工作。這些原料可以是須入庫存放的可貯存物品，但主要是採購進店後直接進入廚房加工成菜餚的鮮活品（需要特別指出的是，中外大部分飯店將此功能區塊歸於飯店財務部）。

這一業務功能模塊又可分採購與保管兩部分。

2. 廚務部（Kitchen）

負責餐飲產品中的菜餚、點心等的烹飪加工。從過程上看，從原料的粗加工直到菜餚的成菜出品，均由廚務部負責完成。從產品質量方面看，廚務部依據不同的消費檔次，制定並執行不同的製作質量標準。

3. 各營業點（Outlets）

飯店餐飲部的營業點是餐飲部直接對客服務部門，包括各類餐廳、宴會廳、酒吧、房內用餐服務部等。這些營業點的服務水平高低、經營管理狀況好壞，最終關係到餐飲產品能否變為商品。

4. 管事部（Steward）

管事部是餐飲運轉的後勤保障部門，擔負著為前後場運轉提供物資用品、清掃廚房、清潔餐具廚具和保障餐飲後場環境衛生的重任。

二、飯店餐飲部從業人員的基本素質要求

（一）從業人員的職業思想素質

1. 樹立牢固的職業思想

要做好餐飲服務工作、提高餐飲質量，必須要有一支相對穩定的專業隊伍。餐飲從業人員應熱愛自己的工作，有意識地培養對職業的興趣，不斷學習，開拓創新。

2. 培養高尚的職業道德

餐飲從業人員應結合餐飲業的特點和要求，將飯店利益和消費者權益放在第一位，提供盡善盡美的服務，為企業創聲譽、創效益。

3. 要有良好的紀律觀念

從業人員自覺地遵守店規和部門的各種規章制度，培養良好的組織紀律性。

（二）從業人員的業務素質

1. 具有良好的文化素質

良好的文化素養、專業素養和廣博的社會知識，是做好服務工作的基礎，有利於從業人員形成高雅的氣質和堅忍不拔的意志。

從業人員應瞭解和掌握菜餚知識、烹飪知識、食品營養與衛生知識、心理學知識、電器設備的使用保養維修常識、文史知識、美學知識、音樂欣賞知識、民俗和法律知識、外語知識及電腦知識等。

2. 懂得各種服務禮節

餐飲服務禮節（如問候、稱呼、迎送等）貫穿於各個服務環節。從業人員要掌握各種禮節，做到禮貌待客，以體現飯店服務水準。

3. 熟練掌握專業操作技能

這是做好服務工作的基本條件。餐飲服務的每一項工作、每一個環節都有特定的操作標準和要求，許多工作無法用機器來代替，如擺臺、上菜、分菜等，因此從業人員要努力學習、刻苦訓練，以熟練掌握餐飲服務的基本技能，懂得各種服務規範、程序和要求，從而達到服務規範化、標準化和程序化。

（三）從業人員的身體素質

1. 健康的體格

從業人員「日行百里不出門」，站立、行走、托盤等都要有一定的腿力、臂力和腰力，所以要有健康的體魄才能勝任此項工作。另外，從業人員向顧客提供飲食產品，為防止「病從口入」，要求從業人員定期體檢，確保沒有傳染性疾病。

2. 端莊的儀表

從業人員儀表端莊大方、和藹可親，會給客人留下美好的第一印象。

（1）服飾

①上班時間應穿著規定的制服，並保持整潔、挺括。②應將制服的所有鈕扣扣好、拉鏈拉好。③皮鞋光亮，以黑色為宜。④上班不宜佩戴項鏈、戒指及其他飾物。⑤工作時要按規定佩戴名牌。

（2）儀容

①頭髮整齊、清潔，不擦重味的髮油，必要時戴帽子。②常修指甲，女性不宜塗有色指甲油。③男士常刮鬍子，不留鬢角。④經常洗澡，勤更衣。⑤女士化淡妝，保持樸素、優雅之外觀。

（3）儀態、舉止

服務態度要和藹可親、面帶笑容，服務動作要敏捷，服務程序要準確無誤，服務時要精神飽滿。

①立態：不可叉腰、彎腿、靠牆等。②坐態：腿合攏。③步態：輕盈平穩，不做作，力求自然。④談吐：大方有禮，不可大笑但要自然地微笑，說話以對方能聽到為宜，避免談個人私事。

第三節 飯店餐飲部各營業點的表現形式

一、中餐廳（Chinese Restaurant）

中餐廳通常是中式飯店的主要餐廳，是飯店餐飲部門主要的銷售服務場所。星級飯店幾乎無一例外地設置一個到幾個不同風味的中餐廳，主營粵、川、蘇、魯、浙、湘、徽、閩、京、滬等菜系，向賓客提供不同規格、檔次的餐飲服務。中餐廳除了向賓客提供中式菜點外，其環境氣氛和服務方式也均能體現中華民族文化和歷史傳統特色。

二、西餐廳（Western Restaurant）

西餐廳大都以經營法、義、德、美、俄式菜系為主，同時兼容並蓄、博採眾長，可以說是西方飲食文化的一個縮影，其中又以高檔法式餐廳（習慣稱作牛排館）最為典型。牛排館具備了豪華餐廳的一些基本特徵，是飯店為體現餐飲水準、滿足高消費需求、增加經濟收入而開設的，它是豪華大飯店的象徵。牛排館以法式大餐為菜品核心，美食佳釀相映生輝，烹飪技術水平高超精湛，擅長客前烹製，以渲染美食氣氛。

三、咖啡廳（Coffee Shop）

咖啡廳是小型的西餐廳，在國外稱為簡便餐廳，主要經營咖啡、酒類飲料、甜品點心、小吃、時尚美食等。飯店咖啡廳營業時間長，一般 24 小時全天候營業，服務快捷，並以適中的價格面向大眾經營。

四、自助餐廳（Buffet Restaurant）

四、五星級飯店一般都設有自助餐廳，一日三餐以經營自助餐為主、單點為輔。這類自助餐廳的餐臺通常是固定的，裝飾精美，極具藝術渲染力，配以調光燈具，使菜點更具美感和質感，從而增進人的食慾。自助餐廳中西菜點豐富，裝盤注重裝飾，盛器注重個性，擺放注重層次。烤肉等大菜的服務常配有值臺廚師，幫助賓客烹製、切割、裝盤。自助餐廳也是飯店舉辦美食節的主要場所，在週日常舉辦香檳午餐。

五、大宴會廳（Ballroom）和多功能廳（Function Hall / Multi-Function Room）

大宴會廳和多功能廳是宴會部的重要組成部分，是宴會部經營活動的重要場所。通常以一個大廳為主，周圍還有數個不同風格的小廳，與之相通或相對獨立，一般可根據客戶的要求，用隱蔽式的活動板牆調節其大小。這一類宴會廳是多功能的，活動舞臺、視聽同步翻譯、會議設備、燈光音響設備等應有盡有，為宴會部舉辦各種大型餐飲活動、會議、展覽、文化娛樂演出等提供了良好的條件。

六、特色餐廳（Specialty Restaurant）

特色餐廳是餐飲文化發展、傳播到一定階段的產物，具有鮮明的地域、宗教、歷史、文化等人文特徵，它對餐飲文化或是繼承，或是發展，或是創新，或是反思，代表了目前菜餚製作水平和餐飲企業經營策略的較高水準，也體現了管理者的經營思想和對市場的敏感程度。圖 1-5 給出了常見特色餐廳的主要類別。

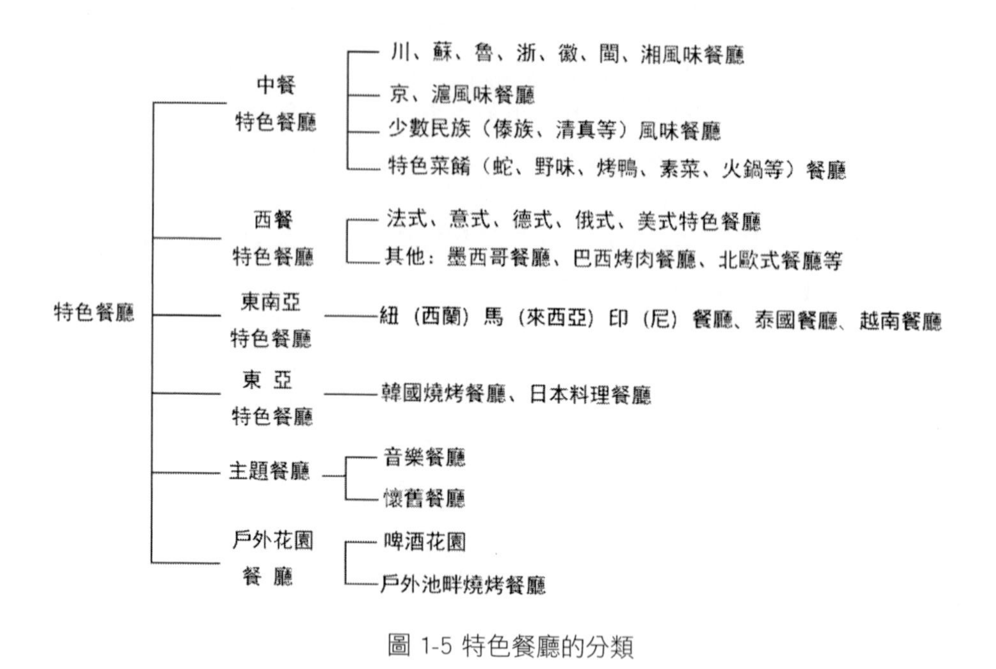

圖 1-5 特色餐廳的分類

七、各類酒吧（Bar）

酒吧一詞的英文為 Bar，原意為柵欄或障礙物。19 世紀中葉，隨著旅遊業的發展和飯店業的興起，酒吧作為一種特殊的服務業進入了飯店的經營中，其多功能、多元化的不斷發展，在飯店服務中顯示出越來越重要的作用。酒吧在英文中也稱 Pub，意指公眾聚會之所，可以獨立經營。經過發展的酒吧已成為出售酒品、讓公眾休息聚會的場所。此種酒吧必須具備三個條件：一是要配備種類齊全和數量充足的酒水並要按照貯存要求陳列擺放；二是要有各種用途不同的載杯；三是配備供應酒品必需的設備和調酒工具。飯店中常見的酒吧種類有：

主酒吧（Open Bar 或 Main Bar）。主酒吧又稱英美式酒吧。這類酒吧的特點是客人直接面對調酒師坐在吧臺前，調酒師的操作和服務完全在賓客的目視下完成。主酒吧裝飾典雅、格調別緻，通常也是豪華大飯店的標誌性的餐飲場所。

酒廊（Lounge）。酒廊有兩種形式：一是大廳酒廊（Lobby Lounge），又稱為大廳酒吧，設在飯店大廳，格調與大廳相似，主要讓客人暫時休息、等人或等車；二是夜總會酒廊（Night Club Lounge），通常附設於飯店娛樂場所，向客人提供各類酒水飲料和小吃果盤等。

服務酒吧（Service Bar）。服務酒吧設在各類中、西餐廳中，調酒師根據賓客訂單提供酒水。中餐廳酒吧以當地酒為主；西餐廳酒吧要求較高，根據西餐廳菜單的要求，提供各類餐酒，並按照酒水貯存的要求設立冷庫和貯酒架。

宴會酒吧（Banquet Bar）。宴會酒吧是根據宴會的形式、規格和人數臨時設立的酒吧。宴會酒吧變化多樣，常設置於雞尾酒會、冷餐會上和貴賓廳、主題餐飲活動中，注重氣氛的設計。

除了上述四種以外，飯店中酒吧的種類還有：游泳池酒吧（pool-side bar）、客房小酒吧（mini bar）、啤酒吧（beer bar）、水吧（side bar）、沙拉吧（salad bar）、貴賓酒廊（VIP lounge）等。

八、房內用餐服務（Room Service）

客房送餐服務是星級飯店為方便賓客，迎合賓客由於生活習慣或特殊要求如起早、患病、會客、宵夜、聚會等需要而提供的服務項目。此項服務不僅可以增加飯店的經濟收入、減輕餐廳壓力，而且體現飯店的檔次。客房送餐部通常是飯店餐飲部下屬的一個獨立部門，一般提供不少於 18 小時的服務；中小型星級飯店的客戶送餐組常設置於咖啡廳。客房送餐服務的主要項目有：早餐、全天候送餐、下午餐點、各種酒水飲料、房間酒會、VIP 客人贈品等。

第四節 飯店餐飲主要經營環節

一、餐飲計劃的制定環節

飯店餐飲計劃的制定是飯店經營運轉的第一個步驟。它包含了餐飲的整體市場定位；餐飲經營檔次、風格的定位；餐飲經營場所的選擇；餐飲經營產品的確定等。

（一）餐飲經營的整體市場定位

餐飲市場定位就是根據市場的競爭情況和企業自身的條件，尋找屬於自己的那部分市場。市場定位準確與否，直接關係到餐飲經營的成敗。準確的市場定位可以幫助企業及時把握市場機會，制定相應的營銷計劃，採取有效的競爭策略和手段，樹立企業及產品形象，迅速占領目標市場。

餐飲市場定位一般要以市場細分作為基礎，透過對細分層的各個子市場進行分析比較，從中選擇最適合自己進入和占領的子市場。餐飲市場一般可分成若干個細分市場，如正餐（中餐）可分川、粵、魯等市場，要根據自身的特點、飯店整體要求及市場競爭狀況，適時確定和調整市場定位。在選擇定位戰略時，應注意如下幾個方面：定位方向是使自身獲利；選取的細分市場是被其他競爭者所忽視或拋棄的；有能力保護自己的市場地位；能為整個飯店的經營發展服務。

（二）餐飲經營的檔次、風格定位

1. 餐飲經營檔次定位。主要應確保餐飲在整體上與飯店的檔次相一致。五星級豪華飯店，應該具有與之相適應的高檔餐飲功能；一、二星低星級的經濟飯店，應追求大眾化的餐飲市場定位。

2. 餐飲經營風格定位。首先應考慮經營何種菜系；其次應考慮餐飲經營必須與飯店的經營性質（所在飯店是商務飯店、會議飯店、旅遊飯店、度假飯店或者其他類型的飯店）相匹配；最後應確定餐飲的經營特色（咖啡廳、風味廳、主題餐廳等）。

（三）餐飲經營場所的選擇

飯店餐飲經營場所的選擇與社會餐飲經營場所的確定既有聯繫又有區別。和社會餐飲經營場所相類似，飯店的咖啡廳與大廳酒吧因提供快捷的餐飲服務，一般位於進出飯店比較方便的門廳或大廳附近；而飯店中的團隊會議餐廳和大宴會餐廳在二、三層的居多；飯店中高檔的主題餐廳或高級宴會廳，一般位於整個飯店觀景最佳處。當然，選擇飯店餐飲經營場所時，一般應服從、服務於整個飯店的整體利益需要。

（四）餐飲經營產品的確定

餐飲經營產品的確定指餐廳決定所提供的菜餚等產品。事實上，上述三個方面的問題解決之後，只要具備相應的廚師製作能力和經營管理能力，餐飲產品的確定就會變得極其容易。

二、餐飲原料的採購環節

餐飲原料的採購是為廚房等加工部門提供適當數量的食品等原料的過程。它是飯店餐飲經營活動的重要環節之一，透過這一過程，保證每種原料的質量符合使用規格和標準，並力爭採購價格和費用為最低，使餐飲原料成本處於最理想狀態。

三、餐飲原料的庫存環節

餐飲原料經採購、驗收之後，大部分原料直接進廚房進入生產階段，另有少部分原料進入食品原料倉庫，轉為庫存環節。在該環節，首先要使所有食品原料「對號入座」，進入對應的倉庫，在合適的庫存環境中保存；其次，在庫期間，要保證所有原料在保質期內獲得應有的「呵護」；第三，保證庫存食品原料與這些原料所代表的資金價值量處於合理可控狀態；最後，向廚房等用料部門提供相應的發料服務。

四、餐飲產品的加工製作環節

是將食品原料按企業規定的方式，加工成菜餚等成品的過程。在這一環節中，核心問題是確保出品菜餚等成品符合企業設定的質量標準並使加工過程的成本費用處於最低狀態。

五、餐飲產品的市場促銷環節

飯店餐飲產品的促銷係指餐飲產品的經營者經過一系列努力，將產品介紹給消費者，並力爭使消費者知曉、接受餐飲產品的過程。飯店餐飲經營管理人員與市場營銷部的工作人員透過店內、店外兩個促銷陣地，採用人員推銷、媒體促銷、重大事件活動促銷以及公共關係等手段，將企業的餐飲產品推介給市場。

六、餐飲服務環節

餐飲服務是飯店餐飲員工為就餐客人提供餐飲產品（廣義的產品）的一系列行為的總和。這一環節的核心問題是如何為客人提供適合其需求的優質服務。

七、餐飲營運財務管理環節

飯店餐飲營運財務管理是飯店餐飲獲取利潤、走向成功的重要環節。透過對餐飲成本費用的預算編制，可使餐飲經營在起始階段就按預期設定的計劃進行；透過對餐飲營運階段的即時控制，可使餐飲經營成本費用處於理想狀態；透過對餐飲營運狀況的財務評價，可以及時掌握營運的實際情況，便於管理者總結經驗、吸取教訓。

飯店餐飲經營運行的主要環節可用圖 1-6 來描述。

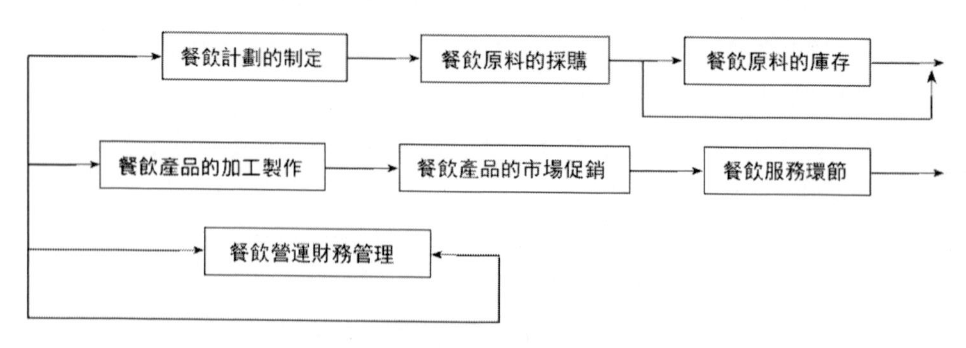

圖 1-6 餐飲經營運行的主要環節

本章小結

飯店餐飲部不僅是飯店的一個主要營業部門，同時也是衡量現代飯店經營管理水平高低的重要標誌；與飯店的其他業務部門比較，飯店餐飲部有其自身的地位、特點與運行環節。

思考與練習

1. 餐飲部在飯店整體經營中扮演了怎樣的角色？

2. 從功能上說明飯店餐飲部下屬的分支機構及營業場所有哪些業務任務。

3. 飯店餐飲部的從業人員應具備哪些基本素質？

4. 飯店餐飲運營有哪些主要環節，各個環節的核心任務是什麼？

第 2 章 菜單的籌劃與設計製作

導讀

菜單籌劃是餐飲經營活動的第一道環節。餐廳所使用的菜單，無論在種類和形式上，還是在內容和菜餚品種選擇方面以及設計製作上，均應經過科學的分析與決策。

讀者在本章的學習中，應著重掌握菜單的種類及各自的特點，結合具體實例，理解菜單在餐飲經營中的作用，學會分析菜單的結構，能對菜品的取捨做出合理的判斷，並能從餐飲經營角度對菜單的設計提出自己的看法。

學習目標

瞭解不同種類菜單的特點和適用範圍

深刻理解菜單在餐飲經營中的地位、作用

能依據菜單籌劃和設計的一般原則，結合本地餐飲業的實際情況進行菜單設計

第一節 菜單的種類及作用

在高星級飯店的各類餐廳中，我們會發現各類不同的菜單，每類菜單有各自的特點，它們適應不同消費對象在不同餐別的就餐需求。菜單籌劃是餐飲業務的第一道環節，菜單反映了餐廳的經營方針，標誌著餐廳菜餚特色和水準，是餐廳宣傳自己形象的重要手段。

一、菜單的種類

菜單（Menu），又稱餐單，通常有兩種含義：第一種是指餐廳中使用的可供顧客選擇的所有菜目的一覽表。也就是說，菜單是餐廳提供商品的目錄。餐廳將自己提供的具有各種不同口味的食品、飲料按一定的程式組合排列於特定的載體上（如紙張），供顧客從中進行選擇。其內容主要包括食品

飲料的品種和價格。菜單的第二種含義是指某次餐飲活動中菜餚的組合。例如，宴會菜單的設計，其重點並不是如何設計印刷精美的菜品一覽表，而是設計該宴會應為顧客準備哪些菜品或飲品。因此，在不同的情況下應正確理解菜單的不同含義。

很多餐廳都把菜單和菜譜混為一談，其實二者有著明顯的區別。菜譜是指描述某一菜品製作方法及過程的集合。很明顯，當您走進餐廳，服務員所呈遞給您的是菜單，而不是菜譜。

菜單是一個總稱，它通常分為各種不同種類。常用的分類方法有：

（一）根據餐飲形式和內容分類

1. 早餐菜單。習慣上分為中式早餐菜單、西式早餐菜單。可供選擇的菜點較為簡單。

2. 午餐菜單和晚餐菜單。大多數餐廳將兩者合二為一，稱為正餐菜單。午晚餐菜單必須品種齊全，豐富多彩，富有特色。

3. 宴會菜單。宴會菜單講究餐飲規格，富有傳統特色並匯聚名菜。

4. 團體菜單。團體菜單需經濟實惠，搭配有致。

5. 冷餐會菜單和自助餐菜單。食物要豐盛，講究食物造型，能烘托氣氛。

6. 餐後甜品單。須有強烈的誘惑力。

7. 客房送餐菜單。菜點種類簡單明瞭，菜品選擇可包羅萬象。

8. 泳池餐桌菜單。以風味小吃、低酒精飲料為主。

9. 宵夜點心單。

10. 國際菜單。應不失其異國餐飲的風格特色。

11. 特定菜單（如兒童菜單、家庭菜單等）。必須有確定的市場和針對性的餐飲內容。

上述各類菜單體現了一家飯店可能提供的各種餐飲形式和餐飲內容，用途專一，各具功能。相互間不能代替使用是這些菜單的共同特點。

（二）根據市場特點分類

1. 固定菜單（Static Menu）

也稱標準菜單，是一種菜餚和內容標準化而不作經常性調整的菜單，是旅遊飯店餐廳通常採用的菜單形式。與其他形式的菜單相比，固定菜單有以下長處：

第一，有利於食品成本控制。由於每天都使用同樣的菜單，供應相同的菜式，使得當天未能用完的原料在第二天還可以銷售，不致造成浪費而增加食品成本。

第二，有利於控制原料採購、減少庫存。由於供應的菜式固定不變，所需的食品原料種類也必然固定不變。因此，飯店只需要採購、貯存那些必要的原料，不像使用循環菜單那樣由於提早採購、貯存下一星期需要的食品原料而產生各種問題，從而可有效地控制原料採購，減少原料庫存量。

第三，有利於企業正確選擇、確定所需的設備用具，而且能使設備用具的種類和數量降至最低程度，防止盲目購置設備和閒置設備所造成的浪費。

第四，有利於職工勞力的安排和設備用具的充分使用。由於每天供應的菜式相同，勞力和設備的合理調配、核算控制相應地變得容易，從而使飯店能更合理、更有效地使用人力和物力。

第五，有利於菜餚質量的穩定和提高。俗話說熟能生巧，經常反覆生產同幾種菜餚，可使操作者積累經驗，提高技巧。

另一方面，固定菜單也有其不足之處：

第一，正因為菜式固定不變，飯店必須無條件地購買烹製各道菜式所需的食品原料，即使食品原料價格上漲，也必須購買。在這一點上，飯店的盈利能力會受到成本的牽制。而且，由於菜式固定不變，飯店也不能因為臨時得到廉價原料而隨意更換菜式，而只能臨時增加品種以利用廉價原料。

第二，固定菜單不僅不夠靈活，難以提供多種風格的餐飲，而且容易使廚房和服務員產生厭倦感。

2. 循環菜單（Cyclical Menu）

循環菜單是按一定天數的週期循環使用的菜單。這類菜單適宜旅遊飯店團體餐廳、長住型飯店的餐廳以及企業和事業單位食堂餐廳使用。

飯店必須根據週期天數，擬定各不相同的數份菜單，每天使用一份。當菜單從頭至尾用了一遍後，就算結束了一個週期，然後週而復始，開始下一輪循環。

循環菜單使用週期的長短視市場特點而定。如果就餐賓客變換不多或固定不變，如某些度假療養型、長住型飯店的賓客和學校、機關、工廠的食堂餐廳用膳者，那麼循環菜單的週期應該適當放長，一般以 10 天至 15 天為一個週期比較合適，以避免相同的菜式經常重複出現。旅遊飯店餐廳如使用循環菜單，其週期則可縮短，一般以一週左右為宜，因為大多數旅遊者不會在飯店逗留一週以上。

與固定菜單相比，循環菜單較易設計得豐富多彩，賓客與職工都不會感到菜式單調，賓客對菜式品種的需求容易得到滿足。然而，使用循環菜單一般比使用固定菜單需要較高的勞力成本，因為循環菜單供應更多的菜式品種，飯店廚房必須擁有龐大的廚工隊伍。同時，使用循環菜單的餐廳對當天未銷售完的菜餚很難再推銷，因為頭一天的菜式不大可能在第二天的菜單上再出現。此外，由於菜式品種眾多，飯店必須貯藏大量的食品原料。

3. 當日菜單和限定菜單

當日菜單指僅供當日使用的菜單，它既不固定，也無循環週期。除其中一小部分為保留菜式外，其他菜式皆根據當時情況決定，通俗地說就是有什麼賣什麼，什麼合適就賣什麼。當日菜單相當靈活，使飯店能及時地採購使用廉價原料和時鮮食物，也有利於飯店充分利用當天未推銷完的食物和菜餚。這類菜單常為規模較小的餐飲企業採用。這些餐館供應的菜式一般不多，但往往很有特色，就餐者也往往是該餐館的常客。旅遊飯店餐廳如提供自助餐服務，使用的也應是當日菜單，以充分利用其靈活的長處。

限定菜單指菜式品種相當有限的菜單。限定菜單一般只有 8 ～ 10 道主菜，不像其他幾種菜單那麼豐富甚至包羅萬象。因此，餐館在職工種類和人數、設備種類和數量、倉庫面積、食品成本等等方面都較容易管理和控制。這種類型的菜單一般多為特定餐館、快餐館或點心小吃店等所採用，因為這些餐館往往只經營幾種有特色的餐飲產品。

（三）根據菜單價格形式分類

1. 單點菜單

單點菜單是餐廳的基本菜單，其特點是菜單上所列菜餚種類較多，許多還圖文並茂。中式單點菜單通常按內容如冷盤、禽肉、水產、蔬菜、湯、飯、麵點等分門別類，並按菜點之大、中、小份定價；西式單點菜單每道菜中有很多選擇，亦是每一份菜分別定價，菜單上的菜餚往往是在點菜後才進行烹調。

單點菜單上應有足夠的選擇項目，既要使客人一次選擇餘地較大，又可促使客人再來光顧。早餐的單點菜單一般比午、晚餐菜單簡單，午、晚餐單點菜單上食品、飲料的品種多，除了固定菜餚外，還常常備一道應時新鮮菜品，給客人一種新鮮感。

一般來說，單點菜單適用於各類正餐廳、風味餐廳、咖啡廳等。受餐飲形式限制，單點菜單不適合於飯店的團體餐廳、自助餐廳，當然也不適合於宴會和酒會。

2. 套餐菜單

套餐也稱定菜或和菜，西式套餐也稱公司菜，它是在各類組菜中選配若干菜品組合在一起以一個包價銷售。西式「公司菜」的價格是以主菜定價的，菜單上的菜餚可事先烹調好。

3. 混合式菜單

混合式菜單綜合了單點菜單和定菜菜單的特點和長處。最初的混合式菜單是將單點菜單及定菜菜單印刷在一起，即一部分菜式以定菜形式進行組合，而另一部分菜式則以單點形式出現。但由於菜單過大，使用不便。現在使用的混合式菜單稍有變化。就西餐而言，有些餐廳的混合式菜單以定菜形式為主，但同時歡迎賓客再隨意點用其中任何主菜並以單點形式單獨付款。有的飯店使用的混合式菜單則以單點形式為主，但凡主菜皆有兩種價格：一為單點價格，一為定菜價格，吃定菜的賓客在選定主菜後可以在其他各類菜中選擇價格控制在一定限額內的菜式作為輔菜。

（四）宴會菜單

宴請是一種社交手段，宴請的目的多樣、形式各異，菜單設計者要根據宴請對象、客人意見等安排合適的菜點內容。宴會菜單一般是預訂宴席時，根據客人要求確定其內容的，整個設計過程稱得上是一種技巧和藝術的組合。

制定宴會菜單要注意：

1. 首先要瞭解客人的意圖，滿足客人需要。

2. 考慮成本與利潤，定出合理的價格。

3. 注意宴席的慣例和菜點的搭配，上下道菜要作巧妙的安排，中餐宴席由下酒菜開始，口味先濃後淡。適時安排點心。

4. 席間菜餚品種應多樣化，避免內容重複，用料、營養成分、味道、色彩等都不宜重複、雷同。

5. 一席菜點份量要足，切忌席間不夠分。

6. 菜單制定以後，應將菜單之內容、要求講解給廚房及餐廳服務人員，以利布置和服務。

（五）特定餐菜單

餐飲工作人員為適應人們多種就餐口味和就餐方式的需要，推出各色各樣的特定餐以提高餐飲銷售額。最常見的有：早茶菜單、火鍋菜單、自助餐菜單、客房送餐菜單、兒童菜單、航空菜單等。

二、菜單的作用

（一）菜單反映了餐廳的經營方針

餐飲工作包括原料的採購、食品的烹調製作以及餐廳服務，這些都以菜單為依據。一份合適的菜單，是菜單製作人員根據餐廳的經營方針，經過認真分析客源和市場需求，方能制定出來的。菜單一旦制定成功，該餐廳的經營目標也就確定無疑了。

（二）菜單標誌著餐廳菜餚特色和水準

餐廳有各自的特色、等級和水準。菜單上的食品、飲料的品種、價格和質量告訴客人本餐廳商品的特色和水準。近年來，有的菜單上甚至還詳細地寫上了菜餚的原料、烹飪技藝和服務方式等，以此來表現餐廳的特色，給客人留下了深刻的印象。

（三）菜單是溝通消費者與接待者之間的工具

消費者根據菜單選購他們所需要的食品和飲料，而向客人推薦菜餚則是接待者的服務內容之一，消費者和接待者透過菜單開始交談，資訊得到溝通。這種「推薦」和「接受」的結果，使買賣行為得以成立。

（四）菜單是研究菜餚的資料

菜單可以揭示本餐廳所擁有的客人的嗜好。菜餚研究人員根據客人點菜的情況，瞭解客人的口味、愛好，以及客人對本餐廳菜點的歡迎程度等，從而不斷改進菜餚和服務質量，使餐廳盈利。

（五）菜單既是藝術品又是宣傳品

菜單可以揭示本餐廳的主要廣告宣傳品，一份精美的菜單可以提高用餐氣氛，能夠反映餐廳的格調，可以使客人對所列的美味佳餚留下深刻印象，並可作為一種藝術欣賞品予以欣賞，甚至留作紀念，引起客人美好的回憶。

（六）菜單是餐飲企業一切業務活動的總綱

1. 菜單是餐飲企業選擇購置設備的依據和指南

餐飲企業選擇購置設備、炊具和餐具的種類、規格、質量、數量，無不取決於菜單的菜式品種、水平和特色。炒勺難以烹製道地的牛排，烤板不適宜炒青菜；製作北京烤鴨需使用掛爐，烤乳豬和烤羊肉卻常用明烤爐；上龍蝦要配夾和叉，上蝸牛需配鉗和籤；沒見過飯碗能裝雞尾酒，茶盅可作咖啡杯。顯而易見，每種菜式都有相應的加工烹製設備和服務餐具。菜式品種越豐富，所需設備的種類就越多；菜式水準愈高愈珍奇，所需的設備餐具也就愈特殊。總之，菜單決定了廚房餐廳所使用的設備的數量、性能與型號等等，因而在一定程度上決定了餐飲企業的設備成本。

2. 菜單決定了對職工的技術水平、工種和人數的要求

菜單標誌著餐飲服務的水準和特色，而要體現這些水準和特色，還必須透過廚房烹調和餐廳服務。烹飪和服務是藝術。既然是藝術，必有水平高低之分。因此，餐飲企業必須根據菜式製作和服務的要求，配備具有相應技術水平的廚師和服務人員。

3. 菜單的內容規定了食品原料採購和貯藏工作的對象

菜單類型在一定程度上決定著採購和貯藏活動的規模、方法和要求，例如，使用固定菜單的餐飲設施，由於菜式品種在一定時期內保持不變，企業所需食品原料的品種、規格等也便相應固定不變，這就使得企業在原料採購方法、採購規格標準、貨源、原料貯藏方法、貯藏要求、倉庫條件等方面能保持相對穩定；如果企業使用循環菜單或變換菜單，則會產生不同的情況，食品原料的採購和貯藏活動會變得繁瑣複雜。

4. 菜單決定了餐飲成本的高低

菜單在體現餐飲服務規格水平、風格特色的同時，也決定了企業餐飲成本的高低。用料珍稀、原料價格昂貴的菜式過多，必然導致較高的食品原料成本；而精雕細刻、煞費苦心的菜式過多，又會增加企業的勞力成本。所以說，菜單制定得是否科學合理，各種不同成本的菜式的數量之間比例是否恰當，直接影響到餐飲企業的盈利能力。

5. 菜單影響著廚房布局和餐廳裝飾

廚房內各業務操作中心的選址，各種設備、器械、工具的定位，應當以適合既定菜單內容的加工製作需要為準則。中餐與西餐廚房的布局往往大相逕庭，這是因為它們烹製的內容不同，過程不同，所用的設備、工具不同。即使同是中餐廚房或西餐廚房，也會因各家菜單在菜餚特色、加工製作方法、品種數量比例等方面的差異而形成各自的特定布局。

餐廳裝飾的目的是形成餐飲產品的理想的銷售環境。因此，裝飾的主題立意、風格情調以及飾物陳設、色綵燈光等等，都應根據菜單的特點來精心設計，以達到環境體現餐飲風格，氛圍烘托餐飲特色的效果。

第二節 確定餐飲品種的依據和原則

菜單籌劃並不是餐飲管理人員的憑空想像，它應是在詳盡的市場調查的基礎上，綜合顧客需求、市場環境和餐飲企業自身情況等方面因素，提出可供收錄到菜單的菜餚品種，再根據一定的原則來選擇，經過版面設計和美化，最終形成顧客看到的成品菜單。

一、確定餐飲品種的依據

（一）菜系的風味和獨特性

1. 保持風味餐廳的新穎性

中國幾千年飲食文化的發展形成了眾多的具有地方風味特色的菜系。在菜系選擇上，餐廳可以採取兩種策略：一種策略是單純經營某一種風味的菜品，例如，所有菜單項目都是道地的川菜，這樣，只要顧客想吃川菜，馬上會想起這家餐廳；另一種策略是以某一種菜系風味為主，兼營其他菜系的菜品。這樣，餐廳既可保持其經營特色，又可為顧客提供較大的選擇餘地。菜單設計者可以根據本地區的具體情況和經營者的理念來決定自己的菜單項目。

2. 突出地方名菜的特點

在目前公認的中餐八大菜系中，每一個菜系都有其代表菜，如果餐廳選定某一地方菜系，就必須突出這一菜系名菜的特點。從另一個角度看，餐廳在制定菜單時可以考慮本地的特色菜品。

3. 繼承、發揚與創新

菜品創新是歷史發展的必然，沒有菜品的創新，就沒有飲食文化的發展。任何一個餐廳在設計菜單時除了保持其風味特色和傳統特色外，還要不斷開發新品種，創本店名菜，樹立本店的形象。有不少餐廳將其創新菜品冠以本店的名稱，這是一個值得借鑑的做法。

4. 融合中西

中西餐菜品的融合也是設計菜單時要考慮的因素。餐廳可以西菜中做，也可以中菜西吃，以滿足顧客的多品位需求，為餐廳創造更多的利潤。過分強調正宗菜品和正宗風味不一定收到理想效果。

（二）食品原料的供應情況

1. 凡是列入菜單的菜品，廚房必須無條件保證供應

這是一條非常重要但又極易被忽視的餐飲管理原則。有些餐廳為了吸引各種顧客，顯示其品種豐富多彩，在菜單上羅列了上百種甚至幾百種不同的菜品，可當顧客點完某些菜品後，得到的回答卻是：「對不起，今天這道菜剛售完，您能不能點些別的菜品？」如果這種「對不起」用得太多，只會說明餐廳的管理水準低下。在設計菜單時必須考慮食品原料的供應情況，如果某些原料因市場供求關係、採購和運輸條件、季節、餐廳的地理位置等客觀條件而不能保證供應的話，餐廳最好不要把需要用這些原料製作的菜品放到固定的印刷菜單上。可以考慮以當日特選菜或季節菜單的形式呈現給客人。

2. 根據時令節氣，及時調整菜單，增加時令菜品

餐廳的菜單並不是固定不變的，而應根據季節的變化，及時調整菜單，增加時令菜品，這也是出自對食品原料供應情況的考慮。由於餐飲原料大都是農畜產品，有較強的季節性。旺季來臨時，進貨價格較低；而在淡季，許

多食品原料進價上漲，進貨成本增加，如果不對菜單進行調整，肯定會造成利潤的減少，這是從餐廳角度看的。從顧客的角度看，及時提供時令菜品，也會滿足顧客的需要。

（三）食品原料品種的平衡和多樣化

1. 不應重複味道相同或相近的菜品

在設計菜單時，尤其是在設計宴會菜單時，一定要注意不要重複味道相同或相近的菜品。一般情況下，顧客的口味需求呈多樣化發展趨勢，即使顧客喜歡吃酸辣的菜品，如果菜單項目都是這樣的菜品，顧客也會感到不適應。

2. 原料品種應多樣化

有些風味餐廳為體現其經營特色，只經營某一大類的菜品，如海鮮餐廳，通常經營各種不同的海鮮產品。對於一般的餐廳來說，菜單項目應儘量滿足顧客對各種原料菜品的需求。

3. 形狀、色彩、質地也應多樣化

（1）形狀多樣化。食物的形狀與外觀對吸引就餐者有很大作用。形狀涉及兩個方面：一是菜品的形狀，即裝盤後成品菜餚的形狀；二是菜品主要原料的形狀。中餐菜品比較講究造型，在廚師考試中有拼盤造型菜。但從近年人們的消費觀念看，造型在整體評價中的權重已有所下降。造型的原則體現在簡單、快捷。菜品的功能是供人食用的，過分講究造型不僅會造成汙染，也會增加人工成本。

（2）色彩多樣化。色彩與食物的造型一樣，都可以給人以視覺上的美感。菜單設計者的任務是要使顧客一讀菜單，腦海裡就浮現出色澤嬌豔、外形美觀、香味四溢的各種菜式，使其食慾大振。如果菜單上淨是些清炒、清蒸、清燉、白灼、白切的順色菜，而食物的本色也都十分素淡，那麼顧客只能得到一個「白」的印象。同樣，如果菜單上列有過多的紅燒、紅燜、糖醋、炸熘的菜品，顧客只能得到一個「紅」的印象。菜品的色彩除了食品原料本身及調料的顏色以外，還必須透過裝飾點綴來完成。不過，和造型一樣，菜品也不宜過分強調五彩繽紛，只要能造成色彩對比和襯托的作用就可以了。

（3）質地多樣化。質地是指菜品的軟、硬、韌、脆等。宴會菜品組合和個人套餐組合應充分考慮菜品的質地。以西餐為例，如果開胃品是果醬，湯是菜泥湯，沙拉是馬鈴薯沙拉，主菜為烤肉配馬鈴薯泥，甜食是冰淇淋，這樣，就犯了重複質地相同的菜品的錯誤。

（四）要考慮餐廳設備條件和烹飪技術水平

1. 根據廚房內設備制定相應菜單

菜單制約著餐廳設備的選擇和購置，這一論點與現在所講的根據廚房設備設計菜單並不矛盾。前者所考慮的是在餐廳開業準備期間菜單對於設備選擇購置有指導意義；而後者所考慮的是在餐廳營業期間所進行的菜單設計。餐廳不可能為了某一個宴會而購置大型設備，因此，設計菜單只能根據現有的生產設備和條件來進行。如果廚房中僅有中餐爐灶，就不可能將烤釀餡豬排寫入菜單。

2. 廚師技術水平

中餐不同於西餐，它對廚師的技術水平要求非常高。此外，消費者對菜系與廚師籍貫的一致性看得很重。如果在北京開設一家經營粵菜的高級餐廳，那麼其廚師也應從廣東或香港聘請。這並不是說只有廣東人或香港人才會做粵菜，北方廚師也完全可以學會製作道地的粵菜，但消費者對本地的廚師不認可，因為「外來的和尚會唸經」，這種觀念已經根深蒂固。這樣，廚師的技術水平就成為設計菜單時不得不考慮的問題。如果現有的廚師只能製作川菜，那麼菜單上就不宜增設其他菜系的菜品。

3. 操作速度

操作速度並不是指廚師的技術不熟練，而是指廚房的生產能力。一個大型宴會要求眾多的菜品同時上齊，或者在最短的時間內上齊，這對於廚房的生產能力和操作速度是一個考驗。因此在設計這種菜單時，一定要考慮這些菜品能不能做到同時服務。

4. 菜單上各類菜式之間的比例要合理

菜單上各類菜式之間的比例要合理，以免造成廚房中某些設備使用過度，而某些設備得不到充分利用。這種情況在西餐中較易出現。西餐設備功能相對單一，烤箱只能用於烤製食品，而不像中餐的炒勺那樣功能多，無論是煎、炒、烹、炸，還是煮、煨、燜、燉，都可以用炒勺完成。除了考慮設備的利用情況外，合理的菜式比例能避免造成某些廚師負擔過重，而另一些廚師閒著無事。

（五）食品原料成本及菜式的盈利能力

菜單設計是飯店餐飲部門為獲取利潤所必須進行的第一步計劃工作，菜單計劃人員必須自始至終明確飯店餐飲部的成本對象，即目標成本或目標成本率，這在食品原料進貨價格經常上漲的情況下尤為重要。如果選擇的菜品中高成本菜式較多，該飯店即使有完善的食品控制措施，也難以獲得預期的利潤。

根據菜品的暢銷程度和毛利額高低，餐廳的所有菜品可分為以下四類：

1. 暢銷且利潤高

即銷售額高於同類菜的平均銷售額且毛利額高於同類菜的毛利額。

2. 雖暢銷但利潤低

即銷售額高於同類菜的平均銷售額但毛利額低於同類菜的毛利額。

3. 不暢銷但利潤高

即銷售額低於同類菜的平均銷售額但毛利額高於同類菜的毛利額。

4. 不暢銷且利潤低

即銷售額低於同類菜的平均銷售額且毛利額低於同類菜的毛利額。

一般來說，沒有盈利能力或盈利能力較小的菜品，如第二類和第四類菜品，不應選入菜單或應及時更換。而對於第一類菜品應予以保留和發揚。

總之，菜單設計者在決定某一菜品是否應列入菜單時，應綜合考慮以下三點因素：

(1) 菜品的原料成本、售價和毛利。

(2) 菜品的暢銷程度。

(3) 菜品銷售對其他菜品銷售所產生的影響。

(六) 食物的營養成分

隨著生活水平的提高，人們對食物營養也有了不同的看法。過去，人們關心的是能否得到足夠的營養。而現在，人們考慮更多的是如何防止攝取過多的營養，以保持合適的體重、健美的身材和良好的健康狀況。餐廳在設計菜單時應適應這一新的要求，考慮人體營養需求這一因素。

使用單點菜單的商業型餐廳，顧客可以任意選擇菜單上的菜品，因而餐廳沒有必要考慮每一道菜的合理營養搭配。相比之下，廠礦、醫院、學校、幼兒園、監獄、軍營等單位餐廳，以及使用套餐菜單的商業型餐廳，則必須考慮菜品的營養價值與搭配組合。營養不足、營養過剩、營養搭配不合理都屬於營養不良。

(七) 符合國家的環保要求和有關動植物保護法規

環境保護與可持續發展是當今社會的重要議題。菜品的製作應符合國家有關環境保護的制度和規定。值得說明的是，為迎合顧客求新、求異的消費需求，餐廳也極力推出一些奇特菜品。如一些餐廳為獲取暴利，迎合某些顧客的病態飲食需求，將受國家保護的一、二類野生動物也搬上了餐桌，這就違反了國家野生動物保護法規。這些飲食需求都不應提倡。飲食不僅體現了民族文化，也體現了一個民族的素質。

二、菜品選擇的原則

(一) 迎合目標顧客的需求

菜單上應列出多種菜品供顧客挑選，這些品種要體現餐廳的經營宗旨，迎合某類目標顧客的需求。如果餐廳的目標顧客是收入水平中等、喜歡吃廣東菜的群體，餐廳就應經營中檔粵菜，而不要將不相干的烤鴨、涮羊肉都編進菜單，使菜單反映不出經營宗旨；以享受性就餐的高收入顧客為目標市場的餐廳，應提供一些做工精細、服務講究的高級菜品；以流動性人群為主要對象的餐廳，菜單上應設計製作簡單、價格適中、服務迅速的菜品；以家庭群體為目標顧客的餐廳，菜單上的品種應豐富多彩並且講究美觀和變化。

（二）與整體就餐經歷相協調

菜品並非越精細越好，而是必須和整體就餐經歷及其他部分相協調。一家設計美觀、建築成本高的豪華餐廳，人們指望那裡提供高級的菜品，如果菜單上只是一些加工粗糙的普通菜，人們便會大失所望，產生很壞的印象；相反，一家設計簡單、布置樸素的餐廳，人們希望吃到價廉的普通菜，如果餐廳提供高價的特色菜，人們會覺得菜品的價格不值。

（三）品種不宜過多

一家好的餐廳，應保證供應菜單上列出的品種，不應缺貨，否則會引起顧客的不滿。但菜單所列的品種不宜太多。品種過多意味著餐廳需要很大的原料庫存量，由此會占用大量資金和高額的庫存管理費用，菜品品種太多還容易在銷售和烹調時出現差錯；還會使顧客挑菜決策困難，延長挑菜時間，降低座位周轉率，影響餐廳收入。因此，菜單上的品種應該少而精，為將來更換菜品留有餘地。

（四）選擇毛利額較大的品種

菜品計劃應使餐廳獲得可觀的毛利，因此，設計菜品時要重視原料成本。影響原料成本的因素不僅包括原料的進價，還包括加工和切配的折損、剩菜和其他浪費等損耗因素。如果菜品因原料成本高、價格貴而難以售出，則這類菜不宜多選。要選擇一些能產生較大毛利額的菜品和那些組合起來能使餐廳達到毛利指標的菜品。

（五）經常更換菜品

為了使顧客保持對菜單的興趣，應經常更換菜單上的品種，防止顧客對菜單發生厭倦而易地就餐。這對長住顧客和回頭顧客較多的飯店餐廳更為重要。

更換菜品要注意儘量減少浪費，要檢查庫房有哪些食品貯存時間較長，哪些菜不能繼續貯存，要設法換上一些能用這些原料的菜品。更換菜品還要分析菜單，留下盈利大、受顧客歡迎的菜品，換去一些不受顧客歡迎且收入少的菜品。更換菜品時要儘量補上新產品，即：過去不存在的產品，過去雖有但又經改進的菜，曾有但被遺忘而又重新出售的產品。餐飲人員要注意學習其他餐館的新菜，經過模仿和改進，補充到自己的菜單裡去。

（六）菜餚品種要平衡

菜單尤其是餐飲部下屬的單點餐廳的菜單，應儘量滿足不同的消費口味。因而，在選擇菜餚時要考慮以下因素：每類菜餚的價格平衡；原料的搭配平衡；烹調方法平衡；口味、口感平衡；營養平衡。

（七）突出烹調技術的獨特性

如果菜單上的品項太普通，餐廳是不會創出名氣的。「獨特」，是指某餐廳特有而其他餐廳沒有或比不上的某類、某個品種，某一種烹調方法，某種供餐服務方法等。例如某家咖啡廳由於講究沖咖啡用泉水而創出自己的獨特性；北京全聚德因烤鴨技術出色而創出名氣；丁山賓館的餐廳因丁香排骨而出了名。

具有獨特性的菜品能突出餐廳形象，使餐廳有與眾不同之處而創出名氣。這需要餐飲工作者具有創造性和想像力，但是太陌生的、人們聞所未聞的菜也往往會使顧客產生不安全和畏懼心理。

在計劃菜品時，必須考慮本餐廳的廚師有什麼特長，要選擇一些能發揮他們特長的菜而不能選他們力所不能的菜。同時，還要考慮廚師烹調技術的適應性。對於那些烹調技術高或經過培訓對新技術接受能力較強的廚師，可計劃安排一些烹調難度大、需新技術的新品種。

第三節 菜單的設計與製作

菜單設計是一項藝術性和技術性都較強的工作。一份好的菜單，既能滿足各種賓客的餐飲需求，又能保證餐飲部取得良好的經濟效益，同時它又是一份精美的宣傳品和藝術品。菜單是餐飲部工作人員和企業形象策劃人員、版面設計師等共同精心研究的成果。

一、菜單設計者

（一）菜單設計者

菜單設計在很大程度上受到設計者態度和能力的限制。設計者要富有創造力和想像力並對菜餚本身和飲食烹飪有特殊的興趣，不應把設計菜單看作是一項日常雜務性工作，而應充分認識到菜單對內部成本控制、招徠賓客等方面的重要作用。

菜單設計一般由餐飲部門的經理和廚師長承擔，也可以設置一名專職菜單設計者。總之，菜單設計者應具有權威性和責任感，並具有如下職業素質：

1. 具有廣泛的食品原料知識。瞭解各種食品原料的性能、營養價值、製作方法等。

2. 有一定的藝術修養。對於食物色彩的調配以及外觀、質地、溫度等的調配，有感性和理性知識。

3. 善於捕捉資訊，並善於瞭解賓客需要、瞭解廚房狀態。

4. 有創新意識和構思技巧，勇於嘗試，有所創新。

5. 有立足為賓客服務的思想意識。

（二）菜單設計者的主要職責

1. 與相關人員（主廚、採購人員）研究並制定菜單，按季節新編時令菜單，並進行試菜。

2. 根據管理部門對毛利成本等要求結合市場行情制定菜品的標準份量、價格。

3. 審核每天進貨價格，提出在不影響食物質量的情況下降低食物成本的意見。

4. 檢查為宴席預訂客戶所設計的宴席菜單。瞭解賓客的需求，提出改進和創新菜點的意見。

5. 透過各種方法，向客人介紹本餐廳的時令、特色菜點，做好新產品的促銷工作。

二、菜單設計、製作及使用中常見的問題

1. 製作材料選擇不當

許多菜單採用各色簿冊製品，其中有文件夾、講義夾，也有相冊，而非專門設計的菜單。這樣的菜單不但起不到點綴餐廳環境、烘托餐廳氣氛的效果，反而與餐廳的風格格格不入，顯得不倫不類。

2. 菜單太小，裝幀過於簡陋

許多菜單內芯以 16K 普通紙張製作，這個尺寸無疑過小，造成菜單上菜餚名稱等內容排列過於緊密，主次難分，有的菜單甚至只有練習本大小，但頁數竟有幾十張，無異於一本小雜誌。絕大部分菜單紙張單薄，印刷質量差，無插圖，無色彩，加上保管使用不善，顯得極其簡陋，骯髒不堪，毫無吸引人之處。

3. 字級太小，字體單調

不少菜單為打字油印本，即使是鉛印本，也大都使用 1 號鉛字。坐在飯店餐廳中不甚明亮的燈光下，閱讀由 3 公釐大小的鉛字印就的菜單，其感覺絕對不能算輕鬆，況且油印本的字跡往往會被擦得模糊不清。同時，大多數菜單字體單一，沒有用不同大小、不同字體等變化的手法來突出、宣傳重要菜餚。

4. 隨意塗改菜單

隨意塗改菜單是菜單使用中最常見的弊端之一。塗改的方法主要有：用鋼筆、圓珠筆直接塗改菜品名、價格及其他資訊;或用電腦列印紙、膠布遮貼。菜單上被塗改最多的部分是價格。所有這些，使菜單顯得極不嚴肅，很不雅觀，會引起就餐客人的極大反感。

5. 缺少描述性說明

每一位廚師長或餐飲經理都能把菜單菜餚的配料、烹調方法、風味特色、有關菜餚的掌故傳說講得頭頭是道，然而一旦用菜單形式介紹時就大為遜色。尤其是中餐中的那些傳統經典菜和創新菜，不少菜品雖然形象雅緻、引人入勝，但絕大多數就餐者少有能解其意的，更不用說來自異國他鄉的國際旅遊者。即使許多菜單附有英譯菜名，但由於缺少描述性說明，外國遊客在點菜時仍覺不便。

6. 單上有名，廚中無菜

凡列入菜單的菜餚品種，廚房必須無條件地保證供應，這是一條相當重要但易被忽視的餐飲管理規則。不少菜單表面看來可謂名菜彙集，應有盡有，但實際上往往缺這個少那個。

7. 不應該的省略

有些菜單居然未列價格，讀來就像一本漢英對照的菜餚名稱菜。有的菜單未把應列的菜餚印上，而代之以「請詢問餐廳服務員」。

8. 遺漏

許多菜單上沒有飯店地址、電話號碼、餐廳營業時間、餐廳經營特色、服務內容、預訂方法等內容。顯而易見，為使菜單更好地發揮宣傳廣告作用和媒介作用，許多重要資訊是不能省略遺漏的。

三、菜單設計的程序

（一）菜單應具備的內容

作為計劃書，菜單內容的取捨和分類要方便廚房安排生產和進行銷售統計。作為推銷工具，菜單一定要清楚、有邏輯地將資訊正確而迅速地傳遞給顧客，同時透過內容的編寫、順序的安排及藝術處理吸引顧客購買。一張菜單通常由四個部分組成。

1. 菜品的品名和價格

菜品的名字會直接影響顧客的選擇。顧客未曾嘗試過某菜，往往會憑品名去挑選菜餚。菜單上的品名會在就餐客人的頭腦中產生一種聯想。顧客對餐飲產品是否滿意在很大程度上取決於看了菜單品名後對菜品產生的期望能否得到滿足。

編寫菜品名和價格要符合下述要求：

（1）菜品名和價格應具真實性。具體包括：

①菜品名真實。菜品名應好聽，但必須真實，不能太離奇。國際餐館協會對顧客進行調查發現，故弄玄虛而離奇的名字以及顧客中不熟悉或名不副實的名字，不容易被顧客接受，只有小型的、以常客為主的餐廳可用不尋常的名字。向大眾開放的餐廳應採用樸實並為顧客熟悉的菜名。

②菜品的質量真實。菜品的質量真實包括原料的質量和規格要與菜單的介紹相一致。如菜品名為炸牛里脊，餐廳就不能供應炸牛腿肉；產品的產地必須真實，如果品名是烤紐西蘭牛排，那麼原料必須從紐西蘭進口；菜品的份額必須準確，菜單上介紹份額為 300 克的烤肉，其份量必須是 300 克；菜品的新鮮程度應一致，如果菜單上寫的是新鮮蔬菜，就不應該提供罐頭或冷凍食品。

③菜品價格真實。菜單上的價格應該與實際供應的一樣。如果餐廳加收服務費，則必須在菜單上加以註明，若有價格變動要立即改動或更換菜單。

④外文名字正確。菜單是餐廳質量的一種標記。如果西餐廳菜單的英文或法文名搞錯或拼寫錯誤，說明西餐廳對該國的烹調根本不熟悉或對質量控制不嚴，這樣會使顧客對餐廳產生不信任感。

⑤菜單上列出的產品應保證供應。有些餐廳管理人員認為凡餐廳能製作的菜品應該全部列在菜單上，多給客人選擇的餘地，但是當產品原料不能保障供應，客人點菜時菜品無貨，就會使菜單不可靠、不嚴肅。

（2）菜品名要文雅、引人深思。粗俗的名字往往會和餐飲場所不合拍。

2. 菜品介紹

菜品介紹的內容有：

（1）主要配料及一些獨特的澆汁和調料。有些配料要註明規格，如肉類註明是里脊還是腿肉等，有些配料需註明質量如新鮮橘子汁、活魚等。

（2）菜品的烹調和服務方法。對具有獨特的烹調方法和服務方法的菜品必須進行介紹。

（3）菜品的份額。有些菜品要註上每份的量。如果以重量表示是指烹調後菜品的重量。

介紹菜品便於推銷菜品。要引導顧客去消費那些餐廳希望銷售的菜餚，同時，還要介紹一些名稱與菜餚關聯不是很直接的菜。

菜品的介紹不宜過多，非資訊性介紹會使顧客感到厭煩，而拒絕購買或不再光顧餐廳。但一張菜單就像產品的目錄那樣刻板地列出菜名和價格，也會因過於枯燥無法吸引顧客。

3. 告示性資訊

告示性資訊必須十分簡潔，一般有以下內容：

（1）餐廳的名字。通常安排在封面。

（2）餐廳的特色風味。如果餐廳具有某些特色風味而餐廳名又反映不出來，就要在菜單封面的餐廳名下列出其風味。例如：天龍餐館（閩菜風味）。

（3）餐廳地址、電話和商標記號。一般列在菜單的封底。有的菜單還列出餐廳在城市中的地理位置。

（4）餐廳經營的時間。列在封面或封底。

（5）餐廳加收的費用。如果餐廳加收服務費要在菜單的內頁上註明。例如在菜單上註上這樣一句話：「所有價目均加收 10% 的服務費」。

4. 機構性資訊

有的菜單上還介紹餐廳的質量、歷史背景和餐廳特點。例如肯德基炸雞的菜單介紹了這個國際集團的規模、炸雞的烹調特點以及肯德基炸雞餐廳的產生和歷史背景。

5. 特色菜推銷

（1）需要特殊推銷的菜品

一家成功的餐廳很少將菜單上的菜品「同樣處理」。無論哪一類別，如果每個菜品與其他菜品作同樣處理就顯示不出重點。一張好的菜單應有一些菜得到「特殊處理」，以引起顧客的特別注意。從餐廳經營的角度出發，有兩類菜品應得到特殊處理：

①能使餐廳揚名的菜品。一家餐廳總要有意識地計劃幾種菜品使餐廳出名，這些菜應有獨特的特色且價格不能太貴。

②願意多銷售的菜品。價格高、毛利大、容易烹調的菜是管理人員最願意銷售的菜。西菜中的開胃品、主菜、甜品一般盈利較大並容易製作，應列在顯目的位置。

特殊菜品的推銷主要有兩大作用：對暢銷菜、名牌菜作宣傳；對高利潤但不太暢銷的菜作推銷，使它們成為既暢銷利潤又高的菜。

（2）特殊推銷菜品的類別

①特殊的菜品。指一種暢銷或高利潤的菜。這種特殊菜品可以是經常服務的某種菜品，也可以是時令菜。時令菜容易吸引客人，也能獲取高利潤。

②特殊套餐。推銷一些特殊套餐能提高銷售額，增強推銷效果。例如北京麗都飯店在各國國慶節推出的各國的風味套餐，並配合演出各國的文娛節目，吸引了駐京的各國朋友。

③每日時菜。有的時令菜單上留出空間來加上每日的特色菜和時令菜，以增加菜單的新鮮感。

④特色烹調菜。餐廳以獨特的烹調方法來推銷一些特殊菜。例如有的餐廳推出主廚特色菜：主廚特色湯、主廚特色沙拉、主廚特色主菜等。

(3) 特殊推銷的方法

①用粗字體、級數大的字體或特殊字體列出菜名。

②增加對特殊菜品介紹的內容，對特殊菜進行較為詳細的推銷性介紹。

③要用框框、線條或其他圖形使特色菜比其他菜更為令人注目。

④放在菜單引人注目的位置。

⑤列上菜品漂亮的彩色照片。

(二) 菜單上的內容安排

1. 內容安排的總原則

菜單的內容一般按就餐順序排列。顧客一般按就餐順序點菜，也就希望菜單按就餐順序編排，這既符合人們的思維方式，又能使客人很快找到菜餚的類別，不致漏點某些菜餚。如：西餐菜單的排列順序一般是開胃品、湯、沙拉、主菜、三明治、甜點、飲品；中餐的排列順序則為：冷盤、熱炒、湯、主食、飲料。

2. 西餐菜單表現形式及主菜的相應位置

西餐菜單通常有單頁式菜單、雙頁式菜單（對折式菜單）、三頁式菜單（三折式菜單）和四頁式菜單（四折式菜單）。由於主菜的地位舉足輕重、份量很大，應該儘量排在各種菜單的顯要位置。根據人們的閱讀習慣和餐館同行們的經驗總結，單頁菜單主菜應列在菜單的中間位置；雙頁菜單主菜應放在右頁的上半部分；三頁菜單主菜須安排在中頁的中間；四頁菜單主菜通常被置於第二頁和第三頁上。

3. 中餐菜單的表現形式

中餐菜單的創新改造起步較晚，目前還少有專業人員對中餐菜單的表現形式加以關注。中餐菜單最常見的表現形式仍停留在書本雜誌式上，一份中餐菜單形同一本薄薄的雜誌，打開之後，菜名、菜價平鋪直敘，無重點、無起伏，這就是中餐菜單亟待改進之處。

4. 重點促銷菜餚的位置安排

重點促銷菜餚可以是時令菜、特色菜、廚師拿手絕活菜，也可以是由滯銷、積壓原料經過精心加工包裝之後製成的特別推薦菜，總之是飯店希望盡快介紹、推銷給就餐者的菜。

既然是重點促銷菜，就應該將這些菜餚安排在醒目之處。菜餚在菜單上的位置對於此類菜餚的推銷有很大影響。要使推銷效果明顯，必須遵循兩大原則：即將重點促銷菜放在菜單的開始處和結尾處，因為這兩個位置往往最能吸引人們的注意力，並在人們頭腦中留下深刻的印象。有些飯店將盈利最大的菜餚放在第一眼和最後一眼注意的地方。經統計，顧客幾乎總是能注意到同類產品的第一個和最後一個菜餚。菜單上有些重點推銷的菜、名牌菜、高價菜和特色菜或套菜可以採用插頁、夾頁、桌卡的形式單獨進行推銷。

另外，不同表現形式的菜單，其重點推銷區域是不同的。單頁菜單的上半部就是重點推銷區；雙頁菜單的右上角為重點推銷區；三頁菜單對菜餚推銷很有利，中間部分是人們打開菜單首先注意的地方，然後移至右上角，接著移至左上角，再到左下角，最後又回到正中。對人們注意力研究的結果表明，人們對正中部分的注視程度是對全部菜單注視程度的七倍。因而中頁的中部是最顯眼之處，應放上餐廳最需要推銷的菜餚。

（三）菜單設計的步驟

1. 準備所需的參考資料

（1）各種舊菜單，包括企業正在使用的菜單。

（2）標準菜譜檔案。

（3）庫存資訊和時令菜、暢銷菜菜單等。

（4）每份菜成本或類似資訊。

（5）各種烹飪技術書籍、普通辭典、菜單辭典。

（6）菜單食品飲料一覽表。

(7) 過去的銷售資料。

2. 運用標準菜譜

只有運用標準菜譜，才可確定菜餚原料的各種成分及數量，計劃菜餚成本，計算價格，從而保證經營效益。一份質量較好的標準菜譜有助於發揮菜單的設計成效，同時有利於員工瞭解食品生產的基本要求與服務要求，也可提高他們的業務素質。

3. 初步構思、設計

剛開始構思時，要設計一種空白表格，把可能提供給顧客的食品先填入表格，在考慮了各項影響因素後，再決定取捨並作適量補充，最後確定各菜式內容。

4. 菜單的裝潢設計

已設計好的菜餚、飲料按獲利大小順序及暢銷程度高低依次排列，綜合考慮目標利潤，然後再予以補充修改。召集有關人員如廣告宣傳員、美工、營養學家和有關管理人員進行菜單的程式和裝幀設計。

四、菜單的製作

(一) 準備工作

製作一份菜單需要聯繫藝術設計師、文字撰寫者以及印刷商。在這以前需要計劃好餐廳擬經營什麼餐別、提供什麼服務和菜品。

1. 列出清單

在製作菜單前要將擬提供的菜品分類列出清單。其間，菜品的項目和價格通常需要改動好幾次。分類列出菜品，可以幫助人們均衡所選菜品在原料方面、烹調法、價格方面和營養方面是否搭配得當。

2. 列出特色菜及套菜

在列完清單後，要寫出擬重點推銷的特色菜及套菜，這樣既幫助管理人員計劃重點推銷的菜品，又幫助藝術設計師做好版面計劃和藝術設計計劃。

設計師只有領悟餐廳管理人員的經營思想和推銷意圖後，才能將特色菜的版面位置、字體和圖案等設計好。

每種特色菜要列出具體菜品名，並將推銷意圖寫清楚。即使是最高明的藝術設計師和撰稿人，都不能幫助人們設計各類特色菜如何推銷才能提高餐廳的利潤。

3. 選擇藝術設計師、撰稿人和印刷商

許多餐廳沒有認知到菜單對餐廳的點綴作用、推銷作用和標記作用。設計菜單一定要選專業設計師，可以從廣告代理公司聘用，也可聘用商業設計師、美術設計師。另外要請一位善於文字寫作的人員，對菜品名、菜品介紹等描述性的措辭進行推敲。印菜單一般採用傳統印刷和膠印印刷。由於印刷的量一般不會太大，所以可聘用從事小量印刷並能在短期內交貨的印刷商。

（二）菜單的製作材料

1. 紙張的選擇

菜單設計應從選擇紙張開始，因為紙張是設計的基礎，一份精美菜單的說明、印刷效果等都要透過紙張來體現。由於紙張成本占印刷菜單成本的1/3，餐飲經營管理人員和菜單設計人員應重視紙張的選擇。

選擇紙張時主要需考慮菜單的使用期限，是最大限度地長期使用，還是一次性使用。一次就報廢的菜單可印在輕型的、無塗層的紙上，這種輕型的、便宜的紙有不同的顏色及不同的形狀；較長使用的菜單須印在重磅的塗膜紙上，這種紙經久耐用，經得起賓客頻繁使用；長期使用的菜單可印在防水紙上，髒了可用濕布擦淨，這種紙一般都是厚實的封面紙、優質紙等。

實際上，菜單封面一般用重磅塗膜紙，內頁用價格較低的輕磅紙。在同一份菜單上使用不同類的紙張可造成強化其功能的作用，紙張厚薄和顏色的不同可以突出顯示菜單的某一部分是餐廳推銷的重點。

2. 菜單用紙和有關設計技術

（1）凹凸印刷。

(2) 深色紙上採用淡色墨水。

(3) 帶色的紙上使用淡色和金屬色。

(4) 紙的立體使用。

(5) 在透明的或半透明的紙上印刷。

(6) 在同一菜單中使用不同種類的紙。

(三) 菜單的尺寸大小

菜單的式樣和尺寸有一定的規律可循：一般單頁菜單以 30 公分 ×40 公分大小為宜；對折式的雙頁菜單，菜單合上時，其尺寸以 25 公分 ×35 公分為最佳；三折式的菜單，合上時，以 20 公分 ×35 公分為宜。當然，其他規格和式樣的菜單也非罕見，重要的是菜單的式樣與餐廳風格相協調，菜單的大小與餐廳的面積、餐桌的大小和座位空間相協調。

菜單上應有一定的空白，這樣會使字體突出、易讀。如果菜單文字所占篇幅多於 50%，會使菜單看上去又擠又亂，影響顧客閱讀和挑選菜餚。菜單四邊的空白應寬度相等，給人以均勻感。左邊字首應排齊。

(四) 菜單的形狀、式樣

因為大部分菜單印在紙上，所以應考慮所用紙可以折疊，可以被切成各種形狀，並有不同的造型。

1. 菜單紙的折疊

最簡單的方法是把一張紙從中間一折，便成菜單。採用折疊菜單時，應注意不是所有的紙都可以折，有些紙一折就裂，從而降低了菜單的使用壽命。在大量印刷菜單之前，應檢查一下紙張的「可折度」。

2. 菜單的形狀

菜單的形狀是根據餐廳經營需要、為迎合賓客心理而確定的。菜單可以切成各種幾何圖形和不規則的形狀。另外，菜單不一定要平，兩面用的紙也可以製成立體或金字塔式的。

菜單的尺寸大小沒有統一的規定，用什麼尺寸合適，主要從經營需要和方便賓客兩個方面考慮。

（五）文字與字體

1. 文字

菜單必須借助文字向顧客傳遞資訊。一份好的菜單，其文字介紹應詳盡，令人讀後增加食慾，從而造成促銷的作用。一份精美流暢的菜單其文字撰寫的耗時費神程度並不亞於設計一份彩色廣告。

菜單的文字部分主要包括：①食品名稱；②描述性介紹；③餐廳聲譽宣傳，包括優質服務和烹調技術。

一般說來，一頁紙上的字與空白應各占 50% 為佳。字過多會使人眼花繚亂，前看後忘；空白過多則給人以菜品不足、選擇餘地少的感覺。

菜單上的菜名一般採用中英文對照的形式。字體印製要端正，要使客人在餐廳的光線下很容易看清。多數食品飲料採用小號字體，以增加可讀性；分類標題和小標題可用大號字體；慎用古怪字體和「翻白」（即黑底白字）印刷；除非特殊要求，菜單應避免用多種外文來表示菜名，所有外文都要根據標準辭典的拼法統一規範。

凡有可能，菜單應該鉛印，當然中餐宴會菜單等也可手寫，手寫往往更能營造宴會氣氛，但字跡必須娟秀、清楚。龍飛鳳舞的書法必須以賓客認得清楚為準，否則就會失去本來的意義。菜單內容和價格應避免塗改，要使菜單「眉清目秀」，容易辨讀。

菜單上菜品的命名要力求名副其實，反映菜餚的全貌和特色，以便於顧客選用；菜名的音韻要和諧、文字要簡練，以便於記憶和傳誦；菜名既要樸實明朗，又要工巧含蓄。

2. 字體

要設計一份閱讀方便和富有吸引力的菜單，使用正確的字體是非常重要的。假如不是用手寫體的話，就一定要用印刷排版的方式。有許多菜單的字體太小，不便閱讀；有的字體排得太緊，而且每項菜餚之間間隔小，幾乎連在一起，使賓客選擇菜餚時很費勁。選擇字體應遵循下列原則：

①不要用小於 12 級的英文字體或小於 12 級的中文字體。②用級數大的字體書寫大標題和小標題。③選擇的字體應與餐廳的特點相協調。④儘量少使用陌生的、奇異的字體。⑤用級數小的字體來書寫菜餚項目便於閱讀。⑥另起一行時，英文應空出五點，中文應空出兩個字的位置。⑦若用帶色字體，字體的顏色宜用深色。

（六）菜單的顏色和照片

1. 菜單的顏色

菜單的顏色能造成推銷菜品的作用，使菜單更具吸引力。但色彩越多，印刷成本越高，所以不宜用過多的顏色，通常用四色就能基本得到色譜中所有的顏色。

不同的顏色還能造成突出某些部分的作用。一些特殊推銷的菜品採用不同顏色，會使它們突出出來。如果菜單設計中打算使用兩種顏色，最簡單的辦法是將類別、標題，如海鮮類、甜品類等標題印成彩色如紅色、綠色、棕色等，而具體的菜品名稱和價格均印成黑色。總之，這裡需要遵循一條原則：只能讓少量文字印成彩色，因為大量文字印成彩色不便閱讀。人類最容易辨讀的是黑白對比色。

採用色紙能增加菜單的色彩，點綴和美化菜單而不增加印刷成本。

增加菜單顏色的另一種方法是採用寬寬的綵帶，以縱向、斜角向或橫向粘在或包在封皮上，這種綵帶能改善菜單外觀並造成裝飾作用。

2. 菜單上的彩色照片

彩色照片配上菜名及介紹文字是一種對食品極好的推銷方式。彩色照片能直接而真實地展示餐廳所提供的菜品。儘管印製彩色照片約需四色，比印單色或雙色的印刷費用高出 35%，但一張優質的彩色照片勝過千言文字說明，能最真實地展現令人食慾大振的菜品。

印上彩色照片的菜餚應該是餐廳最願意銷售的、希望顧客最能注意到並決定購買的菜品。餐廳常把高價菜、名牌菜和受顧客歡迎的菜拍攝成彩照印在菜單上。另一類有彩照的菜是形狀美觀、色彩豐富的菜。這種照片會使菜單和餐廳增加光彩。

彩色照片的拍攝和印製質量很重要，若印製質量差，還不如不印。彩照實例能否激起客人的食慾取決於彩照是否逼真美觀。

許多菜單上的彩色照片沒有對號入座，即沒有將彩色照片、菜品名、價格及文字介紹列在一起。使用彩照的一個最簡單的辦法是用黑色線條框起來或用小塊彩色面突出來配上照片及菜名和價格。

（七）菜單封面

封面是菜單的門面，一份設計精良、色彩豐富、漂亮又實惠的封面往往是一家經營有方的餐廳的點綴和醒目的標誌。

首先，封面的圖案要體現餐廳經營特色，色彩要與餐廳環境相符。如果經營的是古典式餐廳，菜單封面要反映出古典色彩。菜單封面要視作餐廳室內的點綴之一。菜單放在桌上，分散在顧客的手中，其顏色要麼跟餐廳色彩相近，形成一個體系；要麼互成反差，使之相映成趣，猶如萬綠叢中的花朵，增加色彩。

菜單封面要恰如其分地列出餐廳名稱、營業時間、電話號碼，使用信用卡支付的資訊可列在封底，有的菜單封面上還傳遞外賣服務資訊。

菜單封面應使用塑料薄膜壓膜的厚紙，這樣可防水或油膩，也不易留下痕跡，四周不易捲曲。設計得再漂亮的菜單，如果弄髒了就會失去設計的價值。

（八）突出主體菜式

1.「特色菜餚」用有別於一般的較大黑體字排印。

2.「特色菜餚」應有更詳盡的促銷性文字介紹。

3. 採用方框或彩色色塊或別的圖形突出「特色菜餚」。

4.「特色菜餚」應用更豐富的色彩點綴並用彩色實例照片襯托。

5. 把「特殊菜餚」放在同類菜的第一個或最末一個位置。

本章小結

本章著重介紹了菜單的種類及作用，決定菜單菜餚品種的依據和原則以及菜單設計製作過程中的一些技術性問題，如菜品的選擇、菜單的製作要求、重點菜餚的推薦、菜單內容的排列、菜單材料的選用等等。學員在理解掌握基本原理的基礎上，應結合本地實際，收集當地餐飲企業的各類菜單，分析它們的成功之處或存在的不足，達到活學活用的目的。

思考與練習

1. 簡述菜單的定義和作用。

2. 菜單的種類有哪些？

3. 固定菜單與循環菜單各自有哪些優點？

4. 設計宴會菜單應注意哪些問題？

5. 確定菜餚品種時應考慮哪些因素？

6. 如何在菜單中突出重點推銷菜餚？

7. 菜單設計、製作及使用中應避免哪些問題？

8. 擬定一份 2800 元 / 桌的中餐宴會菜單。

第 3 章 原料管理

導讀

餐飲部在飯店中是唯一向客人提供實物形式的消費品的部門，因此，除了與其他部門一樣向客人提供優質服務外，還要注意實物產品即菜餚的質量。現代人更注重菜餚原料的鮮、活、奇、營養、無汙染等特性。透過對餐飲原料的嚴格管理，可以為菜餚質量奠定堅實的基礎，同時透過制定落實採購、驗收、保管、領發、盤存制度，盡可能保證原料的質地，減少原料的不合理使用，為做好餐飲企業的成本控制提供條件，也為餐廳向消費者讓利贏得空間。

學習目標

掌握原料的採購數量控制、質量控制及價格控制的方法

熟悉驗收的程序，學會正確運用各種表單管理驗收過程

瞭解不同原料的貯藏要求，掌握不同庫房的管理工作要點

瞭解發料管理制度，並能正確劃分和統計餐飲用料成本

第一節 原料的採購管理

原料的採購是餐飲業務正常開展的前提，採購管理的目的是保證為廚房等加工部門提供適當數量的食品飲料原料，保證每種原料的質量符合一定的使用規格和標準，並保證採購的價格和費用最為低廉，使餐飲原料成本處於最理想狀態。

採購工作是餐飲成本控制的第一道環節，又是較難控制的一道環節。因而，餐飲部必須制定和落實嚴格的規章制度，對採購的模式、原料的質量和數量、採購的價格等進行嚴格的管理。

一、制定採購制度

（一）採購職能在飯店中的歸屬

1. 餐飲部負責所有餐飲原料的採購

這種形式在飯店中最為常見。由於採購員隸屬於餐飲部，便於專業化管理，原料的供給和生產資訊回饋迅速，在採購的及時性、靈活性和原料質量的可靠性方面能得到保證。但是，該體制下，難以掌握採購的數量、資金及成本控制，同時往往缺乏嚴格的監督機制，容易造成管理上的漏洞。因此，餐飲部管理者要訂立相應的規章制度，嚴格把關質量、數量、價格，使採購的成本費用降至最低水平。

2. 飯店採購部負責所有餐飲原料的採購

一些高星級、較大規模的合資、獨資飯店往往採用這種模式。由於原料的採購者與使用者歸屬於兩個不同的部門，對採購的管理就比較嚴，便於總經理和財務管理人員對採購資金、採購成本進行直接控制。這種方法的缺點是：採購週期較長，餐飲部不能靈活根據市場原料價格的變化調整購買的品種、數量。

3. 飯店餐飲部和採購部共同管理食品採購工作

餐飲部和採購部對採購工作進行分工。一般而言，餐飲部負責鮮活原料的採購，而採購部負責可貯存原料的採購；或者食品採購員由餐飲部選派，受採購部管理。這種方法的優點是採購員較熟悉業務，而大宗貨物的採購成本受到採購部、財務部的及時監督與控制；缺點是往往造成多頭管理，職能上劃分不清，給協調工作帶來不少麻煩。

（二）採購的目標與指導思想

1. 採購的目標

（1）找到正確的商品。並非所有的最高等級的原料一定對飯店的餐飲生產合適。為了保證菜餚質量始終如一，必須使用品質始終如一的食品原料。

餐飲部要對各種原料做出詳細的規定，制定出食品原料採購規格標準以指導採購工作。

(2) 得到最好的價格。在保證質量的前提下，採購時要充分考慮價格因素，做到「貨比三家」，或者透過減少供貨環節、現金支付、自行運輸、合理擴大採購量等方法獲得較低的採購成本。

(3) 得到最佳的品質。採購時還要考慮原料的儲存能力，以免造成原料在運輸、儲存過程中品質快速下降；此外，配合季節時令採購也是明智的方法，不但原料的品質好，價格也較便宜。

(4) 找到最佳的供應商。在供應商的選擇方面，應該考慮其地理位置、設備條件、財務狀況及誠信原則等。

閱讀材料 3.1

選擇供應商必須考慮的條件

根據 Riegel 和 Reid（1980）兩位博士對美國 61 個餐飲業者作的一項調查顯示，選擇供應商必須考慮以下條件：

(1) 補貨的正確性
(2) 品質的維持
(3) 準時的運送
(4) 共同解決問題的誠意
(5) 危急時的反應
(6) 合理的單價
(7) 合理的前置期
(8) 運送的頻率
(9) 技術上的能力
(10) 最低的單價
(11) 合理的付款條件
(12) 數量折扣
(13) 銷售員的知識
(14) 銷售員的最小訂購量
(15) 地理上的距離
(16) 立即付款的折扣
(17) 獨家供應商的能力
(18) 物品使用的訓練

（19）拆貨試用的意願　　　　　　　　（20）提供食譜

以上條件的重要性依次序遞減。

資料來源：Carl D. Riegel and R. Dan Reid, "Standards in Food-Service Purchasing", The Cornell HRA Quarterly Feb, 1990.

（5）在最適當的時間進貨。目前飯店餐飲經營的一個趨勢是盡可能減少庫存量及在庫時間。這樣，為了保證原料的不間斷供應，對採購時間的要求就更高。

2. 採購的指導思想

（1）「以銷定進」。採購是為了銷售，是為了賣而買。因此，採購與市場調研要結合起來，買什麼、買多少要符合顧客的需求。

（2）「以進促銷」。採購要發揮引導消費、擴大銷售的能動作用，採購部應擴大採購來源，配合餐飲部推出新的菜餚品種，以刺激消費，增加營業機會。

（三）採購的運作程序

首先，由餐飲部和倉庫填寫採購申請單向採購部門提出訂貨要求。餐飲部的訂貨品種是除倉儲之外的食品，通常為鮮活原料，而倉庫訂購的是需儲存保管的食品。倉庫保管員在某種原料的現存量低於規定數量時提出採購申請。採購部門收到訂貨申請後，開出正式的訂購單，向供貨單位訂貨，同時給驗收部門一份副本，以備收貨時核對。當貨物運到飯店後，由驗收部門對貨物的品種、數量、價格、質量對照訂購單和原料規格標準進行驗收，對廚房訂購的新鮮食品應立即通知廚房透過申領手續領出，其他原料填單後入庫。驗收結束貨物發票驗簽後，連同訂單一起交採購部，採購部再交財務部門審核，然後向供貨單位付款。採購程序見圖 3-1。

（四）對採購人員的要求

一個合格的採購人員，必須具備以下素質：

(1) 思想品質好，誠實可靠，不以權謀私。

(2) 瞭解市場供應情況，熟悉供應商。

(3) 掌握原料知識，瞭解加工方法，熟悉原料質量標準。

(4) 嚴格執行財務制度。

(5) 善於交際，有較強的談判能力。

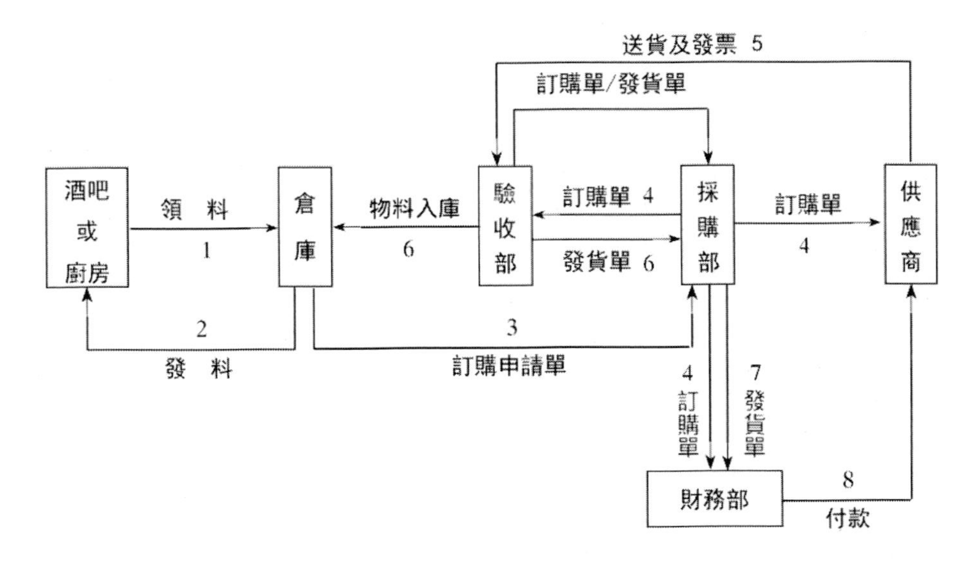

圖 3-1 餐飲原料採購程序

二、確定採購方式

1. 直接市場採購

對大多數中、小餐飲企業而言，採購員往往拿著現金直接在食品市場或農貿市場進行交易。此種方法雖然未必能得到最優惠的價格，但是庫存可以降至最低，原料的新鮮程度得到保障。

2. 供應商報價採購

對於供貨次數頻繁的生鮮食品原料，往往由採購部門將其列成表單，要求供應商（至少是三個）報價，然後選擇其中原料質量適宜、價格最優的供貨單位，通常還要求供貨商在送貨時自動清點存貨，以保證存量的合理性。

3. 直接至產地採購

此方式一是可以保證原料的新鮮度，二是易取得較低的價格。如有的海鮮餐廳直接到漁港與船主交易，更有大型餐飲企業自己在城郊建立原料基地如養雞場、魚塭等。

4. 招標採購

它是大型餐飲企業、集團公司等採購大宗貨物時採用的規範化的採購方法。採購單位以投標邀請的形式將需採購的原料名稱及規格標準寄給有能力的供貨單位，由後者進行報價投標。

5.「一次停靠」採購

餐飲原料的品種繁多，供貨渠道各異，各個供應商對同一種原料的報價有高有低，如果飯店僅以最低報價為依據決定向誰購買，勢必花大量的人力、時間處理票據和驗收進貨。為了減少採購、驗收和財務處理的成本費用，飯店將原料進行歸類，同類原料向一個綜合報價較低的供應商購買。

6. 其他採購方式

兩家以上的餐飲企業聯合採購同標準的原料，以取得供應商的批發價優惠，我們稱之為合作採購；某些飯店集團或聯號建有地區性採購辦公室，為旗下同屬該地區的飯店集中採購。

三、規定採購質量

原料的質量是指食品原料是否適用，是對原料的新鮮度、成熟度、純度、質地、顏色等的綜合評價；原料的規格是指原料的種類、等級、大小、份額和包裝等的規定。

餐飲管理人員應根據企業經營目標，在確定菜單時規定原料的質量標準，列出需採購的食品原料目錄，並用採購規格標準的形式加以明確。

（一）採購規格標準應包括的項目與樣式

採購規格標準是根據飯店的特殊需要，以書面形式對餐飲部要採購的食品原料的質量、規格等做出的詳細具體的規定。制定出採購規格標準後，應分送採購員、供應商、驗收員和餐飲經理辦公室。

在採購規格標準（見表3-1）中，一般根據原料的特性有選擇地列出以下項目：產品的通用名稱或常用商業名稱、用途、產地、等級、部位、色澤與外觀、報價單位或容器、容器中的單位數或單位大小、重量範圍、最小或最大切除量、加工類型和包裝、成熟程度、交貨時間要求、防止誤解所需的其他資訊。

（二）採購規格標準的作用

1. 促使管理人員事先確定每一種食品原料的質量要求。

2. 可避免採購人員與供應商之間對原料質量發生分歧與矛盾。

3. 避免每次訂貨時都向供應商解釋質量要求，提高了工作效率。

4. 可作為驗收的質量標準。

5. 向各供應商分發採購規格標準，可便於他們投標。

表 3-1 ×× 飯店採購規格標準

制定規格書時間： 年 月 日

1. 原料名稱
2. 原料用途（如葡萄用於榨汁或用於水果拼盤）
3. 原料的一般概述（列明原料的一般質量要求。如葡萄酸甜適中，中等和大型橢圓或圓形，紫色，無可見斑點或皮傷）
4. 詳細說明（有選擇地列明下列有助於識別的因素） ※ 產地 ※ 規格 ※ 比重 ※ 品種 ※ 容器 ※ 商標 ※ 等級 ※ 淨料率 ※ 包裝 ※ 稠密度 ※ 類型 ※ 份額大小
5. 原料檢驗程序
6.特別要求（如交貨和售後服務要求）

（三）採購規格標準的編寫

採購規格標準是根據菜單提供的菜品要求而編制的。在日常的經營活動中，餐飲部往往要使用成百上千種原料，因此，粗看起來，編寫一整套採購規格標準工作量非常大，事實上，大部分原料已有政府或行業標準，企業只要對少量的食品原料進行測試和選擇，以便根據這些質量標準編寫採購規格標準。

在編寫採購規格標準時，還要考慮一些因素，如企業的檔次和類型、客人對原料的要求、現行的行業標準、現有設備對原料的加工能力、市場環境與原料使用的可行性等。

大型飯店一般專門成立測試委員會，由高層管理人員掛帥，餐飲部經理、廚師長、食品飲料會計師、驗收員、倉庫管理人員、公共關係經理等飯店員工和受邀請的顧客代表組成。測試委員會的主要任務有：

1. 根據企業對食品原料質量的要求，協助編寫採購規格。

2. 協助做出自製或購買決策。

3. 執行測試方案，檢查本企業使用和供應食品的成本、質量、味道和外形。

使用固定菜單的餐廳，在一段時間內其產品相對穩定，原料的採購規格也相對穩定。如果菜單變化或市場條件發生變化，採購規格標準就應部分調整、修改或重新制定。

四、控制採購數量

採購規格標準一經確定，在一段時間內相對固定，而採購數量卻是每天或經常變化的，它與採購的間隔時間有密切關聯。在日常採購管理中，要根據各方面的因素，確定每次採購的合理數量。採購數量過多，會占用大量資金，使原料積壓引起質量下降或變質，同時還會增加倉儲成本及被偷盜的機會；採購數量過少，則可能造成庫存不足，原料無法正常供應而影響企業的經濟效益和社會效益，並增加緊急採購成本。

（一）影響採購數量的因素

(1) 菜餚與酒水等的預計銷售量。採購數量總是與之成正比關係。

(2) 倉儲場地與倉儲能力。會限制原料的採購數量。

(3) 原料的價格變動趨勢。如果某原料的價格呈上升趨勢，就可以多買一些，反之，應少訂購一些。

(4) 採購點的距離遠近。如果採購點遠，可以增加批量，減少批次，以節約運費，防止原料斷檔；如採購點近，則減少批量，增加批次。

(5) 目前庫存情況。如目前庫存量較大，則應減少採購數量。

(6) 原料的市場供應情況。當某種原料的市場供應不穩定時，可以增加採購量。

(7) 供應商的政策。有時，供應商往往會規定最少訂貨量、最低送貨起點、整包裝銷售等政策。

（二）採購對象的分類管理

1. 鮮活原料

指的是蔬菜、鮮魚、鮮肉、水果和新鮮奶製品等，這些原料一般在購進後的當天或短時間內使用，用完後再購買，所以，採購的頻率較高，一般採用日常採購法和長期採購法。

2. 可儲存原料

通常指的是乾貨或冷凍儲存的不易變質的食品原料，如大米、麵粉、鹽、糖、罐頭、調味料及冷凍類的肉類、水產品等，此類原料一般用定期採購法或永續盤存法來控制採購數量。

（三）鮮活原料採購數量控制

鮮活原料必須遵循先消耗再進貨的原則，因此，要確定某種原料的當次採購量時，必須先掌握該原料的現有庫存量（通常在廚房反映出來），並根據營業預測，決定下一營業週期所需要的原料數量，然後計算出應採購的數量。實際操作中，可以選用以下方法：

1. 日常採購法

日常採購法多用於採購消耗量變化大，有效保存期較短因而必須經常採購的鮮活原料。每次採購的數量用公式表示為：

應採購數量＝需使用數量－現有數量

公式中，需使用數量指在進貨間隔期內對某種原料的需要量。它要根據客情預測，由行政總廚或餐飲部經理決定。在確定該數字時，還要綜合考慮特殊餐飲活動、節假日客源變化、天氣情況等因素。

現有數量是指某種原料的庫存數量，它透過實地盤存加以確定。

應採購數量是需使用量與現存量之差。因為鮮活原料採購次數頻繁，有的幾乎每天進行，而且往往在當地採購，所以一般不必考慮保險儲備量。

日常採購原料可以用飯店自行設計的「市場訂貨單」（見表3-2）來表示。表中的原料名稱可以事先影印好以免每次重複填寫，其餘幾欄則要每次訂貨時根據需使用數量和現有存量的實際情況填寫。

表 3-2 ×× 飯店市場訂貨單

____年____月____日

原料名稱	需使用量	現有存量	需購量	市場參考報價		
				甲	乙	丙
花椰菜						
芹 菜						
番 茄						
馬鈴薯						
…						

2. 長期訂貨法

某些鮮活類食品原料的日消耗量變化不大，其單位價值也不高，宜採用長期訂貨法。一是飯店與某一供應商簽訂合約，由供應商以固定的價格每天或每隔數天向飯店供應規定數量的某種或某幾種原料，直到飯店或供應商感到有必要改變已有供應合約時再重新協商；二是要求供應商每天或每隔數天把飯店的某種或某幾種原料補充到一定數量。飯店對有關原料逐一確定最高儲備量，由飯店或供應商盤點進貨日的現存量，以最高儲備量減去現存量得出當日需購數量。

表 3-3 採購定量卡

原料名稱	最高儲備量	現存量	需購量
雞 蛋	5箱	2箱	3箱
鮮 奶	100kg	20kg	80kg
…			

長期訂貨法也可用於某些消耗量較大而需要經常補充的飯店物資（如餐巾紙）。這些物品大量儲存會占用很大的倉庫面積，不如由供應商定期送貨更經濟。

（四）乾貨及可冷凍儲存原料的採購數量控制

乾貨屬於不易變質的食品原料，它包括糧食、香料、調味品和罐頭食品等。可冷凍儲存的原料包括各種肉類、水產品原料。許多飯店為減少採購成本，求得供應商的量大折扣優惠，往往以較大批量進貨。但這樣也可能造成原料積壓和資金占用過多，因此，必須對這類原料的採購數量嚴加控制。

確定乾貨及可冷凍儲存的原料的採購數量一般有兩種方法，即定期訂貨法和永續盤存卡法。

1. 定期訂貨法

定期訂貨法是乾貨原料採購中最常用的一種方法。因為餐飲原料品種多，使用頻繁，為減少進貨次數，使食品管理員有更多的時間去處理鮮活類原料的採購業務，飯店通常把同類原料或向同一供應商採購的原料，定期在同一天採購。也就是說，不同類的原料和向不同供應商採購的原料的進貨儘量安排在不同的日期，使驗收員和倉庫保管員的工作量得到平均分布。

定期訂貨法是一種訂貨週期固定不變，即進貨間隔時間（一週、一旬、半月或一月等等）不變，但每次訂貨數量任意的方法。每到某種原料的訂貨日，倉庫保管員應對該原料的庫存進行盤點，然後確定本次採購的訂貨數量，其計算方法如下：

需訂貨數量 ＝ 下期需用量 － 實際庫存量 ＋ 期末需存量

下期需用量 ＝ 日需要量 × 定期採購間隔天數

日需要量指該原料平均每日消耗量，一般根據以往的經驗數據得出；實際庫存量為訂貨日倉庫實物盤存得到的數字。

期末需存量指每一訂貨期末飯店必須儲存的足以維持到下一次送貨日的原料儲備量。用公式表示為：

期末需存量 ＝ 日需要量 × 訂購期天數 ＋ 保險儲量

決定期末需存量，一方面要考慮發出訂貨單至原料入庫所需的天數（由合約或口頭約定，在這裡稱為訂購期天數）和原料的日均消耗量，另一方面還要考慮各種意外原因可能造成的送貨延誤，要有一個保險儲存量。保險儲存量的多少視原料的供應情況而定，一般飯店把保險儲存量定為訂購期內需用量的 50%。

期末需存量也稱最低儲量。因為當某些原因造成一定品種原料在某一階段的實際用量大大超過以往的日均消耗量時，如不及時採購，就可能造成原料的斷檔。為避免這種失誤，倉庫保管員如在發貨時發現某種原料雖然沒有到訂貨日期，但它的現存量已非常接近於最低儲量時，就要立即採購。

例：某飯店一月一次採購鳳梨罐頭。鳳梨罐頭的消耗量為平均每天 15 斤，正常訂貨週期為 4 天。在當月的訂貨日，經盤點尚存 100 斤。飯店確定鳳梨罐頭的保險儲量為訂購期內需用量的 50%，則鳳梨罐頭的最低儲量和需訂貨數量為：

最低儲量＝ 15 斤 / 天 ×4 天＋ 15 斤 / 天 ×4 天 ×50% ＝ 90 斤

需採購量＝ 15 斤 / 天 ×30 天－ 100 斤＋ 90 斤＝ 440 斤

2. 永續盤存卡訂貨法

永續盤存卡訂貨法也稱訂貨點採購法或定量訂貨法，它是透過查閱永續盤存卡上原料的結存量，對達到或接近訂貨點儲量的原料進行採購的方法，一般為大型飯店所採用。

使用永續盤存卡訂貨法的前提是對每種原料都建立一份永續盤存卡（見表 3-4），每種原料還必須確定最高儲備量和訂貨點量。

表 3-4 永續盤存卡

食品原料永續盤存卡　編號：3112				
品名：番茄罐頭 規格：　單價：		最高儲存量：250聽 訂貨點量：120聽		
日期	訂單號	進貨量（聽）	發貨量（聽）	結存量（聽）
26/4				135
27/4	345678		15	120
28/4			17	103
29/4			16	87
30/4			17	70
01/5			15	55
02/5		210	16	249
...		...	...	...

原料的最高儲備量指某種原料在最近一次進貨後可以達到但一般不應超過的儲備量。它主要根據原料日均消耗量以及計劃採購間隔天數，再考慮倉庫面積、庫存金額、供應商最低送貨訂量規定等因素來確定。

訂貨點量也就是該原料的最低儲存量（即定期訂貨法中的期末需存量）。當原料從庫房中陸續發出，使庫存減少到訂貨點量時，該原料就必須採購補充。這時，訂貨數量為：

訂貨數量＝最高儲備量－訂貨點量－日均消耗量×訂貨期天數

例：某飯店採購番茄罐頭，該罐頭日均消耗量為 16 斤，訂貨期為 5 天，最高儲備量為 250 斤，保險儲存量定為訂購期內需用量的 50%，則：

訂貨點量＝日均消耗量×訂貨期天數＋保險儲量＝16×5＋16×5×50%＝120 斤

訂貨數量＝最高儲備量－訂貨點量＋日均消耗量 × 訂貨期天數＝ 250 － 120 ＋ 16×5 ＝ 210 斤

永續盤存卡訂貨法的優點是，原料不足時能及時反映並採購。由於每項原料都規定最高儲備量，所以數量上不會多購，有效地防止了原料的過量儲存或儲存不足；此外，永續盤存卡上登記了各種原料進貨和發貨的詳細資訊，倉庫保管員不必每天庫存盤點，只要翻閱永續盤存卡即可，這樣能節省人力；同時，以該方法採購，可使採購數量比較穩定，不需每次決策，管理上比較方便。但是，永續盤存卡採購一般是不定期進行，採購運輸的工作量較大，卡片的登記比較費時。因此，許多飯店把定期採購法和永續盤存卡採購法結合使用。

五、控制採購價格

餐飲原料的價格受多種因素的影響，如市場供應狀況、採購數量、原料質量、供應渠道、供應商的壟斷程度、季節、消費趨勢等等，許多品種的原料在不同時間價格波動大。在菜單確定的情況下，餐飲企業的經營利潤更多取決於原料的採購成本。因此，在餐飲經營中要採用多種手段來實施採購價格的控制。

（一）規定採購價格

在調查瞭解市場行情的前提下，飯店對某些餐飲食品原料提出購貨限價，規定在一定的幅度內進行市場採購。限價品種一般是採購週期短的原料而且限價是有一定有效期限的，往往一週或十天後要根據市場價格波動情況再做出修正。

（二）控制貴重原料和大批量原料的購貨權

貴重原料和大批量原料所耗的採購成本往往占所有採購成本的大部分，因此，在這類原料的採購上，有些飯店由餐飲部、採購部門提供建議和資訊，由飯店決策層決定購買的數量、方式和供應對象。

（三）提高購貨數量和改變購貨規格

大批量購貨可以得到供應商的價格優惠，但是大量購入某種原料又會占用大量資金，使這些資金不能用於其他能產生收益的地方。大批量購貨還會加大倉儲成本，這也是決策前須考慮的。

$$\frac{\text{原料使用月數}-1}{2}$$

一般而言，如果大批量採購得到的價格折扣率＞銀行貸款月利率 ×，則從資金使用角度而言，對飯店是划算的。

例：飯店如一次性購買價值 3 萬元的原料，可得到 3% 的價格折扣，這

$$3\% > 1\% \times \frac{6-1}{2} = 2.5\%,$$

批原料預計使用 6 個月，當前銀行貸款月利率為 1%，則折扣率所以一次性購買較為划算。

（四）規定供貨渠道和供應單位

對那些日常採購的原料，飯店經過比較選擇，已預先和供應商議定了價格，採購部門只能向那些指定的供應單位或供貨渠道採購，當然，對方提供的價格也會比較優惠。

（五）減少供應環節

對日常使用量大的原料，飯店應繞開不必要的供應環節，直接到原料的產地進行採購，當然，在人員、運輸方面的花費會比較大，但價格能優惠，且原料的新鮮度得到了充分保證。

（六）根據價格變動趨勢調整採購數量

在儲存條件足以保證原料質量的前提下，當某種原料的市場價格趨於上升時，可以加大採購數量，以減少價格上漲時的開支；某些時令原料剛上市時，價格往往較高，採購數量應以滿足廚房當時生產為好，等價格穩定時，再適當減少採購批次，加大採購數量。

第二節 原料的驗收管理

如果僅對原料的採購進行控制，而忽視驗收這一環節，往往會使對採購的各種控制前功盡棄。事實上，供貨單位的實際送貨量可能超過或低於訂購量，原料質量可能不符合飯店的要求，而原料的價格也可能與原來的報價大有出入。因此，加強原料的驗收管理非常重要。

食品原料的驗收是指根據飯店或餐飲部制定的食品原料驗收程序與食品原料質量標準，檢驗供應商發送的或由採購員購買的食品原料質量、數量、單價和總額，並將檢驗合格的各種原料送到倉庫或廚房，並記錄檢驗結果的過程。

一、驗收體系

1. 驗收員與財務部和營業部門的關係

食品原料作為資金的實物形態，應該由財務部進行管理。因此，許多大型餐飲企業中，驗收員作為財務部門的正式員工，由總會計師直接領導，並得到餐飲部領班的幫助。

許多飯店的食品驗收員歸屬於餐飲部。這樣雖然便於業務聯繫，但驗收員的權威性沒有保障。因此管理人員必須給驗收員一定的自主權，明確其與採購員、廚師及其他管理人員工作交往上的特權。

2. 對驗收員的要求

驗收員做到嚴格把關，不徇私情，誠實認真，有豐富的原料知識，瞭解原料採購規格，並熟悉飯店的財務制度。在餐飲企業中應設專人負責食品飲料的驗收工作，即使是一個小企業，驗收員也不能由廚師長或餐飲部經理兼任，更不能由採購員兼職。如果要節約人力，驗收工作不妨由倉庫保管員兼任。

3. 設備和工具

驗收員辦公室和驗收處應儘量靠近驗收臺，並接近食品飲料庫房。驗收辦公室的設計要能讓驗收員方便地觀察到每樣貨物的進出。驗收辦公室和驗收場地要燈光明亮、清潔衛生、安全有保障。

驗收部應有足夠數量和多種型號的秤量工具，如磅秤、天平秤、電子秤等，並定期校準，以保證精確度。驗收辦公室還應備有多種驗收單、驗收便箋、貸方通知單、無購貨發票收貨單、整套的驗收標準等表單以及尺、溫度計、紙板箱切割工具、鐵皮條切割工具、刀、榔頭以及足夠數量的檔案櫃。

4. 監督檢查

飯店管理人員要定期或不定期地檢查驗收工作，確保驗收標準的實施，協調驗收員與其他有關部門的工作，使驗收員瞭解管理人員非常關心和重視他們的工作。

二、驗收程序

制定科學合理的驗收程序是提高驗收工作效率，保證驗收工作質量，減少失誤與差錯的關鍵。

（一）驗收部門的業務活動

驗收工作的性質決定了絕大部分飯店的驗收員是日班工作。在時間安排上，驗收員的班次要同供應商的交貨時間一致。所以，驗收員、採購員和供應商要商定一個各方都能接受的交貨時間表。此外，在確定採購間隔時間時，還應盡可能把不同供應商的交貨日期錯開，使每天的到貨量大致相同，驗收工作量分布均勻，防止大批量食品原料集中於同一天或同一時段交貨。

對於驗收員上班時間以外的交貨，則作為緊急交貨處理。驗收員應對餐飲部負責臨時接收、檢查這些原料的人員做出明確、具體的批示。如果某段時日內緊急交貨頻繁，驗收員要報告有關管理人員。

驗收辦公室應張貼一整套採購規格標準，以便送貨人、驗收員和協助驗收工作的每一個人都能看到。

（二）驗收程序

1. 根據訂貨單檢查進貨

驗收員要核實到貨的品種、數量是否與訂貨單相符。凡未辦訂貨手續的原料不予受理。這樣可避免不需用的食品原料進入倉庫。

2. 根據發貨票檢查進貨

凡發貨票與實物名稱、型號規格、數量、質量不相符的不予驗收。發貨票與實物數量不符，但名稱、型號、規格、質量相符的可按實際數量驗收。但如果實物數量超過訂貨數量較多時，超額部分作退貨處理。

3. 驗收並受理貨品

(1) 數量驗收。驗收員要檢查實物與訂貨單和發貨票上的數量是否一致。在清點數量時要注意：

●有包裝的要將包裝拆掉，再秤重量以核實原料的淨重。

●帶包裝及商標的貨物，在包裝上已註明重量，要仔細點數，必要時抽樣秤重，對用箱包裝的貨物要開箱抽查，檢查箱子是否裝滿。

●無包裝的貨物要視單位價值的高低用不同精度的秤重工具秤量。

●對單件貨物有重量、大小要求的，除稱總重量外，還要檢查單件貨物是否符合驗收標準。

(2) 質量驗收。質量驗收往往是最關鍵也是最可能引起爭議的一項工作。驗收員要不斷豐富自己的原料知識和驗收技能，在驗收時，考慮到採購員、餐飲經理、廚師長的意見。如果驗收員對食品原料的質量有懷疑，就應請有關人員幫助檢驗，以免發生差錯。

(3) 價格驗收。要認真檢查帳單上的價格與訂貨單上的是否一致。有些不誠實的供應商在訂購時答應了較低的價格，但在開發票時又偷偷提價。驗收人員若不仔細檢查，往往會被矇混過關，使企業受損。

4. 在發貨票上簽名或蓋章，接受送達的貨物在驗證無誤的送貨發票上蓋上驗收章，並填妥有關項目。對無發票的貨物，應填寫無購貨發票收貨單。

5. 在貨物包裝上註明貨物資訊

在包裝上標明收貨日期，有助於判斷存貨流轉方法是否有效；標明單價、重量等，在存貨計價時就不必再查驗收時的報表或發貨票。

在驗收時，驗收員還須對冷凍原料加繫存貨標籤。使用存貨標籤有以下優點：

(1) 要填寫標籤，驗收員就必須對原料的重量進行秤量。

(2) 發料時，可將標籤上的數額直接填到領料單上，便於計算成本。

(3) 對標籤編號，有助於瞭解儲存情況，防止偷盜。

(4) 便於存貨流通工作，簡化存貨控制程序。

6. 盡快將到貨送庫儲存

通常將鮮活原料通知各廚房營業點直接領走，故把這類原料稱為「直撥原料」，送到各類倉庫的原料則稱為「入庫原料」。驗收員應在發貨票上註明各種食品原料屬於哪一類，以便填寫驗收日報表。

7. 填寫有關報表

填妥驗收日報表，作為進貨的重要控制依據。有的飯店還要求驗收員填寫驗收記錄單、驗收單、貸方通知單、無購貨發票收貨單等。

三、驗收表單

實施表單管理對加強內部控制、協調餐飲部內外溝通有重要作用。以下就驗收過程中的表單作一說明：

1. 發貨票或收貨憑證

發貨票和收貨憑證都是供貨單位的供貨證明，其不同之處在於：發貨票由送貨單位提供，隨貨物送到飯店驗收處，由收貨單位有關人員簽字證明貨物收妥無誤；而收貨憑證是由收貨單位提供的收貨證明。

發貨票應一式二聯。送貨人在驗收員驗貨後要求驗收員簽字，一聯留收貨單位，另一聯交還供貨單位，以證明收貨單位已收到貨物。在與收貨單位結帳時，憑有驗收人簽字的發貨票和有關人員簽字的稅務發票到收貨單位的財務處領取貨款。

收貨憑證一般有四聯，一聯給供貨單位作為財務付款憑證，一聯交驗收單位財務部，一聯留驗收處，一聯給採購部。

表 3-5 收貨憑證

編號	品名	規格	數量	單價	金額	申請單號	備註
總額							
付款方式：現金 □　欠帳 □　支票 □ 供應商簽字： 售貨部門：　庫房：　收貨簽字：							

2. 驗收記錄和驗收單

驗收記錄就是驗收員每天記錄驗收部收到哪些貨品，這些貨品的票據情況、帳款的應收應付情況及驗收部發出貨物的情況。

表 3-6 驗收記錄

供應單位	品名	發貨票	訂購量	實際量	單價	發貨票金額	應付款	出庫量	備註
A	醬肉	有	30kg	31kg	20	600	20	16kg	
B	醃肉	無	40kg	40kg	24	960		15kg	

驗收單是驗收員填寫的同一天內同一供應單位供應的原料名稱、數量、單價及金額的單據。驗收單應一式三聯，一聯送總會計師，一聯留驗收部，一聯送食品成本控制員。

3. 驗收日報表

驗收日報表由驗收員按日期填寫，記錄所有進貨的有關資訊。有的飯店也把食品原料與酒水等分開填寫，成為飲料驗收日報表（表 3-8）和食品驗收日報表（表 3-9）

表 3-7 驗收單

編號：　　　　　　　　日期：

供貨單位：　　　　　　單位地址：

訂購單編號：　　　　　供給：　　　部

訂購單編號	項目

運輸方式：
1. 普通貨車
2. 郵　件
3. 快　件
4. 室內運輸

付款方式：
1.預先付款
2.貨到付款
3.貨到一個月後付款

費用：　　　合計：　　　重量：

驗收員：

項目	數量	金額
合計		

年　　月　　日　　由　　　　部盤點、檢查、入庫

表 3-8 飲料驗收日報表

年　月　日

品名	供應商	發票號碼	箱數	每箱瓶數	每瓶數量	每瓶單價	每箱單價	金額小計
總計								

表 3-9 食品驗收日報表

日期　　年　月　日　No.12345

貨品名	供應商	發票號	數量	單價（元）	金額（元）	直接採購食品				庫房採購食品					
						一廚房		二廚房		一號庫		二號庫		三號庫	
						數量	金額（元）	數量	金額（元）	數量	金額（元）	數量	金額（元）	數量	金額（元）
特級豬排		14210	50kg	10.00	500.00					50kg	500.00				
特級小牛肉		14210	40kg	15.00	600.00					40kg	600.00				
一級豬里肌		14210	25kg	12.00	300.00					25kg	300.00				
3＃番茄罐頭		31626	5 箱	40.00	200.00							5 箱	200.00		
2＃鳳梨罐頭		31626	4 箱	35.00	140.00							4 箱	140.00		
活鯽魚		01012	10kg	10.00	100.00			10kg	100.00						
活河蝦		01012	15kg	30.00	450.00			15kg	450.00						
鮮豬肉		14210	30kg	10.00	300.00	10kg	100.00	20kg	200.00						
青菜		29812	50kg	2.00	100.00	25kg	50.00	25kg	50.00						
洋蔥		29812	5kg	8.00	40.00	5kg	40.00								
葡萄		29812	20kg	10.00	200.00	10kg	100.00	10kg	100.00						
合計					2930		290.00		900.00		1400.00		340.00		

驗收日報表有以下作用：

（1）分別計算食品成本和飲料成本，為編制有關財務報表提供資料。

（2）分別計算各營業點廚房的「直撥原料」總額，以便計算各廚房當日食品成本。

（3）大型企業配有數名驗收員和保管員。使用日報表便於將收貨控制的責任由驗收員轉至保管員。

4. 驗收章

為便於監控結帳過程和明確責任，企業應使用驗收章（表 3-10）。原料驗收合格後，應在發貨票或收貨憑證上加蓋驗收章，並請有關人員在相關欄目內簽字。手續完備後，財務部門才能支付貨款。

表 3-10 驗收章

驗收日期	________________
採購員簽字	________________
驗收員簽字	________________
成本核算員簽字	________________
同意付款簽字	________________

5. 冷凍原料存貨標籤

在驗收時，驗收員應給冷凍肉類或海產品加上存貨標籤（表 3-11）。使用存貨標籤的工作程序為：

（1）驗收員應為每一件冷凍原料填寫單獨的標籤。

（2）標籤應分為兩個部分，一部分繫在原料上，另一部分送食品成本核算師。

（3）廚房領用原料後，解下標籤，加鎖保管。原料用完後，將標籤送交成本核算師，核算當天冷凍原料的成本。

（4）食品成本核算師核對由其保管的另半張標籤，根據未使用的標籤，盤點存貨。如存貨短缺，應分析是否存在偷盜，或是否記錯金額。

表 3-11 冷凍原料存貨標籤

標籤號:	標籤費:
收貨日期:	收貨日期:
項目:	項目:
重量/單價/成本:	重量/單價/成本:
發料日期:	發料日期:
供貨單位:	供貨單位:

6. 貸方通知單

有時，在驗收中會遇到原料數量不足、質量不符合要求等問題。這時，驗收員應填寫貸方通知單（表 3-12）一式二聯。

表 3-12 貸方通知單

編號：
發貨方：　　　　收貨方：
下列項目應予貸記：
發貨票號碼：　　　　發貨票日期：

日期	單位	數量	單價	小計
			合計	

原因：

送貨人簽名：　　　　製表人簽名：

工作持續如下：

（1）在發貨票或收貨憑證上註明哪些原料存在問題。

（2）填寫貸方通知單，要求送貨人簽字，並把一聯貸方通知單交送貨人帶回。

（3）將貸方通知單存根貼在發貨票或收貨憑證背面，在發貨票或收貨憑證正面填上正確的數額。

（4）電話通知供應單位，本企業已使用貸方通知單修正發貨票金額。

（5）如果供應單位補發或重發貨物，新送來的發貨票應按常規處理。

（6）將有差錯的發貨票或收貨憑證單獨存檔，直至問題解決。

7. 無購貨發票收貨單

驗收員收到無購貨發票貨物時，應填寫無購貨發票收貨單（表 3-13）。該單一般一式二聯，一聯送財務部，一聯作為存根留在驗收處。

表 3-13 無購貨發票收貨單

×× 飯店 無購貨發票收貨單 編號：　　　發貨單位：　　　日期：			
項目	數量	單位	小計
		合計	
採購員：　　　驗收員：			

四、驗收控制

企業不僅要建立良好的驗收體系，制定並遵守科學的驗收程序，還應指定專人負責驗收控制工作。

1. 明確驗收體系的負責人

驗收體系的控制一般歸口於財務部和總會計師。驗收員與成本控制員是驗收體系中的兩個主要職位。他們之間既要互相監督，又分工負責，共同向總會計師匯報工作。

2. 全方面、多角度地對驗收工作進行檢查和協助

在管理嚴格、職位職責明確的餐飲企業裡，與驗收工作有關的人員應依據自己所承擔的職位職責，定期或不定期地檢查採購原料的數量、質量，瞭解原料價格及變動趨勢，並對驗收工作予以幫助和指導。

(1) 採購員。採購員與驗收員既是一種上下道工序的協作關係，同時又是一種互相監督的關係。採購與驗收之間的資訊溝通非常重要。

(2) 廚師長。廚師長也應經常檢查食品原料的質量，瞭解食品成本，掌握原料價格變化趨勢，以便在原料訂購時有的放矢。

(3) 總會計師作為驗收體系的總負責人，在每天的工作時間內應抽空到驗收處檢查工作。

(4) 飯店總經理、餐飲部經理和餐廳經理也應每天或不定期檢查驗收部的工作。

(5) 在大型企業裡，還經常請企業外部人員如會計師事務所不定期檢查驗收部的工作。

許多企業的驗收部辦公室使用一本來訪登記簿。總經理希望會計師、廚師長、採購員、倉庫主任、餐飲經理和宴會經理經常到驗收處走一走，一方面表示他們對驗收工作的重視，另一方面也使驗收員知道自己的工作每時每刻都會受到有關人員的檢查。驗收員必須要求每一個來檢查工作的人在來訪登記簿上簽名，寫明來訪日期和時間。總經理透過查閱來訪登記簿，可瞭解上述人員是否經常到驗收處檢查工作。

3. 做好驗收環節的防盜控制

由於驗收環節工作緊湊，原料品種複雜、數量多，去向不一，因此容易發生偷盜現象。

防盜工作的基本原則是：

(1) 指定專人負責驗收工作，而不是誰有空誰驗收。

(2) 驗收員與採購員不得兼任。

(3) 如果驗收員還兼任其他工作，應盡可能將交貨時間安排在驗收員比較空的時候。

(4) 原料應運到指定的驗收場地。

(5) 不允許推銷員、送貨員進入儲藏室或食品生產區域。驗收處應靠近原料入口。

(6) 驗收後，應盡快將原料送入儲藏室。

(7) 入口處大門應加鎖，大門外安裝門鈴。送貨人到達後，先按門鈴。

(8) 在驗收過程中,驗收員應始終在場。

第三節 原料的貯藏管理

貯藏通常是驗收後的下道工序。當驗收員完成檢查進貨的手續後,有關人員須將原料正確儲存。鮮活原料由用料部門直接領走,其餘的原料則應按規定存進倉庫或儲藏室。本節討論的是原料在倉庫貯藏期間的管理要求。

為保證餐飲經營活動持續、穩定地進行,餐飲原料有適量存儲的必要。倉庫管理人員的主要工作是透過科學的管理手段和措施,儘量減少自然損耗,防止原料變質或被偷盜;及時接收、儲存和發放各種食品原料並將有關數據送到財務部門以保證餐飲成本得到有效控制。

一、原料的貯藏要求

倉庫是食品原料的儲存區域,它的位置、容量、溫度、濕度、通風條件、原料堆放方式、衛生條件、安全措施等方面都直接影響原料質量和倉儲成本。

(一) 倉庫的分類

由於不同原料要求在不同的溫度、濕度條件下保存,因此,飯店應設置不同功能的儲藏庫房。根據不同的分類依據,飯店庫房通常有以下幾類:

1. 按地點分類

(1) 中心庫房。即飯店的總庫房。

(2) 各餐飲營業點庫房。一般設在各廚房或酒吧,只儲存短期內使用的原料。

2. 按物品的用途分類

(1) 食品庫房。

(2) 酒類飲料庫房。

(3) 非食用原料庫房。

3. 按儲存條件分類

（1）乾藏庫房。主要存放各種罐頭食品、乾果、糧食、香料及一些乾性食品原料。

（2）冷藏庫房。主要存放蔬菜、水果、蛋、奶油、牛奶及那些需要保鮮的禽、魚、肉類原料。

（3）凍藏庫房。主要存放需較長時間保存的凍肉、水產品、禽類和已加工的成品或半成品食物。

（二）倉庫的面積和位置

在規劃餐飲場所時，倉庫往往是最容易被忽略的地方。它經常讓步給餐廳、廚房等要害部門，其實這樣做會造成餐飲運作環節管理效益的低下。因此，在整個餐飲功能劃分中，要充分考慮倉庫的位置與面積。

1. 倉庫的位置

倉庫應設在原料驗收處和廚房之間，三者離得越近越好，這樣可以減少原料的搬動距離，減少人流、物流的擁擠，避免延誤原料供應。實際上，由於不同飯店建築結構上的原因，各個廚房與驗收處往往不在同一樓層。這時，就應考慮把庫房設在驗收處附近以方便及時地把驗收後的原料入庫儲存；或者考慮設在地下室內，因為地下室避光的儲存條件和相對容易控制的溫度、濕度對原料的保存是有利的。

在中心倉庫與各廚房相距較遠時，要求廚房制定出較為周密合理的用料計劃，儘量減少領料次數。

2. 倉庫的面積

倉庫的面積和容量必須充裕。就具體餐飲企業而言，要根據自身的類別、規模、菜單特點、客流量、原料市場供應狀況、採購方針及訂貨週期等因素來確定倉庫面積。菜單豐富或經常變換的餐廳，倉庫面積應大些；訂貨週期長，採購批量大的餐廳，所需的倉庫面積也大；快餐廳、咖啡廳及供應品種有限的餐廳，倉庫面積可小些。

倉庫面積過大，會增加能源費用和維修保養費用，也可能造成存貨過多，同時增加安全保衛的難度；倉庫面積過小會使原料存放混亂，保管人員不易整理，倉庫清潔工作困難。

那麼，倉庫面積究竟應該多大才算合適呢？下面給出兩種比較常用的推斷方法：

一種方法是根據餐廳的餐位數和開餐次數來推算倉庫面積。通常每天每個餐位每供應一餐約需倉庫面積 0.1 ㎡。假如某飯店有 500 個餐位，日均供應三餐，則該飯店所需的倉庫面積為：500×3×0.1 ＝ 150 ㎡。

另一種方法是根據飯店實際儲備量和需要量來確定倉庫面積。一般把維持兩個星期營業所需的原料儲備作為前提，計算出儲存這些原料所需的倉庫面積。

在確定了總的倉庫面積後，還要對不同的倉庫類別進行面積分配。表 3-14 給出一個參考方案。

表 3-14 各類庫房面積分配參考表

倉庫類別	占總面積百分比	總面積(m^2)	應分配面積(m^2)
乾貨倉庫	40%	150	60
冷凍庫	10%	150	15
肉類冷藏庫	8%	150	12
水果、蔬菜冷藏庫	10%	150	15
乳製品冷藏庫	5%	150	7.5
酒類飲料庫	20%	150	30
走道等面積	7%	150	10.5
合計	100%		150

（三）倉庫的溫度、濕度、照明、通風等要求

食品原料保質期的長短與儲存過程中的溫度、濕度、光照、通風等條件密切相關。倉庫管理員應熟悉各種原料的儲存要求，使原料處於最佳儲存狀態。

1. 溫度要求

(1) 乾藏庫。乾藏庫房一般不需要供熱和製冷設備，其最佳溫度為 15 ～ 20℃。一般而言，溫度低些，食品的保存期可以長些，如果庫房不設空調設備的話，應選擇遠離發熱裝置的位置，且有較好的防晒措施。

(2) 冷藏庫。細菌一般在 4°C以下活動能力有限，15 ～ 49°C最宜繁殖，在高溫（90°C以上）下易被殺死。冷藏是利用低溫抑制細菌繁殖的原理來延長食品的保存期和提高保存質量的。飯店常用冰箱、冷藏室對食品進行低溫保存。

由於食品的類別不同，對貯藏的溫度、濕度條件的要求也各異。表 3-15 列出了常見原料的儲存溫度、濕度參考值。

表 3-15 食物最適宜的冷藏溫度和相對濕度

食品原料	溫度	相對濕度
新鮮肉、禽類	0～2℃	75%～85%
新鮮魚、水產類	-1～1℃	75%～85%
蔬菜、水果類	2～7℃	85%～95%
奶製品類	3～8℃	75%～85%
一般冷藏品	1～4℃	75%～85%

(3) 凍藏庫。凍藏的溫度應在 -18°C以下，而且溫度要穩定。凍藏原料的保存期也不是無限期的，它們一般不超過 3 個月。

2. 濕度要求

倉庫的濕度也會影響食品原料儲存時間的長短和質量的高低。濕度太大，微生物容易繁殖，原料會迅速變質；濕度過小，會引起食物乾縮、失鮮。不同原料對濕度的要求也不一樣。

（1）乾藏庫。相對濕度控制在 50% ～ 60% 為宜。要防止庫房的牆、地面返潮，管道滴水等引起濕度的增加。乾藏庫應掛有濕度計和溫度計以供保管員隨時觀察。

（2）冷藏庫。相對濕度應保持在 75% ～ 85% 之間，蔬菜、水果的儲存濕度可略高些（見表 3-15）。

3. 倉庫照明

強烈的光照對原料的保存不利。倉庫如有玻璃門窗，應儘量使用毛玻璃。在選用人工照明時，應盡可能選用冷光燈，亮度以每平方公尺 2 ～ 3 瓦為宜。

4. 通風

倉庫應保持空氣的流通。不管何種倉庫，原料的存放都不能貼牆，也不能直接堆放在地上或堆放過密。乾藏庫的空氣每小時應交換四次。通風良好有助於保持適宜的溫度和濕度。

5. 對設備、器材的要求

（1）貨架。貨架應有一定的高度以提高單位面積的使用效率。乾貨倉庫宜用結實的鋼質或鐵質貨架，最好還能調節擱板的高度以適應不同原料的存放需要。凍藏庫的貨架以選用不易導熱的木質貨架為好。

（2）容器。散裝原料必須有相應的能密封、防蟲的不鏽鋼容器盛裝，並在容器上標明原料資訊。

（3）搬運工具。倉庫應有金屬手推車，用於搬運較重的貨物，還要配備堅固的梯子，以存取位置較高的貨物。

（4）秤量工具。倉庫應配有不同精確度的秤量工具如磅秤、台秤、電子秤等，以便掌握發料的重量。

(5) 其他設備。如防盜報警裝置等。

二、庫存管理

庫存管理工作內容很多，既包括原料入庫工作，也包括原料出庫工作，更包括庫房內部工作，具體而言，主要有以下內容：

(一) 落實各項管理制度

與倉庫管理有關的制度主要有：倉庫管理員的職位職責；倉庫安全保衛制度；倉庫清潔衛生制度；原料入庫驗收制度；原料儲存記錄製度；原料定期盤存制度；原料領用制度。

(二) 掌握科學的存放方法

對原料科學合理地存放，可以保持較高的工作效率，便於原料的入庫上架、清倉盤點和領用發放。

1. 分區分類

根據原料的類別，合理地規劃貨品擺放的固定區域。同一品種的原料不能放在兩個不同的位置上，否則容易被遺忘，也給盤點帶來麻煩，甚至可能引起採購過量。

2. 四號定位

「四號定位」就是用四個號碼來表示某種原料在倉庫中的存放位置。這四個號碼依次是庫號、架號、層號和位號。任何原料都要對號入位，並在該原料的貨品標牌上註明與帳頁一致的編號。如西式火腿在帳頁上的編號是 2-1-1-3，即可知它存放於 2 號庫、1 號架、第 1 層的第 3 號貨位上。

「四號定位」法便於存料發料、盤點清倉，也便於新來的倉庫保管員盡快掌握貯藏業務。

3. 立牌立卡

對定位、編號的各類原料建立食品存貨標籤（料牌）和永續盤存卡。料牌上寫明原料的名稱、編號和到貨日期，卡片上記錄物品的進出情況和結存數量。

4. 五五擺放

根據分類後的物資形狀，對包裝較為規範的罐、瓶、盒、箱裝的原料，以五為計量基數堆放，即做到「五五成堆、五五成行、五五成排、五五成串、五五成捆、五五成層」。

（三）各類貯藏的共性要求

不論是乾藏、冷藏還是凍藏，在原料的保管儲存中都要做到以下幾點：

1. 儲存的各種貨物不應接觸地面和牆面，一般做到離地 15 公分、離牆 5 公分以上。

2. 非食用原料不能儲存在食品庫房內。

3. 標明各種貨物的編號、名稱、入庫日期等有關資訊。

4. 常用的或單位重量較大的貨物放在離出口近的地方或貨架的下部。

5. 確保貨物的循環使用，即執行「先進先出」的原則。

6. 對滯壓貨物要進行報告，請廚師長及時使用。

7. 定期清潔倉庫或儲藏室。

8. 將開封的原料放在加蓋並有標識的容器內。

9. 定期檢查倉庫的溫度、濕度是否合宜。

（四）冷藏庫的儲存管理注意事項

1. 原料在驗收後應盡快收藏。

2. 溫熱的成品和半成品在冷藏前應先冷卻再冷藏，否則易損壞製冷設備。

3. 應拆除原料外包裝後放入冷藏箱。因為外包裝上往往有汙泥及細菌。

4. 有強烈或特殊氣味的原料或食物應在密閉容器內冷藏。

5. 冷藏設備的底部及靠近製冷管的地方一般溫度較低，宜放肉類、禽類、水產類等原料。

6. 當製冷管外的冰霜厚度超過 0.5 公分時，應進行除霜處理以提高製冷效果。

7. 重視冷藏庫、冰箱的衛生，定期清潔打掃。

8. 已加工的食品和剩餘食物應密閉冷藏，以免受冷乾縮或有異物混入，並防止與其他食物串味。

（五）凍藏庫的儲存管理注意事項

1. 凍藏原料在驗收時必須處於冰凍狀態。

2. 凍藏自制半成品和成品時最好先使用速凍設備，使之迅速降溫，保持原料質量的鮮美。

3. 溫度保持在 -18℃以下，且溫差要小。要求存料、發料有計劃性，儘量減少冰庫的開門次數和時間。

4. 凍藏的原料尤其是肉類，應用抗揮發性的材料包裝，以免原料失水引起變色、變質。

5. 凍藏原料的解凍處理要得當。在解凍過程中不得受到汙染。各類食品應分別解凍。解凍一般在室溫下進行，也可用塑膠袋包妥後在冷水中沖洗。

6. 凍藏原料一經解凍，不得再次冷凍儲存，否則食物內復甦的微生物會引起食物腐敗變質，而且，再次冰凍會破壞食物內部組織，影響外觀、營養和食物香味。

7. 冷凍的蔬菜、麵點類食品不用解凍即可直接烹飪。這些食品不經解凍反而能更好保持色澤和外觀。

（六）酒水庫的儲存管理注意事項

1. 分類存放，便於清點。

2. 避免陽光直射，否則會引起酒水失色。

3. 防止震動，否則酒味會發生變化。

4. 不可與其他有特殊氣味的物品一起存放，以免受到汙染並產生異味。

5. 注意放置的方式。有軟木塞的酒應平放，使軟木塞充分吸收酒液膨脹，隔絕瓶內外空氣流通；烈性酒應豎放。

6. 注意不同酒水的存放溫度要求。一般而言，溫度過高對酒水的質量會產生不利影響。

7. 不同的釀造酒均有自己的保質期，存放時要先進先出，並經常檢查。

8. 名貴酒應單獨存放。

三、發料管理

各廚房、酒吧等營業點使用的原料均須經過領料（發料）這一環節。對這一環節的管理要達到三個目的，即保證各營業點用料得到及時充分的供應；控制各營業點用料數量；正確記錄各營業點的用料成本。

（一）直接進料的發放管理

直接進料也即驗收日報表中所列的直撥原料，主要指鮮活的或是應在短時間內使用的易壞性原料。這些原料通常從驗收處直接輸送到各用料單位，其價值按直撥原料價格直接計入當日的食品成本。食品成本核算員在計算當日各廚房的直接進料成本時，只需抄錄驗收日報表中的直撥原料金額即可。有時一批原料當天未必用完，但作為原料發料和成本計算，則按當天的進料額計入成本。

（二）倉庫原料的發料管理

對那些驗收後入庫儲存的原料，其價值首先在財務帳冊中反映在流動資產的原料貯藏項內，被廚房等部門領用後，其領用原料的價值就從原料貯藏轉移到餐飲成本中。因此，發料要做記錄。

每日庫房發出的原料都要登記在「庫房食品飲料發料日報表」上（表3-16），日報表上彙總每日庫房發料的品名、數量和金額，並明確原料價值分攤的部門，註明領料單號碼。每月末，將「庫房食品飲料發料日報表」上的發料總額彙總，便得到本月庫房發料總額。

表 3-16 庫房食品飲料發料日報表

日期________

貨號	品名	數量	單價（元）	金額（元）	成本分攤部門	領料單號	備註
AI－3023	3# 蘑菇罐頭	20 聽	12	240	中廚房	2345	
AI－3019	2# 瓶裝玉米筍	30 聽	6	180	中廚房	2345	
…	…	…	…	…	…	…	…

本日發料匯總 ______ 發料項目數 ______ 總金額 ______

製表人 ______

為做好貯藏管理和餐飲成本的核算，庫房發料要符合以下要求：

1. 定時發料

一般要求領料部門提前一天送交領料單，並在規定的時間段內到倉庫領料，其他時間除緊急情況外不予領料。定時發料的優點是：

（1）促使領料部門對次日的顧客流量進行預測，做出周密的用料計劃。

（2）使倉庫管理人員有充分的時間整理庫房，檢查各種原料的貯藏情況。

（3）使倉庫管理人員有充分的時間提前備料，避免和減少差錯。

（4）減少領料人員的等候時間，提高領料效率。

2. 憑單領料

為記錄每一次領用原料的數量及其價值，以正確計算食品成本，倉庫原料發放必須堅持憑領料單（表 3-17）發料的原則。

表 3-17 食品原料領料單

領料部門：　　　日期：

倉庫：乾貨庫□ 冷藏庫□ 冷凍庫□						
品名	貨號	請領數量	實發數量	單位（元）	食品金額	飲料金額
3#番茄醬	1305	20	20	3.50	70.00	
355ml 雪碧	4021	48	48	3.00		144.00
1.25L 可口可樂	4112	12 瓶	12 瓶	6.00		72.00
				小計	70.00	216.00
				本單領料金額		286.00

領料人：　　部門主管：

發料人：

領料單由領料部門主管人員核準簽字，然後送倉庫領料。倉庫憑單發料後，收料人和發料人都應在領料單上簽字。領料單上如有剩下空白處，應當著收料人的面劃掉，以免倉庫管理人員私自填寫。領料單必須一式三份，一聯隨發出的原料交回領料部門，一聯庫房留底，一聯由倉庫轉財務部。

3. 正確計價

原料從庫房發出後，倉庫保管員應在領料單上列出各種原料的單價，小計每種原料的金額並彙總每份單據上的總金額。

因為原料的進價常有波動，在價值計算中，可以根據飯店的財務制度，選擇實際進價法、先進先出法、最後進價法、後進先出法、平均價格法等計價方法中的一種（請參見本節「貯藏控制」中的有關內容）。

（三）酒水的發放

發放酒水除了遵循食品原料發放的原則外，還有一些特殊的要求。

由於酒水飲料容易丟失，且一些名貴酒的價值較高，為了減少被偷盜的機會，飯店往往對每個營業點確定一個標準儲量（一般是日均消耗量的 2～3 倍）。在一般情況下，不允許酒吧領用超過儲量的酒水。因此，一些名貴酒的領用，不僅要有領料單，還要憑酒吧和餐廳退回的空瓶或整瓶銷售報告單。

這種做法能使酒吧（餐廳）對名貴酒的存量保持在標準儲量的水平上。每天退回的空瓶數應是昨日的消耗量，每日領取的數量實際上是補充前一日耗用的數量。假如大廳吧軒尼詩 XO 的標準儲量是 5 瓶，用完 2 瓶的空瓶在領料時送回倉庫，再領取 2 瓶，這樣，大廳吧每天營業開始時，軒尼詩 XO 始終保持 5 瓶的標準儲量。

如果有的客人將酒整瓶買走，服務員不能收回空瓶，就須填寫整瓶銷售報告單，在領料時以它代替空瓶作為領料的憑證。

在一些特殊的銷售活動（如宴會）中，無法設立標準儲量，一般領取的酒水數量大於實際使用量。這些活動結束後，應將未銷售完的酒水退回，退回的酒水填寫在食品飲料調撥單上。

（四）食品飲料內部調撥

大型飯店往往設有多個廚房、酒吧。廚房之間、酒吧之間經常會相互調撥食品和酒水。為了明確成本與收入的對應關係，使各部門的成本核算盡可能準確，飯店有必要使用「食品飲料內部調撥單」（表 3-18）以記錄所有的調撥往來。在統計各部門的成本時，要減去該部門調出原料的金額，加上調入原料的金額。

表 3-18 食品飲料內部調撥單

編　號：3422		日　期：	
調出部門：酒吧		調入部門：主廚房	
品　名	數量	單價（元）	金額（元）
紹興加飯酒	2 瓶	6	12
威龍乾紅葡萄酒	1 瓶	25	25
金額總計			37
發貨人：		發貨部門主管：	
收貨人：		收貨部門主管：	

食品飲料內部調撥單應一式三份或四份，調入與調出部門各一份，另一份交財務部，有的飯店要求另一份給倉庫記帳。

四、庫存控制

（一）庫存盤點

餐飲企業原料的流動性大，為了及時掌握原料庫存流動變化的情況，避免物品短缺丟失和超儲積壓給企業帶來損失，就必須對物品流動變化的情況進行控制和檢查。透過庫存盤點，可以使管理人員掌握原料的使用情況，分析原料管理過程中各環節的現狀。

1. 盤點的時間

（1）財務核算週期末（每年、季、月末）。

（2）新開飯店營業前。

（3）關、停、併、轉企業的清算時期。

（4）倉庫管理人員更換交接之際。

（5）定期檢查。

（6）不定期檢查。

2. 盤點的內容與程序

（1）內容

盤點工作主要由倉庫管理人員和財務部人員聯合進行。透過實地清點庫房內的物品，檢查原料的實物數與帳面結存數是否相符，不相符的找出原因；計算和核實每月末的庫存額和餐飲成本消耗，為編制每月的資金平衡表和經營情況表提供依據。

（2）程序

①盤點和製作清單。即按不同類別的倉庫，依原料的編號大小，在清單上填好貨號、品名、單位、單價等基本數據。

②庫存卡結算。在庫存卡的結存欄內，根據歷次進貨和發貨數量，計算出應有的結存量和庫存金額。

③庫存實物盤點。即實地點數，並將實物數量填入盤點清單。

④庫存卡結算結果與庫存實物盤點結果進行核對。

⑤計算盤點清單上的庫存品價值。該價值為實際庫存金額，它如與帳面庫存額有出入，要複查。

實際庫存金額在月末作為月末庫存額記入成本帳，並自然結轉為下月的月初庫存額。

（二）庫存原料的計價方法

在盤點結束後，要計算出原料的價值。理論上講，某種原料的庫存總值應該等於實物數量乘以原料的單價。但是，由於原料在不同時間購入的價格存在差異，所以，確定原料的單價就不那麼簡單了。

在財務處理中，往往選擇以下方法之一來確定原料的庫存價值：

1. 實際進價法

大型飯店一般都在庫存的原料上掛有貨物標牌，標牌上寫有進貨價格，這樣採用實際進價法來計算庫存原料的價值就較為容易，也最為客觀。

例：某飯店6月底庫存番茄醬50斤，根據貨物標牌，它們的進價分別是：

6月1日進貨剩餘　　10斤×2.5元/斤＝25元

6月10日進貨剩餘　　20斤×2.6元/斤＝52元

6月20日進貨剩餘　　20斤×2.8元/斤＝56元

合　計　　133元

2. 先進先出法

如果倉庫內沒有用貨物標牌註明原料的單價，可按照進料日期的先後，採用先進先出法計價。這種方法的思路是：原料發放是以先進先出為原則，即先購進的價格，在發料時先計價發出，而剩餘的原料都是最近進貨，以最近價格計算。

例：某飯店在6月份的番茄醬進貨資訊如下：

6月1日　　月初結存　　30斤×2.50元/斤＝75元

6月10日　　購　進　　40斤×2.60元/斤＝104元

6月20日　　購　進　　30斤×2.80元/斤＝84元

合　計　　263元

如6月底番茄醬的結存量為50斤，按照先進先出法計算的庫存額為：

30斤×2.80元/斤＝84元

20斤×2.60元/斤＝52元

合計　136元

3. 後進先出法

一般而言，市場上價格呈上升趨勢，採用後進先出法可使計入成本的原料價格較高，而計入庫存的價值較低，企業可以在未來的經營中減少壓力。按照後進先出法，上例中50斤番茄醬的月末庫存額為：

30斤×2.50元/斤＝75元

20 斤 ×2.60 元 / 斤＝ 52 元

合計　　127 元

需要說明的是，後進先出法只是原料價值計算的一種財務處理方法，在實際發料過程中，還是應堅持原料實物的先進先出原則，既先購進的原料先發出，以避免原料的積壓。

4. 最後進價法

對進貨記錄不全的飯店，可採用最後進價法來估計期末原料的庫存價值。當然，該方法計算的月末庫存額不太精確。上例的庫存額若以最後進價法計算，番茄醬的庫存額為：

50 斤 ×2.80 元 / 斤＝ 140 元

5. 平均價格法

平均價格法中的單價是以全月可動用原料的總價值除以總數量得出。上例採用平均價格法計算如下：

$$\text{單價} = \frac{263\text{元}}{1000\text{斤}} = 2.63\text{元/斤}$$

$$\text{庫存金額} = 50\text{斤} \times 2.63\text{元/斤} = 131.50\text{元}$$

（三）廚房庫存物品的價值計算

飯店的廚房內，仍有相當多的原料、半成品和成品的儲存。如果對這些物品不加清點，會使它們處於失控狀態，同時會使財務報表上的數據失真。

由於廚房一般沒有建立庫存記錄統計制度，沒有庫存卡，原料的單價難以掌握，而且這些原料品種多、數量少、耗用頻繁，客觀上盤點計算比較困難，因此，對這些原料價值的計算方法有別於庫房原料。

廚房盤點計算原料價值的原則是：對主要原料進行盤點核算；對輔料、調味品等單位價值較低的原料做出估算。

具體方法是：首先根據原料單位價值的高低把原料分為主要原料和價值較小的原料兩大類，逐步積累需精確盤點的主要原料占總儲存額百分比數據，再在每個月的月末盤點出主要原料的價值，最後透過主要原料的價值推算出全部原料庫存的大約金額。這裡的關鍵是找出主要原料占總儲存額的百分比，這往往需要經過較長時間的觀察統計。

廚房總儲存金額＝主要原料價值 ÷ 主要原料占總儲存額百分比

（四）庫存指標控制

1. 庫存短缺率的控制

按照原料實際盤點數量和一定計價方法得出庫房月末實際庫存額後，為控制實際庫存額有無短缺及短缺的程度，需將實際庫存額與帳面庫存額作一比較，分析短缺額和短缺率。

其中：

庫存短缺額＝帳面庫存額 - 實際庫存額

帳面庫存額＝月初庫房庫存額＋本月庫房採購額－本月庫房發料額

上述公式中各項目的數據來源是：

月初庫房庫存額：來自於上月末的實際庫存額結轉；

本月庫房採購額：來自於本月驗收日報表中庫房採購原料金額的彙總；

本月庫房發料總額：來自於本月領料單上的領料金額的彙總。

例：某餐廳 8 月底經月末庫存實物盤點，實際庫存額為 15700 元，該月庫存相關數據如下：月初庫房庫存額為 15000 元，本月庫房採購額為 46000 元，本月庫房發料額為 45000 元。

則：月末帳面庫存額＝ 15000 元＋ 46000 元－ 45000 元＝ 16000 元

庫房庫存短缺額＝ 16000 元－ 15700 元＝ 300 元

庫房庫存短缺率＝ 300 元 ÷45000 元 ×100% ＝ 0.67%

根據國際慣例，庫存短缺率不應超過 1%，否則為不正常短缺，應查明原因。

2. 庫存周轉率

庫存周轉率反映原料在庫存中的周轉情況，即消耗量與平均庫存量的比例。用公式表示為：

$$庫存周轉率=\frac{月原料消耗額}{平均庫存額}=\frac{月初庫存額+本月採購額-月末庫存額}{(月初庫存額+月末庫存額)\div 2}$$

上例中，該餐廳 8 月份庫存周轉率為 45300÷（15000 ＋ 15700）÷2 ＝ 3.0

庫存周轉率大，說明每月庫存周轉次數多，相對庫存的消耗量來說庫存量較少。庫存周轉率應為多大，取決於多種因素，如飯店所處的地理位置，採購的方便程度，企業需儲備的原料量等等。對管理者來說，重要的是庫存周轉率的變化。如果飯店正常周轉率為每月 2 次，但某月周轉率增加或降低很多，就要查明原因。庫存周轉率太快，有時儲備的原料就會供不應求；周轉率太低，又會積壓過多資金，因此，管理人員應經常分析周轉率的變化，保證適度的庫存規模。

本章小結

本章主要闡述了餐飲原料自採購至驗收、儲存、發放等諸環節的管理工作要點。透過學習，應重點掌握原料的採購數量控制、質量控制及價格控制的方法；熟悉驗收的程序，學會正確運用各種表單管理驗收過程；瞭解不同原料的儲存要求，掌握不同庫房的管理工作要點；能夠嚴格遵循發料管理制度，並能正確劃分和統計餐飲用料成本；運用不同方法對庫房貯藏原料和廚房貯藏原料進行盤點及庫存額計算，理解庫存指標的含義和意義。

思考與練習

1. 什麼是採購規格標準，使用採購規格標準的意義是什麼？

2. 某餐廳對鳳梨罐頭採用每兩週一次的定期訂貨法。近期該罐頭的正常消耗量為每週 28 斤，鳳梨罐頭的發貨週期為 3 天，飯店要求有一週的保險儲量，在採購日，庫房尚餘 30 斤。請計算本次應採購的數量。

3. 某餐廳嶗山礦泉水的月銷量為 9000 斤，該礦泉水的訂貨週期為 6 天，保險儲量為 500 斤，求該礦泉水的訂貨點。

4. 驗收主要圍繞哪些環節展開？如何透過驗收控制採購原料的數量、質量和價格？

5. 餐飲原料的儲存用到哪些類別的庫房？這些庫房需要什麼樣的儲存條件？

6. 某飯店 4 月份牛排的進貨日期和價格如下：

進貨日期		數量（kg）	單價（元）	進貨日期		數量（kg）	單價（元）
4 月 1 日	月初結存	30	20.00	4 月 18 日	購進	90	20.40
4 月 8 日	購進	80	20.20	4 月 28 日	購進	100	20.60

至 4 月 30 日庫房的牛排結存量為 130kg，根據貨品標牌，其中 30kg 的單價為 20.20 元，40kg 的單價為 20.40 元，60kg 的單價為 20.60 元。請分別計算：

(1) 按實際進價法計算的月末庫存額；

(2) 按先進先出法計算的月末庫存額；

(3) 按後進先出法計算的月末庫存額；

(4) 按平均價格法計算的月末庫存額；

(5) 按最後進價法計算的月末庫存額。

7. 經統計，某餐廳廚房主要原料的價值一般占廚房全部庫存額的 65%，在 2 月份廚房庫存盤點時，主要原料的價值為 3250 元，那麼 2 月份廚房庫存總額應為多少？

8. 某飯店 3 月份食品原料倉庫相關統計數據如下：

月初庫房庫存額	30000 元	本月庫房採購額	90000 元
本月庫房發料總額	87000 元	月末實際盤點庫存額	32000 元

請計算該飯店 3 月份庫房短缺率是否屬正常範圍，並計算其庫存周轉率為多少？

第 4 章 餐飲生產管理

導讀

餐飲生產也稱廚房生產，餐飲生產管理是對餐飲菜點生產加工總過程的管理，包括餐飲活動的計劃、生產計劃、生產質量指導、監督、控制和調整。本章我們所要學習的餐飲生產管理，主要包括餐飲組織結構和人員配置、廚房生產流程、餐飲生產質量和成本管理等內容。餐飲生產管理是餐飲管理的重要部分之一，廚房生產產品的質量優劣直接影響到餐飲的經營和銷售，會對餐飲的經濟效益產生積極和消極的作用，從長遠看則影響餐飲品牌的建立和發展。

學習目標

掌握餐飲生產組織、人員配置的基本知識

瞭解廚房生產的流程及其各個環節

懂得餐飲生產的質量和成本管理的基本內容和方法

第一節 廚房組織機構與人員配置

每一個餐飲產品的生產都凝結著所有廚師的智慧和技術，因此，廚師技術的穩定性和統一性是餐飲產品質量得以保證的關鍵。餐飲產品質量的穩定和提高，不是靠廚師個人技術發揮好壞，而是靠科學的統一管理。設置、建立一個嚴密的、高效率的組織機構和合理地配置生產人員是餐飲生產正常運行、工作有序高效的保證。

一、餐飲生產組織機構的設置

飯店一般根據餐飲生產規模和產品特色，即餐飲接待能力和市場定位來設置餐飲生產的組織機構的。廚房作為餐飲生產的重要部分，它的機構設置必須遵循以生產為中心、以崗定編、有分工有協作、指揮控制得當、權責分明、高效的基本原則。

（一）現代大型廚房組織機構

現代飯店的大型廚房一般設立一個主廚房，承擔所有廚房原料的初加工及配份，各分廚房直接向主廚房領取半成品原料進行生產。這種組織機構的最大優點在於：有效地控制原料加工的質量、配份，保持原料加工的統一性，最大限度地做到了物盡其用，有效地控制產品生產的質量與成本。並且由於主廚房承擔了所有原料的加工，使分廚房的人員配置更加精簡，工作效率得以提高，使廚房的管理更加簡便有效。到 1990 年代末，現代大型廚房的組織機構形式更加得到大型餐飲企業的重視，並且向現代化生產發展，使之更加適應於大型餐飲企業、集團化企業以及連鎖企業的餐飲生產活動，成為餐飲生產的一個「配貨中心」。現代大型廚房的組織機構如圖 4-1 所示。

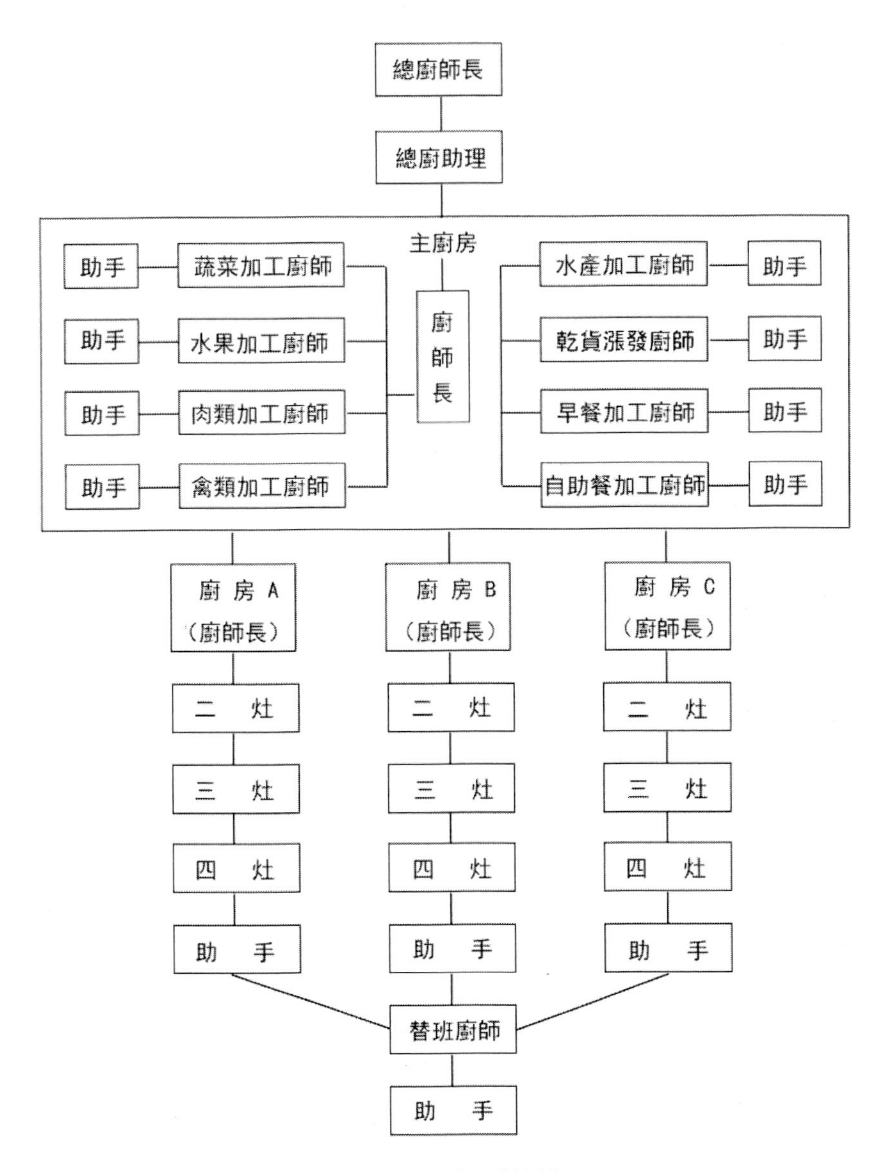

圖 4-1 大型廚房組織機構圖

（二）中、小型廚房組織機構

現代飯店的中型廚房大多分為中菜和西菜兩部分，餐飲生產規模比較小，中、西菜廚房生產的產品有區別，因此每一個廚房的組織機構保持相對獨立，各自負責原料的初加工、精加工、配份、烹製等全面的生產活動，承擔生產計劃、產品質量控制、人員調配、產品成本控制等管理職能。中型廚房組織機構如圖 4-2 所示。

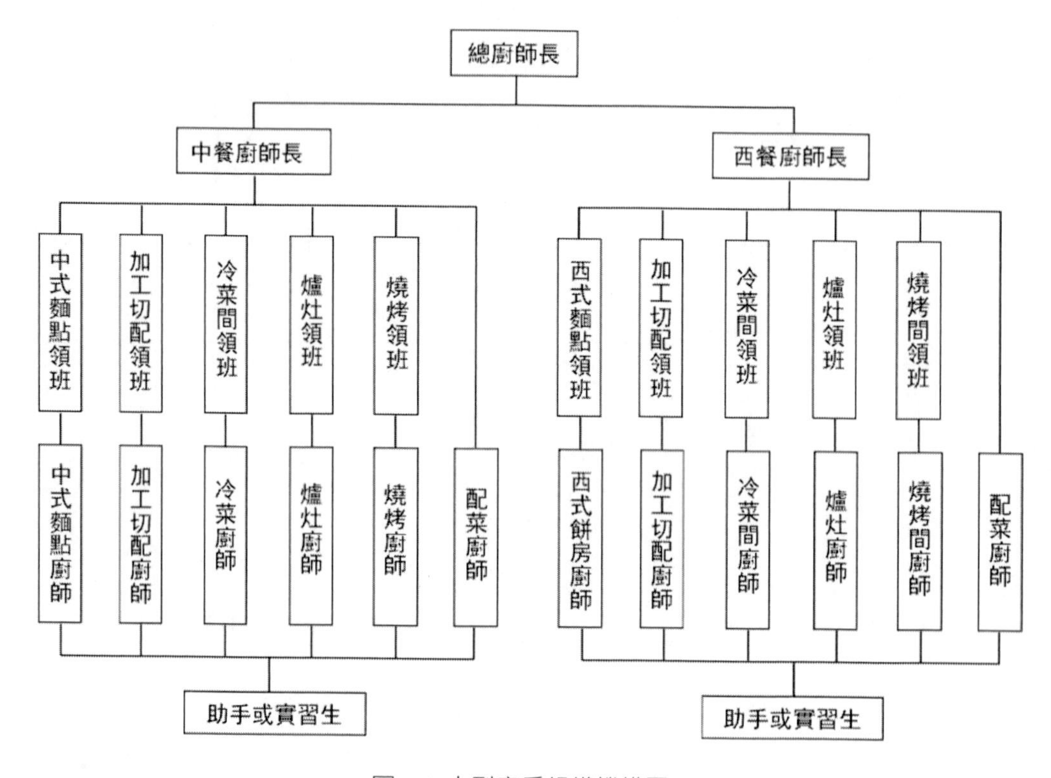

圖 4-2 中型廚房組織機構圖

小型廚房由於其生產規模較小，組織機構一般根據廚房生產幾個環節分成不同的工作職位，不單獨設立功能部門，實行職位負責制，分工明確，層層管理，有效地控制餐飲產品質量、成本及人員配置。小型廚房組織機構如圖 4-3 所示。

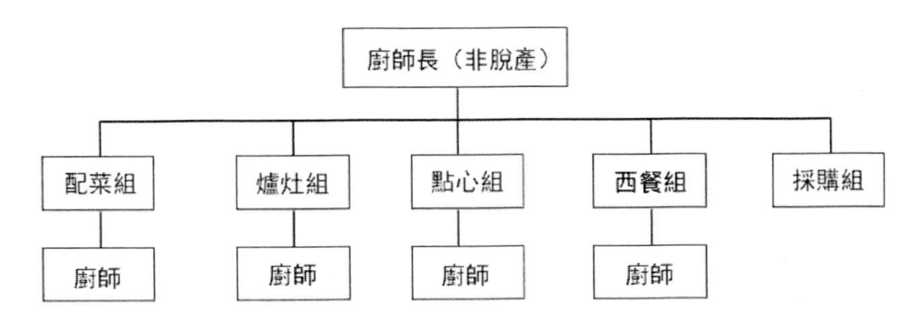

圖 4-3 小型廚房組織機構圖

（三）粵菜廚房組織機構

從現代飯店餐飲經營菜餚的特色來看，中餐廳普遍經營的產品為粵菜，因此廚房組織機構大多具有粵菜傳統的廚房特點。這種廚房的優點在於分工細膩，職責明確，生產線條清晰，有利於現場督導與管理。機構如圖 4-4 所示。

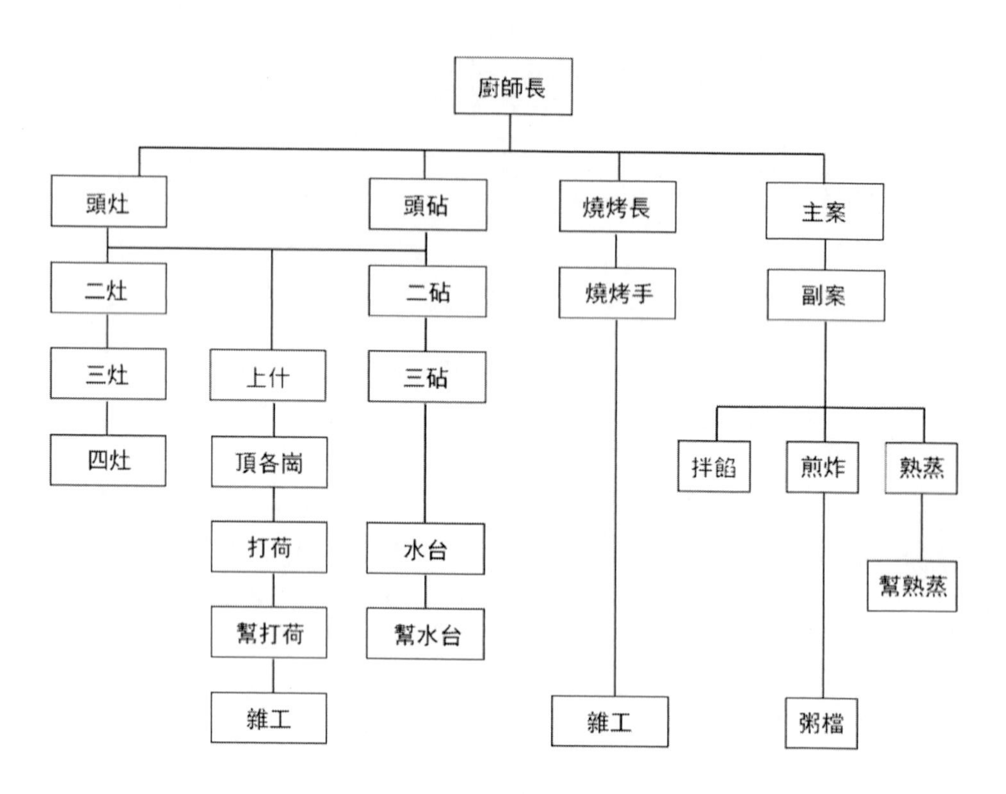

圖 4-4 粵菜廚房組織機構圖

二、餐飲生產組織各部門的職能

（一）餐飲生產各部門功能示意圖

餐飲生產各部門職能由於飯店規模、星級標準不同，其職能和任務也有區別。大型高級星級飯店餐飲廚房規模大、聯繫廣，各部門功能比較專一（見圖 4-5）。中、小型飯店餐飲廚房的功能則相對簡單，有些功能可以兼併，組織機構比較精簡。

（二）餐飲生產各部門的職能

1. 加工部門

主要負責菜餚原料的加工，向切配職位提供淨料。加工部門根據原料加工範圍與程度的不同，分工要求有很大的區別，具體可以分成素菜間、宰割間、細加工間等。

(1) 素菜間：專門負責各類蔬菜的加工。按照菜單要求加工各種原料，包括原料的淨洗、分類排放、保存、推陳貯新、防止腐爛變質。

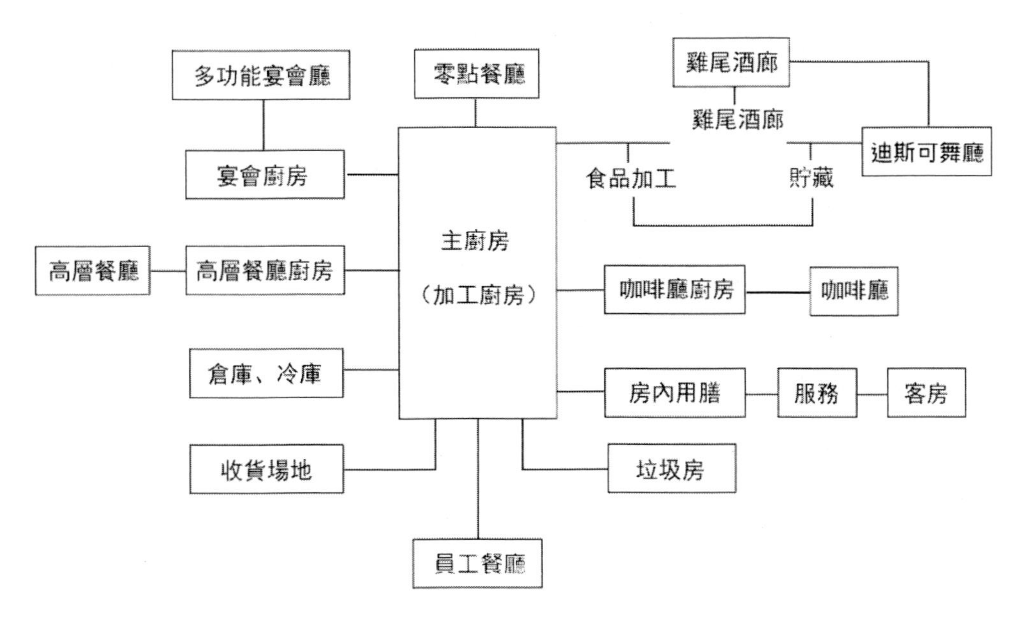

圖 4-5 大型、高星級飯店廚房功能圖

(2) 宰割間：專門負責葷菜類原料的加工。按照菜單用料要求和原料加工特點進行加工，包括原料的淨洗、分類、貯存、防止原料之間互相串味。

(3) 細加工間：負責家常菜、宴會菜單的加工和配菜。

加工部門的基本工作要求是：

(1) 根據進餐人數和菜單，定質定量進行領料加工，不得定少用多、定多用少，更不能定好用次、定次用好。

(2) 凡屬泡發、加工費時費工的原料，要提前加工成半成品，做好使用準備。

（3）加工細膩、刀口要均勻，達到菜單的用料標準。

（4）對加工好的原料要嚴格檢查質量，並且檢查配料和小料是否齊全。

（5）應注意保管加工好的原料，尤其注意天氣的變化引起原料變質等問題。

2. 配菜部門

負責餐廳單點、零售的菜餚原料的切配工作。具有備料種類多、切配要求高、加工精細、速度快、配料準確的特點。具體包括按照點菜單準備切配、配料；記錄菜餚的名稱、份數和要求；對餐廳用餐、廚房備料情況做統計，做到備料準確，避免原料的短缺和浪費。

配菜部門還負責處理賓客的用餐要求：

（1）賓客有急事提出迅速就餐，應迅速切配加工以滿足要求。

（2）賓客點要菜單以外的菜餚，應盡力解決，如確無原料，可要求服務員向賓客說明。

（3）賓客自備原料需加工的，應滿足其要求，如屬費時費工的菜應提醒賓客需耐心等待。

（4）賓客所點的菜餚無貨或沒有備料，應說明情況，並介紹 1 ～ 2 種口味相同的菜餚供賓客選擇。

（5）要滿足賓客的口味、用料等方面的要求。

3. 爐灶部門

它的職能是將配製好的半成品原料烹製成菜餚。它是餐飲產品生產的中心環節，要求加工的火候適當、口味純正、出菜迅速、靈活細膩，盡可能保持菜餚的色、香、味俱佳的優良品質。具體工作包括：

（1）檢查烹飪用具、設備和衛生，備足備齊調料和小料。

（2）檢查所烹製的菜餚原料的加工是否合乎要求。

(3) 嚴格遵守操作規程，在保證菜餚質量的同時，做到隨來隨炒、現炒現吃、小鍋小炒、急需優先。

(4) 建立各工作職位的質量負責制，嚴格遵守、互相監督。

4. 冷菜部門

負責冷菜的加工、製作、拼擺等工作。具有工作複雜、常備食品品種繁多、衛生要求高、講究口味、刀工要求高、拼擺有藝術性等特點。具體包括：

(1) 食品備用情況，檢查室內、用具、器皿的衛生，檢查消毒液的濃度等。

(2) 根據點菜單領料加工製作，刀口均勻、排列整齊、份量準確、口味純正、符合風味特色。

(3) 製作好的冷菜注意衛生、加強保管，防止食品之間互相串味。

(4) 不斷創新花色品種。

5. 點心部門

主要負責各類點心的製作和供應。具體工作包括：

(1) 按照操作程序和工藝要求製作符合規格、標準的各種中、西式麵點，為賓客提供品質優良、美味可口的麵點食品。

(2) 準確保存食品原料、半成品和成品。

(3) 檢查維護各種用具設備。

(4) 保持工作間的衛生安全。

(5) 不斷開發各種款式麵點，豐富新式麵點品種。

三、餐飲生產人員配置

生產人員的選配包含兩層含義：一是指滿足餐飲生產需要的廚房所有員工（含管理人員）的配置，也就是廚房人員的定額；二是指生產人員的分工定崗，即廚房各職位選擇、安置合適人選。廚房員工的選配情況即定員定額是否恰當合適，不僅直接影響到勞動力成本的開支、廚師隊伍的士氣，而且對餐飲生產效率、產品質量以及餐飲生產管理都有著不可忽視的影響。

（一）影響生產人員定編的要素

不同規模、不同星級檔次、不同規格的飯店廚房，其員工配備數量各不相同。即使同一地區、同一規模、同一檔次飯店的廚房，配備的員工數量也不盡相同。影響員工配備的因素是多方面的，只能綜合考慮以下因素，再進行生產人員的定額才是全面而可行的。

1. 餐飲生產規模

廚房的規模和生產能力對生產人員定額有著直接影響。廚房規模大，餐飲服務接待能力就大，生產任務無疑較重，配備的各方面生產人員就要多；反之，廚房規模小，餐飲生產及服務對象有限，廚房則可少配備一些人員。

2. 廚房的布局和設備

廚房結構緊湊，布局合理，生產流程順暢，相同職位功能合併，貨物運輸路程短，餐飲生產人員就可減少；廚房多而分散，各加工、生產廚房間隔或相距較遠，或不在同一座建築物、同一樓層，配備的餐飲生產人員必然較多。

廚房設備的生產性能、加工生產的現代化程度以及餐飲產品的加工特點直接影響到餐飲生產人員的配備。傳統的廚房因手工操作程度比較高，餐飲生產人員的配備相對多一些，如在廚房設備的布局上更加合理全面，也可造成提高生產效率、減少餐飲生產人員的作用。

3. 菜單與產品標準

菜單是餐飲生產的任務書。菜單品種豐富、規格齊全、加工製作複雜、加工產品標準較高，無疑要加大工作量，需要較多的生產人員；反之，人員即可減少。而生產單一品種的餐飲企業，由於產品的質量、品種、菜式等相對固定，廚房人員可以更加精簡。

4. 員工的技術水準

員工技術全面、發揮穩定、操作熟練程度高，則廚房生產效率較高，相對地會減少廚房生產人員數量；相反，員工大多為新進員工、技術發揮不穩定、員工彼此缺少協作，則需在實踐中不斷提高技術，默契合作，以提高生產質量和效率。

5. 餐廳營業時間

餐廳營業時間的長短對生產人員的配備影響較大。飯店餐飲為了滿足較長的營業時間的工作需要，必須安排不同的生產班次。班次的增加必然使餐飲生產人員的數量增加。而有些飯店、餐館只經營二餐、三餐，廚房生產人員相對可以減少 1/3 ～ 2/5。

（二）制定科學的勞動定額

餐飲生產人員定編通常按各工種的上班時間數來確定，如廚師、洗碗工等職位的定額大多以每天 8 小時來確定，通常要求廚師在 8 小時內烹製 80 ～ 120 份菜餚。在制定各職位勞動定額的基礎上，餐飲企業應根據各自的規模、營業時間、營業的季節性等因素來配置適量的人員。可按每月、每週或每天的營業量來配置人員，但應經過一段時間的試驗期，記錄每天或每餐的營業量，以判斷各職位員工的實際生產效率是否符合預先規定的勞動定額，再作相應的人員調整，做到科學定編，合理排班。在滿足餐飲經營需要的前提下，既要發揮員工的潛力，又要考慮員工的承受能力和實際困難，還需符合勞動法規的有關規定，盡可能提高員工的工作效率，並保持一個良好的工作環境。

（三）生產人員定編方法

確定生產人員數很難用一種有效的方法來進行，以下幾種方法可供參考，一般可綜合幾種方法並結合產品品種、設備現代化程度、人員技術、接待能力、經營時間和未來發展等因素確定各自的生產員工數量。

1. 按比例確定

一般 30 ～ 50 個餐位配備一名生產人員，並根據經營品種和風味進行適當調整。國內旅遊或其他檔次較高的飯店一般是 15 個餐位配一名餐飲生產人員；規模小或規格高的特色餐飲，甚至有每 7 ～ 8 個餐位就配一名生產人員的。現代高星級飯店餐飲的發展趨勢是，餐廳的餐位數減少，環境更加幽雅舒適，服務更加人性化，餐飲產品更加精美，生產人員的技術更加趨於專業性、複合性。

以粵菜廚房內部員工配備為例，其配備比例位為一個爐頭配備 7 個生產人員，如果爐頭數超過 6 個，可設專職大案、專職伙頭。其他菜系的廚房，爐灶與其他職位人員（含加工、切配、打荷等）的比例是 1 ： 4，點心與冷菜工種人員的比例是 1 ： 1。

2. 按工作量確定

規模、生產品種既定的廚房，全面分解測算每天所有加工生產製作菜點所需要的時間，累積起來，即可計算出完成當天餐飲所有生產任務的總時間，再乘以一個員工的輪休和病休等缺勤的係數，除以每個員工規定的日工作時間，便能得出餐飲生產人員的數量。公式為：

總時間 ×（1 ＋ 10%）÷8 ＝餐飲生產人數

3. 按職位描述確定

根據廚房規模，設置廚房工種職位，將廚房所有工作任務分職位進行描述，進而確定各種職位完成其相應任務所需要的人手，彙總餐飲營業時間、班次安排，兼顧休假和缺勤等因素，確定餐飲生產人員數量。

4. 按勞動定額確定

廚房生產人員包括廚師、加工人員和勤雜工三種。其人員定編方法可以勞動定額為基礎，重點考慮爐灶廚師，其他加工人員可作為廚師的助手。其定編方法如下：

（1）確定勞動定額：即選擇廚師和加工人員，觀察測定在正常生產情況下，平均一個爐灶廚師需要配幾名加工人員才能滿足生產業務需要。其計算公式如下：

$$Q = \frac{Q_x}{A + B}$$

式中：Q ——每一個廚師負責的爐灶數

Qx——預測的爐灶數

A ——預測廚師總數

B ——為廚師服務的其他加工人員數

（2）確定生產人員數：在廚房勞動定額確定的基礎上，影響人員定編的因素還有廚師勞動的班次、計劃出勤率和每週工作的天數三個因素。按每週五天工作日計算人員編制：

$$n = \frac{Q_n \cdot F}{Q \cdot f} \times 7 \div 5$$

式中：Qn——廚房爐灶臺數

F ——計劃班次

f ——計劃出勤率

n ——定員人數

（四）餐飲生產人員的素質

餐飲生產具有它的特殊性，尤其是中式餐飲產品的生產，是一個完整的生產流程，具有環節多、生產人員多、技術要求各異、加工原料品種多、產品標準高的特點，因此，餐飲業的正常運行，首先要有一批高質量的、穩定的技術人員從事餐飲生產活動。對現代飯店餐飲來說，廚師應具備高超的技術和能力是最基本的素質要求，除此以外，現代餐飲更加注重生產人員的綜合素質的養成，具體表現在工作中具有自然流露的職業意識。意識是創造優良行為的前提，是專業綜合素質的體現。

1. 行家意識

要求每位餐飲生產人員逐步成為餐飲生產經營行家，具備全面的餐飲生產的質量和管理意識，綜合利用專業知識，提高餐飲產品生產的質量。

2. 團隊意識

飯店餐飲產品生產是由若干人共同完成的，餐飲生產人員如沒有團隊合作是不可能完成各項生產任務的。作為餐飲生產部門的管理人員，平時更應注重對屬下員工團隊意識的培養，正確處理好與員工的關係，公平對待每位員工，以人為本，關心體貼員工，形成一支穩定的具有很強戰鬥力的員工隊伍。

3. 成本意識

如果不能明確地理解如何以「經濟」手法解決成本問題，最大限度地合理利用時間和勞動獲得最合適的利益，就不能夠成為一個真正的飯店餐飲生產人員。

4. 競爭意識

餐飲生產部門在完善組織機構的同時，必須合理設置生產職位，以職位要求配置生產人員，嚴格職位職責範圍和工作內容，形成競爭上崗的機制，使每位餐飲生產人員具有發展的空間和機會，並且結合考核和效益論功行賞，使生產人員的工作能力得到充分發揮，形成競爭上崗的良好氛圍和意識。

5. 創新意識

長期以來，餐飲產品的開發缺少技術含量和知識產權意識，使餐飲產品始終處於模仿與被模仿的發展形式中，只有不斷創新，才能應付激烈的市場競爭。餐飲創新人才是飯店的最大財富，其創造性以及創造的價值是不可估量的，加強生產人員的創新意識培養，提供產品開發的機會和條件，可以使每位生產人員在充分理解「你無我有，你有我優，你優我專」的產品開發理念的基礎上，得到發展。

第二節 廚房生產業務流程

廚房生產業務流程是指廚房生產加工產品的過程中各道環節的流向和程序。生產業務流程的運轉，是指透過一定的管理形式，使廚房產品能保質、保量地烹製成功，為餐飲接待提供可靠的物質基礎。廚房每一個產品的生產大多經過多道加工環節才能成為色香味俱佳的菜餚和點心，因此，熟悉生產業務流程的各個環節的特點，掌握各個環節管理的要點，是餐飲產品生產得以順利完成，並保證產品質量的關鍵。

一、廚房生產業務流程

合理的廚房生產業務流程應避免生產線路交叉與回流、減少食品原料在生產過程中的積壓、縮短人員與食品原料流動的距離、減少操作次數與時間、充分利用空間和設備、各關鍵環節都有質量控制措施、降低生產成本。

（一）生產業務流程環節

生產業務流程環節的劃分是由各種因素所決定的。在一道工序中，應劃分出多少相關聯的環節，是由餐飲生產規模和操作人員的人數等因素所決定的。一般來說，餐飲規模越大、分工越細、操作人員越多，則同一道生產加工工序中的環節就越多；相反，餐飲規模較小，分工簡單，操作人員較少，則同一道生產加工工序中的環節就相應少些。環節過多，容易使生產流程複雜化，管理手續繁瑣，不利於提高生產效率；環節過少、生產流程過於簡單，管理上容易出現漏洞，生產容易出現事故和差錯。例如原料的採購與驗收應當分為兩個環節，如果合併在一起，則容易出現管理上的漏洞，造成原料成本等方面的損失。

廚房生產業務流程一般涉及原料的採購、驗收入庫、保管、領用、初加工、細加工、配菜、排菜、烹調等幾個方面的環節。

（二）生產業務流程圖

餐飲生產業務流程分為常規廚房生產業務流程（見圖 4-6）和生產性廚房業務流程（見圖 4-7）。

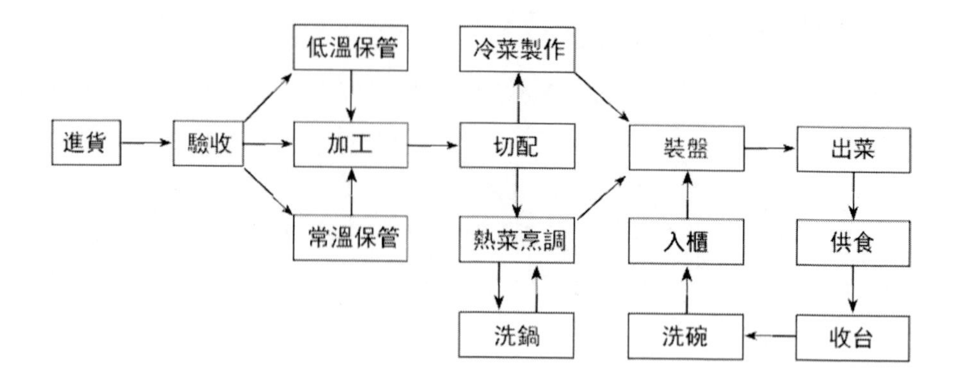

圖 4-6 常規廚房生產業務流程圖

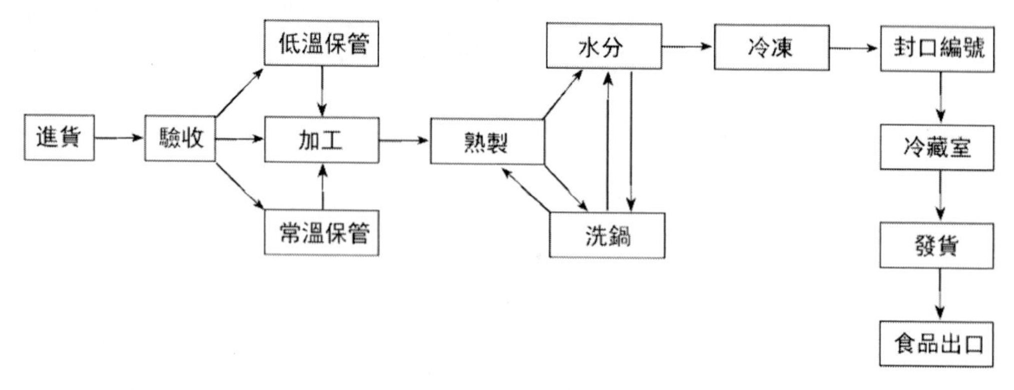

圖 4-7 生產性廚房生產業務流程圖

1. 常規性廚房生產業務流程

一般按照餐飲原料在各個生產中的加工特點，結合生產職位劃分成若干環節，有利於生產人員明確各職位原料加工生產的質量要求和技術標準；有利於管理人員制定職位職責範圍，有效地實行餐飲生產流程質量管理和監督檢查。

2. 生產性廚房生產業務流程

傳統食品生產企業其產品品種單一，技術方法成熟，生產量大，成品需要庫存保管和包裝，根據這些特點劃分餐飲生產業務流程。

二、廚房生產業務流程管理及特點

在廚房生產流程中要特別強調環節管理。加強管理首先要做好制度建設，明確每一環節的工作內容及職責範圍，並注意環節與環節之間的銜接。在日常工作中如果忽視這一點，則很容易出現差錯。如採購員從菜場購進一批原料，如果驗收員不認真檢查驗收，或者忽視驗收的要求，則容易使不合格的原料進入廚房，嚴重影響餐飲產品的質量。只有加強生產流程各環節間的銜接，形成互相制約的監督機制，才能使產品的生產在各個環節上保持質量的統一。

在生產加工過程中，從原料到產品的完成，必須依次經過每一個環節，不能跳躍，更不能交叉，只有這樣，才能保證整個生產流程的正常運轉。

在生產流程運轉過程中應注意做好以下幾個方面的工作：

1. 原料採購

採購要對路。採購人員必須根據廚房所需適時、適量購入原料。採購進來的原料或作料必須符合餐飲生產產品質量和成本要求，即採購的原料符合加工技術要求，原料質量上乘，價格合理、質價相符，數量適量，能保證正常的業務經營需要。

2. 原料驗收

驗收必須嚴格。原料驗收是檢查原料質量的重要環節，驗收人員必須具備較強的責任心，有豐富的驗收經驗和知識，本著負責的職業精神，嚴格按照驗收標準逐項檢查驗收。

3. 入庫

入庫要及時。入庫有乾貨入庫和冷貨入庫兩種。凡是經過驗收的原料，需送入廚房馬上進行加工的，要及時送廚房加工；需送倉庫貯存的，要及時入庫保管。入庫時辦理登記入帳手續，並根據原料特點和倉儲要求，進行堆放保管。

4. 保管

保管必須盡職。原料入庫後的保管工作十分重要，保管是否得當直接影響到原料質量的優劣、折耗的多少以及餐飲成本的高低。保管原料必須遵循原料貯存的質量要求和餐飲生產規律，確定合理的庫存數量，並且用科學的管理方法不斷地周轉庫存原料。保管人員必須盡心盡職，做到勤檢、勤晒，做好各種原料入庫、出庫時間及庫存數的記錄。

5. 領料

領料必須合理。廚房向庫房領取原料，除了要履行一定的領用手續（如填單、審批）外，還必須持領料憑證，憑單發貨。發貨員要核對單據是否填寫正確、字跡是否清楚，並根據經驗判斷領料的數量是否合理，對超出常規的領料應該詢問原因，防止出現差錯。

6. 初加工

初加工要講究技術。初加工主要指原料的宰、殺、拆卸、漲發等加工工作。進行初加工時要以熟練的技術提高原料的淨料率。淨料率的提高直接影響到後道加工工序的成本和質量。因此，如何制定各種原料的加工要求和標準，提高加工人員的技術，使其掌握熟練的宰、殺、拆卸、漲發等技巧，生產出符合標準的半成品原料，是管理的關鍵。

7. 細加工

細加工講究刀工刀法。這道工序操作得好壞對以後成熟菜餚的形態好壞將有直接影響。管理重點是提高生產人員的技術水平，使其從精通各種操作要求到熟練運用各種刀法，有一套實力堅強的本領。

8. 配菜

配菜要準確。對配菜雖無重要的技術要求，但加強原料加工的質與量間的檢查則十分重要。「質」是指所配原料的衛生狀況、刀工好壞等；「量」是指原料的重量是否符合配菜標準。「量」的基本要求是，主料要過秤，輔料基本準確，調料應當配齊。由於這道環節直接影響到菜點的成本、毛利的幅度以及毛利率，因此需配備具有豐富實踐經驗的人員負責這道生產工序。

9. 排菜

排菜要有序。排菜是將所配的每道菜餚原料按先後次序，送到爐灶廚師處烹調。作為排菜的廚師本人要熟悉烹調技術以及每道菜餚的烹調要求和上菜程序；瞭解爐灶上各位廚師的特長和操作技術。在排菜過程中，因根據所烹調菜餚的要求，有次序地將每道菜餚的原料分送到每位烹調師面前，使菜餚生產既能保證質量，又能滿足服務的及時性要求。

10. 烹調

烹調要得法。烹飪廚師按技術和質量要求加工菜餚，使每道菜餚都達到色、香、味、形俱佳的要求。這一環節的管理重點是要使每位廚師充分發揮特長，嚴格按照菜單的質量標準加工菜餚。

與菜餚烹調相比，點心製作雖有幾道不同的生產環節，但就其要求來看，兩者有共同點，即注意技術、重視成本。另外，西菜的廚房生產流程與中菜的廚房生產流程大致相同。

第三節 廚房生產質量管理

餐飲產品包括有形產品與無形產品兩部分，廚房生產質量管理主要指對有形產品的主要部分，即菜餚、點心、麵食、湯羹、飲品等的生產過程的管理，包括產品質量管理和工作質量管理，內容涉及食品採購、生產加工等過程中的產品質量管理和全體工作人員管理。由於廚房生產的原料以及產品的生產加工比較複雜，而且具有較高的技術性，因此，廚房必須從原料質量鑑定、菜餚生產過程和菜餚質量標準等方面建立質量管理制度和標準，形成全體員工各個職位間的質量監督機制，營造一個良好的競爭環境，共同為提高產品生產質量而盡心盡職。

一、衡量產品質量的幾個要素

廚房生產的產品，即菜餚、點心、麵食、湯羹、飲品等的質量優劣，直接影響到餐飲產品的質量。從消費者的角度看，廚房生產的產品應該是無毒、無害、衛生營養、芳香可口且易於消化、具有良好感官享受的食品。這也是廚房生產質量管理的基本點和主線。

（一）食品的衛生與營養

食品衛生法對食品衛生的界定是：食品是安全的，食品是營養的，食品是能促進健康的。民以食為天，衛生與營養是食品所必備的質量條件。隨著經濟和社會的發展，人民生活水平和受教育程度的提高，人們崇尚自然，追求衛生、安全、營養、健康食品的意識越來越強，消費逐步轉向理性消費。廚房生產必須嚴格保證原料、原料加工以及菜餚烹製的衛生、安全、營養和健康，科學保管各種原料，嚴格檢查原料的品質，優化原料加工的技術和方法，以達到保證菜餚衛生營養的目的。

（二）食品的色澤

菜餚烹製出來後，其色澤首先被品嚐者感知，進而影響品嚐者的飲食心理和飲食活動。人們長期的飲食活動實踐，使之對菜點色澤之美的判斷形成了一種習慣，這種判斷可能因色澤本身的美而使人感到愉悅並促進食慾。

製作菜點要最大限度地利用食品原料的固有色澤，一方面，原料的色澤本身就是自然美，無需過多地進行人工裝飾；另一方面，這樣可以滿足人們正常的衛生心理，如蛋白之白、櫻桃之紅、青菜之綠、髮菜之黑等，使人在感到色澤美的同時，更感受到食品本身的鮮美可口、清新衛生，猶能刺激食慾。因此，菜點的生產人員必須善於利用原料的自然色澤，合理組配，運用原料固有的冷、暖、強、弱、明、暗進行組配，結合菜點的主題特色，生產出清新雅緻、五彩繽紛佳餚。

（三）食品的香氣

香氣是菜點等食品散發出的芳香氣味，透過人的嗅覺細胞，傳遞到大腦皮層產生感覺，從而引起人的聯想，進而影響人們的飲食心理和行為，是品評菜點質量的重要標準之一。菜點的香氣程度和類型千變萬化，不僅因菜點的品種而有魚香、肉香、青菜香、豆香、香菇香、茶葉香等，還因香氣的濃度不同而有濃香、清香、餘香等，更有精心調配的複合香氣，香味四溢，催人食慾。另外，人們對香氣的感受程度同氣體產生物本身的溫度高低有關，一般來說，菜點的溫度越高，其散發的香氣就越強烈，就越能被品嚐者感受到，因此，烹製菜點必須強調現做現用，盡可能縮短服務時間；否則，菜點冷卻，香味盡失，品質大為遜色而影響到餐飲產品質量。

（四）食品的滋味

菜點的滋味是透過人的味覺細胞，傳遞到大腦皮層產生感覺，從而引起人的食慾，是衡量菜點質量的最主要指標。滋味因其濃淡厚薄而有千變萬化，因其品類的不同而有酸、甜、苦、辣、鹹、鮮的變化，並因原料不同而有魚味、肉味、海味、山珍味等，更因多味交叉複合產生如怪味等味型。五味調和百味香，便是滋味多樣統一的最生動的揭示。滋味是評判菜點質量的核心，是餐飲產品特色的體現，只有不斷地探索創新，才能豐富產品品種；只有合理科學調配，嚴格操作程序，才能保持產品特色和品質。

（五）食品的形態

菜點的形態是指菜點的成形、造型。原料本身的形態、加工處理後的形態以及烹製裝盤都會直接影響到菜點的形態。菜點成形、刀工精細、整齊劃一、裝盤飽滿、拼擺藝術、形象生動，能給品嚐者以美的藝術享受，從而提高菜點的品質和檔次。這些效果的取得，要靠廚師的藝術設計和精心加工。菜點造型首先要體現食用性，而非欣賞性；其次要體現廚師的技術美，透過運用刀工和烹調技術，使菜點達到形美的要求，並且遵循菜點的簡易、美觀、大方和因材制宜的原則，達到自然形美的境地。熱菜造型一般以快捷、飽滿、流暢為主，冷菜和點心造型則講究運用美化手法，使其達到藝術美的效果。

（六）食品的質感

質感是進食菜點時，品嚐者口感鬆、軟、脆、嫩、韌、酥、滑、爽、柔、硬、爛、糯等質地的美感。菜點質感大致可分為溫覺感、觸壓感、動覺感以及複合觸感，構成菜點觸覺美的豐富性和微妙性，構成對菜點的最全面的審美享受。

（七）食品的溫度

菜點的溫度是指品嚐菜點時能夠達到或保持的溫度，由溫度而引起的涼、冷、溫、熱、燙的感覺。同一種菜點，食用時的溫度要求不同，如冷菜的冷，涼粉的涼，給人以涼爽暢快的感覺，倘若提高這兩種菜點的溫度，效果便完全不同；再如麻辣豆腐、湯包等，入口很燙，品嚐時不能立刻下嚥，否則容易燙傷，但這兩種菜點必須趁熱品嚐，否則會失去原有的風味。生產菜點必須嚴格按照各種菜點的溫度要求，如冷菜保持 10℃左右、熱菜保持 70℃以上、熱湯保持 80℃以上、砂鍋保持 100℃、火鍋保持 100℃等，低於 30℃以下的菜點，人的感官的敏感度會下降。因此，在氣溫比較低的季節裡，烹製的菜點和盛器必須保溫，否則會影響菜點的品質。

（八）食品的盛器

菜點製成後要用盤、碗盛裝才能上席，盛器顯然也是構成菜點屬性質、味、色、形、皿等的重要因素之一。所謂「皿」就是選用合適的盤碗盛裝，把菜點襯托得更加富有美感，加深品嚐者對菜點品質的認識，提升餐飲產品的品牌。

盛器的選用一般與菜點的形狀、體積、數量和色澤有關。一份菜點只占盤碗的80%～90%左右，湯汁不要淹沒盤碗沿邊：量多的菜點選用大的盛器，量少的菜點選用小的盛器。選用盛器形狀，必須根據菜點形態來確定，帶有湯汁的燴菜、煨菜等一般選用湯盤較為合適；整條烹製的魚選用腰盤比較匹配。菜點的色澤也是選用盛器必須考慮的因素，盛器色澤是關係到能否將菜點襯得更加高雅、悅目和鮮明美觀的關鍵。如五色蝦仁裝在白色盤內更能顯示菜餚的清新高雅，而清炒蝦仁潔白如玉，點綴幾段綠色蔥花，配裝在淺藍色的花邊盤內，更顯得清淡雅緻。另外，盛器品質好壞要與菜點的品質相適應。

二、廚房生產質量管理

廚房生產的整個流程都是圍繞著將原料加工烹調成菜點的全過程進行的。原料加熱成熟以前對原料進行必要的處理工作，稱為原料加工的準備階段；根據菜餚和訂單的要求搭配原料稱為原料配份階段；加熱成熟過程稱為烹製階段。由於各個階段的原料加工要求不同，操作程序要求、技術要求、工作內容以及質量要求都有明顯的差異性，因此，廚房生產質量管理必須結合各生產階段的特點，制定相應的職位職責，明確操作程序、內容和標準，做到有章可循，並結合餐飲本身的管理模式，憑藉管理者管理經驗，不斷地激發生產人員的工作積極性，真正實現全員生產質量管理。

（一）原料加工準備階段的質量管理

原料的加工是餐飲生產質量管理的一個重要環節，原料加工的質量直接影響到菜餚的色、香、味、形、質和營養等品質。嚴格要求操作程序和質量標準是穩定加工質量的關鍵，因此，在加工準備階段，要根據原料的特性、加工質量要求、菜點的要求，對原料進行必要的物理和化學處理，把不能直接加熱烹調的原料變成可以直接加熱烹調的半成品原料，做到基本定型和基本入味。

原料加工準備階段的工作主要包括原料的粗加工和精加工兩大類，粗加工又包括生鮮原料的淨洗、分檔，乾貨原料的漲發等；精加工又包括刀工處理、預熱處理和造型菜點的型胚處理等。

1. 原料加工的基本原則

原料加工的總原則不外乎因料加工和因需加工，從菜點原料質量管理角度出發，原料加工過程應注意以下幾個基本原則：

（1）淨洗原料時注意原料的衛生和質量。加工原料首先要將不可食部分去掉，如禽畜去毛髮、魚涎汙腸臟、貝介去甲殼、根塊筍芋去皮等等，加工必須認真仔細，盡可能保留可食部分，做到去廢留寶、去粗取精。對一些具有或可能有一定毒性或有害成分的原料必須嚴格把握加工質量，如河豚除了有加工生產許可證外，應該有專人負責加工；貝、蝦、蟹、鱔、鱉類等，應該特別注意新鮮度，不能讓死的原料混進菜餚之中，否則會嚴重影響菜餚的質量和餐飲的品牌。

（2）保持原料的營養成分和水分，杜絕不利於保存營養成分的加工方法。保持原料質量的關鍵在於掌握合適的加工方法和加工時間，如蔬菜加工先洗後切，防止營養成分流失；富含維生素 C 的蔬菜不能過早加工，否則會造成維生素 C 的氧化流失；加工完鮮活原料後不能存放較長時間，否則會流失原料的水分和風味物質，影響菜餚的質感。

（3）嚴格按照要求加工。生產加工菜點必須嚴格按照菜單要求加工各種原料，將其加工成符合菜點烹調標準和規格的半成品原料，同時又要靈活面對個別客人的特殊要求，單獨按客人要求加工。

每種原料都有其最佳的食用方法和特色，因此，選擇菜點原料和加工方法都有嚴格的規定，如河鰻，不管用在什麼菜式中，其粗加工必須保持魚的完整性，不能開膛；對家禽類原料粗加工時都要去毛，然後根據菜餚要求分類加工，如八寶雞原料則在頸部取內臟，整雞燒烤則在腹部取內臟。另外，要按照各個菜餚的烹調要求合理準確運用刀工，注意保持原料形狀，即厚薄、長短、粗細、大小等保持一致，才能保證菜餚的色、香、味、質、形的統一性。

2. 原料加工質量要求

（1）生鮮原料的加工質量要求。隨著生活水平的提高，人們越來越崇尚自然飲食，因此餐飲生產原料大多選用生鮮與活鮮的原料。這些原料一般是當日採購或短期貯存和活養的，應客人點要而加工，有些原料如魚、蝦、蟹、蛇、貝等從加工到烹調的時間很短，加工需要有很高的熟練程度和準確性，它不但影響菜餚質量，同時還影響菜餚的服務時間。

①蔬菜類原料的加工質量要求

——蔬菜加工必須去除老葉、黃葉、蟲蛀葉，摘除質地老的部分，保持蔬菜的清潔和鮮嫩；

——先洗後切，洗滌乾淨，濾乾水分，保持蔬菜無任何蟲、卵、泥沙等雜物；

——儘量利用可食部分，做到物盡其用；

——大型蔬菜，如白菜、橄欖菜、洋蔥頭等應注意分檔，用於不同菜餚的加工中；

——根據原料不同性質進行加工，尤其是易發生褐色變化的原料，注意加工的方法和時間；

——合理放置，防止汙染、脫水、變色。

②水產類原料的加工質量要求

●魚類

——加工時主要除盡魚鱗，保持魚的完整性；

——根據魚的加工要求選用不同取內臟方法，如破腹部取內臟，背破取內臟，咽部取內臟，剝皮取內臟等，以適應不同菜餚的烹調方法；

——加工時盡可能除盡血汙與黑膜，除去鰓和雜物，並控乾水分；

——魚類原料質量較易受環境溫度、濕度的影響，最好現加工現用；

——切片、切絲、切丁、切米或製茸的魚肉最好上漿調味加工成半成品，冷藏保存在低溫冰箱中。

●蝦類

——整隻用的蝦類菜餚盡可能選用活鮮原料，加工時只要除去部分鬚刺、沙囊和尾腸，洗淨即可；

——製作蝦仁、蝦茸等菜餚時，應在加工時盡可能除去質地鬆爛的蝦仁或蝦肉，不帶殼屑、外膜、腸，保持蝦仁完整飽滿，加工成半成品放入冰箱中冷藏；

——大型蝦類如龍蝦，一般為活殺原料，從蝦的胸尾結合處分開，頭部需除盡沙囊、鰓，洗淨。尾部從腹部中央線入刀順勢切下，並帶出尾腸，保留最後一小段尾形，肉刺生，腳爪椒鹽，殼煮湯，加工速度要快、技術要熟練。

●蟹類

——整蟹使用，一般用刷子刷洗表面的汙物，剝開腹部蟹臍，洗刷去泥沙，沖洗乾淨捆紮整齊即可；

——去殼整用，還必須除去鰓及周圍的泥沙，除去蟹斗中的沙囊；

——拆蟹肉必須洗淨蒸熟，揭下蟹蓋剁下蟹螯爪，爪從關節處切開，身體從臍中央剁開，用工具取出蟹黃，剔出蟹肉，擠出爪肉，保持肉的塊、條形，不帶碎殼。

③肉類原料的加工質量要求

——需要加工的肉類主要根據菜餚要求準確選料；

——肉類切片、切絲、切丁和製茸等，必須根據原料特點進行加工，質地較老的肉品注意刀工處理方法，必要時還需用鹼醃製；

——預先加工的原料一般需要上漿冷藏或預熱處理保存；

——肉類的內臟加工一般有用鹽、醋搓洗，裡外翻洗，燙刮，剝洗，清水漂洗和灌水沖洗等方法，需除去內臟的雜物、黏液、膻味、表層黏膜及部分脂肪。

④禽類原料的加工質量要求

——宰殺時必須斷二管，放盡血液，避免肉質發紅影響質量，加工刀口要小；

——燙毛時必須掌握好水溫與時間，煺盡禽毛、角質皮和爪；

——根據菜餚要求選用不同取內臟方法，取出內臟，除去雜物，將血管、血汙等沖洗乾淨，控乾水分；

——物盡其用，刀工成型整齊，刀口劃一；

——將內臟原料洗淨焯水處理後加工保存。

(2) 冷凍原料的加工質量要求。現代餐飲企業運用冷凍原料加工生產菜餚同樣占有相當大的比例，尤其是肉類、家禽類、海產品以及部分蔬菜類原料。冷凍原料會因冷凍的時間以及在保存、運輸、交易過程中可能有不同程度的解凍，造成原料質量下降。在選用冷凍原料時，必須瞭解供貨商的貨源情況、保管設備以及運輸能力等，確保原料在保管、運輸等環節中的質量。

使用冷凍原料必須進行合理的解凍處理，盡可能使解凍原料保持新鮮原料的質量特點，防止原料水分、營養成分、組織結構發生變化。

原料解凍的具體質量要求有如下幾點：

①解凍的溫度要求。用於解凍的環境和水的溫度盡可能接近冷凍原料的溫度，使原料比較緩慢地解凍，解凍的速度影響到原料組織結構的變化，解凍越自然，原料組織破壞程度越低。因此，原料保管人員必須掌握原料使用情況，做好每日原料使用計劃，根據廚房用料情況，將解凍原料適時提前從冷凍室調撥到冷藏室進行初步解凍，為進一步解凍做好準備。如果將解凍原料置於空氣或水中，也要力求將空氣、水的溫度降到 10℃以下，切不可操之過急而將冷凍原料放入熱水中解凍，造成原料外部未經燒煮已經半熟，而內部仍然凍結如冰，使原料組織被嚴重破壞，影響質量。

②解凍原料以不使用媒質為佳。冷凍保存食品原料，主要是抑制原料內部組織分解酶的分解和微生物的進一步繁殖。解凍時，原料內外溫度的回升，會使酶開始分解、微生物漸漸活動，因此，無論原料是暴露在空氣中，還是在水中浸泡，都會不同程度引起原料質量的下降。如用水解凍，最好用無毒塑料保鮮膜包裹解凍原料，然後再進行水浸泡或水沖解凍。當然，現代廚房一般都採用微波解凍法，解凍原料速度快，並且還有殺菌消毒、保護營養水分的作用。但微波解凍一般不宜將原料完全解凍，防止表面的肉成熟。

③儘量減少內、外部解凍的時間差。冷凍原料的解凍時間越長，受汙染的機會和原料營養成分流失的數量就越多，如果外部原料過早解凍，暴露空氣中或浸泡在水中，會嚴重影響原料的質感和風味。因此，在解凍時，可採用勤換解凍媒質的方法（如經常更換碎冰或涼水等），以縮短解凍原料內部與外部溶化的時間差。

④原料解凍必須完全。對冷凍原料進行解凍必須遵循自然解凍原則，解凍原料不管採取什麼方式，最好保持其新鮮原料組織特點。將未解凍原料提前加工，如上漿、製胚或下油鍋等，往往會造成菜餚外部已熟而內部未熟，尤其是一些烹調時間很短的菜餚，這種情況尤為突出，這將嚴重影響菜餚質量。

(3) 乾貨原料漲發的質量要求。乾貨原料漲發的目的是使乾貨原料重新吸收水分，最大限度地使其質地恢復到新鮮原料的狀態，或者使其體積膨脹，成為鬆軟滑爽的原料，或除去腥羶味、雜質及腐爛變質部分，使原料更加容易切配、烹調並有一種特別的風味。保持漲發原料的質量，在技術上必須做到：掌握原料性質、特點，確定準確的漲發方法；要嚴格按照漲發原料的技術要求操作；根據原料使用量加工原料，並將漲發好的原料合理保管。

①掌握乾貨原料的特點。乾貨原料大都是經過脫水乾製而成的，與新鮮原料相比具有不同程度的乾、硬、老、韌、脆等特點，在進行原料水發或油發時，要熟悉各種原料的品種、乾製方法、性能及用法，以便採取不同的加工處理方法，使其符合烹調和食用要求，保證菜餚的質量。

②保持漲發條件一致。乾貨原料的質地老嫩，直接關係到原料漲發時間的長短和漲發原料的質量高低，漲發之前必須嚴格挑選質地老嫩相同的原料一起加工，才能保證原料漲發的效果一致。

③嚴格按照技術要求加工。對幹貨原料的泡、煮、燜、漂、油炸等每一個過程的操作，要把握好加工的火候、時間、次數等，否則會影響原料質量。此外，漲發時，防止所用容器沾有油膩；操作手法要輕，保持原料的完整性；加工一些名貴原料必須選用專用工具，防止原料變色、變質。

④檢查原料漲發程度。檢驗原料漲發質量的主要指標是原料漲發後的漲發率，而漲發率的高低取決於原料本身的狀態、加工方法以及食用方法。漲發原料應根據廚房生產要求，選用不同規格原料，制定漲發質量標準，嚴格漲發方法和時間，認真檢查漲發程度。如燕窩一般保持 400% ～ 450% 的漲發率；魚翅保持 150% ～ 200% 的漲發率；海參保持 700% ～ 800% 的漲發率等。

⑤合理保管。乾貨原料加工一般要求現加工現用，而對一些名貴高檔原料和漲發費時的原料，採取預先準備的方法進行加工，盡可能保持漲發原料不過剩。廚房中保管的漲發原料一般是短期保存，需要保存的原料應根據原料特點合理保管，如魚翅可選用冰凍方法保存；海參可採用放置在陰涼處保存；魚肚、蹄筋等採用通風保管；一般原料採取換水浸泡冷藏方法保管等。

3. 原料加工出淨率的控制

原料加工出淨率是指原料加工後的淨料占原料總重量的百分比。出淨率越高，原料的利用率越高、原料成本越低。但原料出淨率的高低並不意味著原料質量的高低，出淨率高，相對地降低了原料的質量。因此，制定科學、合理的原料加工出淨率，是穩定原料加工質量的重要指標，同時也是餐飲成本控制的一個關鍵因素。影響原料加工出淨率高低的原因很多，如原料本身的質量、原料保管質量、原料的使用情況、廚師的加工技術、廚師的工作責任心、廚房原料加工的標準等，都會造成原料加工出淨率的偏差，從而影響原料加工的質量、使用效率以及淨料的成本。

對原料進行加工，首先要嚴格制定原料加工的質量制度，將各種菜餚用料的規格用標準菜單規定下來，並落實到各個工作職位，形成良好的相互制約的質量控制責任體制，只有形成制度、層層把關、相互競爭、合理評估、分配掛鉤，才能很好地控制原料加工的質量。在保證原料質量的基礎上，應加強生產人員的培訓和教育工作，在日常工作中形成成本控制意識，使原料加工人員記錄每一種原料的加工情況。透過對來自政府有關部門、相同規格餐飲企業以及自身原料加工出淨率的比較，制定出一個比較科學、合理的原料加工出淨率標準，有效控制原料加工的質量和成本。

（二）原料配份階段的質量管理

原料配份階段是連接加工、烹調的中間環節，是按照標準菜單的規定，將製作某種菜餚的原料種類、數量、規格選配成標準的份量，為烹調菜餚做好準備。配份階段決定著每一份菜餚的用料、質量和成本，是菜餚生產質量控制和成本控制的關鍵。

從餐飲生產產品的質量特點出發，原料配份的關鍵要解決菜餚生產規格的統一性、色香味形質等一體化、營養價值的合理性、標準成本的穩定性等問題。例如，餐飲經營尤其是宴會經營中，生產相同菜餚的數量較多，它們出自不同廚師之手，如果沒有嚴格規定原料配份的標準，就很容易產生同一種菜餚之間的差異現象，如清蒸鱖魚大小不一，貴妃雞色澤不統一，杭椒牛柳比例不一，等等，並會引起客人的不滿。

1. 配份料頭的質量要求

料頭，也稱小料，即配菜所用的蔥、薑、蒜等小料。這些小料雖然用量不大，但在配菜和烹調之間起著無聲的資訊傳遞作用，可以避免差錯的發生，在開餐高峰時尤其重要，如紅燒魚、乾燒魚、炒魚片，分別用蔥段、蔥花、馬蹄蔥片和薑片、薑米、小薑花片加以區別，不需要口頭交代，一目瞭然，很是方便。

配份料頭的質量要求：

（1）大小一致，形狀整齊美觀，符合規格。

（2）乾淨衛生，無雜物。

（3）各料分別存放，注意保鮮。

（4）數量適當，品種齊備，滿足烹調的需要。

2. 配份工作質量要求

（1）乾貨原料漲發方法正確，漲發成品符合菜餚質量要求，保持原料清潔無異味。

（2）配份品種數量符合規格要求，主、配料分別放置，不能混雜在一起。

（3）接受單點訂單 5 分鐘內配出菜餚，宴會訂單菜餚提前 20 分鐘配齊。

（4）配菜時應注意清潔衛生、乾淨俐落。

3. 配份出菜工作質量要求

（1）案板切配人員隨時負責接受和核對各類出菜訂單。點菜單須蓋有收銀員的印記，並夾有訂餐桌號與菜餚數量相符的木夾（或其他標記方式）。宴會和團體餐單必須是宴會預訂部或廚師開出的正式菜單。

（2）配菜職位人員憑單按規格及時配製，並按接單的先後順序依次配製，遇緊急情況或烹製特殊菜餚可優先配菜，保證及時送達灶臺。

(3) 負責排菜的打荷人員，排菜必須準確及時、前後有序、菜餚與餐具相符，將成菜及時送至備餐間，提醒跑菜員取走。

(4) 從接受訂單到第一道熱菜出品不得超過 10 分鐘，冷菜不得超過 5 分鐘，以免因出菜太慢延誤客人就餐。

(5) 所有出品訂單、菜單必須妥善保存，餐畢及時交廚師長備查。

(6) 爐灶烹調人員若對所配菜餚規格質量有疑問時，要及時向案板配菜人員提出，妥善處理。廚師烹調菜餚的先後次序及速度應服從打荷安排。

(7) 廚師有權對出菜手續、菜餚質量進行檢查，如有質量不符或手續不全的，有權退回並追究責任。

(8) 配菜人員要保持案板整潔衛生，注意保管多餘的原料。

(三) 原料烹製階段的質量管理

烹調是餐飲實物產品生產的最後一個階段，是確定菜餚色澤、口味、形態、質地等品質的關鍵環節。

1. 菜餚烹調質量管理的基本原則

(1) 制定和使用標準菜譜。從菜餚生產的特點來看，廚房生產必須有一個統一的質量標準來規定菜餚生產的規格、數量、配份、烹調程序等內容，以保證菜餚質量的統一性和穩定性。如，標準菜譜規定了烹製菜餚所需的主料、配料、調味料及其用量，因而能限制廚師烹製菜餚時在投料量方面的隨意性；規定了菜餚的烹調方法、操作程序及裝盤式樣，對廚師的整個操作過程造成制約的作用。可見，標準菜譜實質上是廚房生產管理的質量標準，也是生產、管理和培訓的有效工具。

(2) 嚴格烹調質量檢查。對餐飲產品生產總過程的質量進行管理的關鍵在於控制烹調階段的菜餚質量。生產階段菜餚質量管理的主要任務是：建立質量檢查制度，抓好工序檢查、成品檢查和全員檢查三個環節。

工序檢查是指菜餚生產加工過程中的每一道工序的廚師必須對上一道工序的生產加工質量進行檢查，發現問題應及時退回，以免影響菜餚成品質量。

例如，爐灶廚師應做到「四不做，七不出」：即原料變質變味不做，加工刀口不齊不勻不做，配料不齊不做，加工不合乎要求不做；火候不到不出，口味不合乎要求不出，色澤不正不出，小料不齊不出，溫度不夠不出，菜量不夠不出，拼擺不整齊器皿破損或不潔不出。

成品檢查是指菜餚被送出廚房前必須經過廚師長或專門菜品質量檢查員的檢查。成品檢查是對廚房加工、烹調質量的把關和驗收，因而必須嚴格認真，不可敷衍了事。

全員檢查是指除以上兩方面的檢查外，餐廳服務人員也應參與菜餚成品質量檢查。服務人員為了提供更好的個性化服務，必須對餐廳經營的菜餚做到瞭如指掌，熟悉每一個菜點的生產和品質特點，並最為瞭解客人對菜點的評判情況。因此，必須尊重服務人員對菜點的評價意見，為菜點成品生產提供具有參考價值的第一手資料。

(3) 加強培訓和基本功訓練。菜餚製作是一種技術性、藝術性極強的專業工作，且大多以手工操作為主，機械化程度較低，因此，菜餚質量的高低幾乎完全由廚師和員工的責任感、工作經驗及其掌握的烹調知識和技術水平所決定，抓好菜餚生產質量管理是一項長期性的管理工作，要結合廚師的工作性質要求、質量標準制度的建立、專業經驗和技術培訓以及員工激勵機制等，才能形成有效的質量管理監控體系，形成良好的質量管理氛圍。廚師和員工是餐飲企業的寶貴資源，合理利用和開發這些人力資源也是質量管理的重要任務。因此，必須加強人員的培訓和教育，包括餐廳經營理念、管理理念、菜餚生產的知識和技術等內容的培訓，只有這樣，餐飲企業才能有不斷發展的後勁，才能形成一個團結合作的團隊。

2. 菜餚生產階段質量管理的內容和要求

菜餚烹調階段質量管理的主要內容包括廚師的操作規範、烹調數量、成品效果、出品速度、成菜溫度以及對不合乎要求菜餚的處理等幾個方面。

首先，應嚴格遵循菜餚生產程序，要求烹調廚師服從打荷排菜的安排，按正常出菜次序和客人要求的出菜速度烹製菜餚。在烹調過程中，要隨時檢查督導廚師按標準菜譜規定的操作程序進行烹製，按規定的調味料比例投放調味料；其次，應該清楚地認識到中國菜餚生產長期存在著憑廚師個人經驗烹製菜餚的現象，而忽視科學的管理手段。因此，一方面要合理發揮有經驗的廚師的技術，積極開發和改良菜餚；另一方面，在制定出菜餚生產菜譜後要嚴格限制個人經驗，使技術經驗和科學管理有機結合。

（1）打荷工作質量要求

——臺面保持清潔，調味料品種齊全、量足，擺放有序，各有標籤；

——湯料洗淨，吊湯用火恰當；

——餐具種類齊全，盤飾花卉數量充裕；

——分派菜餚給爐灶量要適當，一道菜餚在 4 ～ 5 分鐘內烹調出齊；

——符合出菜順序，出菜點綴美觀大方；

——盤飾速度快，形象完整；

——剩餘用品收藏及時，保持臺面乾爽。

（2）盤飾用品質量要求

——盤飾用品必須清潔衛生；

——盤飾用品必須加工精細，富有美感；

——盤飾花卉至少有 5 個以上品種，數量充足；

——每餐開餐前 30 分鐘備齊。

（3）爐灶烹製工序質量要求

——調味料罐放置位置正確，固體調味料顆粒分明，無受潮結塊現象，液體調味料清潔無油汙，添加數量適當；

——烹調用湯，清湯清澈見底，奶湯濃稠乳白色；

——焯水蔬菜色澤鮮豔，質地脆嫩，無苦澀味，焯水葷菜料去盡腥味、異味和血汙；

——製糊投料比例準確，稀稠適當，糊中無顆粒及異物；

——調味用料準確，投放順序合乎規定標準，口味、色澤符合規定要求；

——菜餚烹調及時迅速，裝盤美觀；

——準確掌握加熱的溫度和時間，符合火候要求。

（4）口味失當菜餚退回廚房的處理要求

——餐廳退回廚房口味失當菜餚，及時向廚師長匯報，由廚師長複查鑑定；

——確認係烹調失當，口味欠佳，交打荷即刻安排爐灶調整口味，重新烹製；

——無法重新烹製和調整口味或破壞出品形象太大的菜餚，由廚師長交配菜人員重新安排原料切配，並交給打荷人員；

——打荷人員接到已配好或已安排重新烹製的菜餚，及時迅速安排爐灶廚師烹製；

——烹製成熟後，按規定裝飾點綴，經廚師長認可，迅速遞與備餐劃單人員上菜；

——餐後分析原因，採取相應措施，避免類似情況再次發生，處理情況及結果記入廚房菜點處理記錄表，記入廚房成本。

（5）冷菜、點心加工質量要求

——冷菜、點心造型美觀，盛器準確，份量、個數準確；

——色彩悅目、裝盤整齊，口味符合特點要求；

——單點冷菜接單後 5 分鐘內出品，宴會冷菜在開餐前 20 分鐘備齊；

——單點點心接單後 15 分鐘內可以出品，宴會點心在開餐前備齊，開餐後聽候出品。

三、廚房生產質量控制

現代廚房一般透過標準化管理實現有效的質量管理，並且將標準化管理落實到具體的職位和人員，建立職位責任制，借助全員質量控制、階段質量控制、重點質量控制等方法，形成有效的質量管理控制體系。

（一）標準菜譜

所謂標準菜譜是指飯店根據需要，對每一個產品的原料標準、配份數量、成品要求、工藝要求、標準成本等技術性質量指標作出具體的規定，以備生產、管理、成本核算和教育培訓使用。標準菜譜是飯店根據餐廳經營特色設計的定型菜譜，旨在規範餐飲產品的製作過程和產品質量，便於經濟核算。制定標準菜譜時必須對生產用原料、輔料、調味料的名稱、數量、規格，以及產品的生產操作程序、裝盤要求等有明確規定。

1. 標準菜譜在廚房生產質量管理中的作用

（1）使用標準菜譜，能使菜餚、點心等產品的配份、數量、原料規格、質量要求、成本等保持穩定，造成穩定產品質量的作用。

（2）標準菜譜是廚房操作人員的工作指南，要求每一個員工嚴格按照標準菜譜規定進行操作，從而減少了管理人員現場指導和監督管理的重複工作量，並可作為培訓資料，確保菜點生產質量，最大限度減少工作中的誤差。

（3）標準菜譜的使用，便於管理人員依據菜譜制定每日廚房生產計劃，確保廚房生產的量和質。

（4）標準菜譜的使用，有助於使缺乏專業技術和經驗的新員工依據菜譜進行操作。

（5）標準菜譜規範了廚房生產流程和職位質量要求，使各個職位人員明確各自的任務和質量要求，並且方便了管理人員管理，有利於人員調配和質量檢查。

(6) 標準菜譜還可以作為處理產品質量問題的依據。對生產的不符合質量的菜餚以及客人退回的菜餚，可以依據標準菜譜分析原因，做到及時準確處理。

(7) 標準菜譜可作為產品銷售價格制定的依據，並且作為銷售統計的藍本，便於分析銷售情況，回饋資訊，調整生產和菜單品種，更好地把握產品的質量。

(8) 標準菜譜是餐飲實現生產流程標準化的基本保證，也是餐飲成本控制的關鍵。

2. 標準菜譜內容

(1) 基本技術指標。標準菜譜中的基本技術指標主要包括編號、生產方式、盛器規格、精確度等，它們雖然不是標準菜譜的主要部分，卻是不可缺少的基本項目，而且必須在開始設計菜譜時就要確定，以便於統計、識別、分類、表示之用。

(2) 準配料及配料量。長期以來，中餐廚房生產大多是憑經驗進行操作，長期忽視科學的量化管理，因此透過量化的標準菜譜的使用，規範主輔原料的量，有助於保證產品的質量，穩定產品的成本，為菜點的質價相稱、物有所值提供物質基礎。

(3) 規範生產工藝流程。標準菜譜對烹製菜點所採用的加工、切配、烹製方法和操作要求、要領有明確的規定和指導，具體包括生產菜點所用的爐灶、炊具、原料配份方法、投料順序、預加工工藝、預加熱工藝、烹調方法、操作要求要領、菜點的溫度和時間、裝盤裝飾等，使廚房嚴格按標準菜譜的規定生產，保證菜點質量和數量的統一性、穩定性。

(4) 烹製份數和標準份額。標準菜譜對菜餚點心的製作有比較嚴格的規定，熱菜要求一份一份加工生產，有些菜餚和點心可以按規定的份數製作，這樣可以保證菜餚製作的質量。如冷菜，一般可以多份一起加工貯存，開餐時按配份配製裝盤；又如大菜，有時也可多份一起加工，尤其是整件原料的大菜，如扒肘子、燒鴨等。點心的製作也大多是批量生產的。配料和調味料在單個菜點中的量太少，因此，標準菜譜中可以按多份菜點的配料和調味料一起計算，但必須明確說明加工的份數。

(5) 每一份菜點標準成本。標準菜譜對每一份菜點的標準成本、原料規格、原料限價等都有明確規定，這樣既有助於制定餐飲計劃，如接受預訂和與客人洽談業務時，可以根據標準菜譜的成本限度，做到心中有數；又方便質量管理和成本管理，為質量和成本檢查提供了依據。此外，對餐飲原料的採購價格也有一定的指導作用，根據原料的市場價格變動情況作相應的調整，以確保餐飲經營目標利潤的實現。

(6) 成品質量要求與彩色圖片。標準菜譜對每一個菜點的製作原料、加工工藝、質量都有比較詳細的說明，對有些難以量化的色、香、味、形等一般用比較直觀的彩色圖片加以展示。一份配以文字和圖片的標準菜譜，可以使廚師更有把握領悟加工菜點的要領，確保加工質量。這樣的菜譜作為培訓資料，也更加具有實際指導意義。

(7) 菜點原料質量標準。菜點原料的質量受到多方面因素的影響，如原料的規格、數量、新鮮程度、產地、產時、品牌、包裝、色澤以及加工程度等，為了確保菜點、尤其是一些傳統特色菜餚的製作質量，在標準菜譜中必須對菜點加工用料作出明確規定。

3. 標準菜譜設計

標準菜譜的設計是根據餐飲企業自身的經營特色和技術能力進行定位，結合企業所在的市場特點進行設計。標準菜譜是餐飲企業生產的計劃書，也是經營、管理、服務的指導書，設計時必須認真，並得到各部門的高度重視。

標準菜譜的設計是一個不斷完善的過程，必須經過廚師、服務人員、客人以及專家的反覆調整，使標準菜譜中的各項規定日趨科學合理，使其真正成為廚師生產操作的指導書，更有效地控制菜點生產的質量。標準菜譜的設計要求及指標如表 4-1 所示。

(1) 確定菜餚的名稱。由於餐飲經營品種眾多，設計標準菜譜的第一步需要確定餐飲經營品種的菜名。確定菜餚名稱，一般根據經營特色，與餐廳菜單保持一致，並且注意菜名的直觀性、文化性和藝術性。

(2) 確定烹製份數和規定盛器。根據菜點的製作特點、主配原料、輔料和調味料的用量情況，制定製作方法，規定一次生產的份數。確定份數應該以菜點製作質量為出發點，然後考慮菜點製作的工藝、時間和成本等。菜點的特色除了突出菜點本身的特點外，一般需用別具特色的盛器加以襯托，並且根據菜點的量的多少，明確規定所使用的盛器名稱、大小、形狀、色澤，使菜點更加顯示其藝術完美性。

表 4-1 標準菜譜文本格式

編號

<table>
<tr><td colspan="6">菜餚名稱＿＿＿＿
類　別＿＿＿＿　　成　本＿＿＿＿
每克分量＿＿＿＿　　生產客數＿＿＿＿
裝盤標準＿＿＿＿　　溫　度＿＿＿＿
盛　器＿＿＿＿　　毛利率＿＿＿＿</td><td>彩色圖片</td></tr>
<tr><td>用料名稱</td><td>單位</td><td>數量</td><td>單價</td><td>價款</td><td>備註</td><td>製作程序</td></tr>
<tr><td></td><td></td><td></td><td></td><td></td><td></td><td rowspan="2"></td></tr>
<tr><td></td><td></td><td></td><td></td><td></td><td></td></tr>
<tr><td></td><td></td><td></td><td></td><td></td><td></td><td>質量標準</td></tr>
<tr><td>合　計</td><td></td><td></td><td></td><td></td><td></td><td></td></tr>
</table>

(3) 確定原料的種類、配份和用量。這是標準菜譜設計過程中最細緻、最複雜的工作環節。製作菜點的原料的種類多而複雜，原料質量的指標差異，造成原料質量和價格的差別。確定標準菜譜的原料種類，首先應考慮菜餚的質量要求，然後結合生產情況和銷售價格規定菜餚的成本價格，初步確定配份和用量，經過一段時間的測試，進行相應的調整，最後確定原料的種類、菜點的配份和用量，並且盡可能量化。對一些用量較少、無法量化的輔料、調味料等，可以制定一個限量或以多份菜點加工的總量來限定。

(4) 計算出標準成本。確定了原料配份與使用量後，可根據原料的單價，計算出原料的價值，將所有原料的價款相加後得到的總價款，就是製作一份或幾份菜點的標準成本。若是幾份菜點一起烹製，再用份數除以總價款，可以得到一份菜點的標準成本。

(5) 確定工藝流程與操作步驟。以上幾點的設計，是標準菜譜的基本技術指標，在滿足了經營和管理要點以後，關鍵是工藝流程的質量控制。菜點加工工藝的差別，哪怕是刀工、加工時間、火候、烹調方法等微小的差異，都會造成菜點質量上的差異。因此，確定菜點生產的工藝流程一般由有豐富經驗的廚師長擔任，對每個菜點的生產工藝作出規定，並且組織試菜小組專家一起測試，透過一段時間的實踐，最後再確定菜點生產的工藝流程和操作步驟，並對各步驟的操作要領進行詳細說明。

(6) 制定出標準菜譜的文本。將調整確定的各項指標用正式的文字形式規定下來，並請廚師據此烹製出標準菜餚，然後請攝影師拍照，將彩色圖片插入標準菜譜規定的空格中，形成完備的標準菜譜文本。

(7) 裝訂成冊。將標準菜譜的各項內容一一核對後，填寫設計時間、編號及設計人姓名、製作人姓名。一菜一頁，裝訂成冊。

(二) 廚房生產質量控制方法

1. 程序控制法

按廚房生產操作程序，將菜點生產分成若干環節，每一環節都有相應的加工要求和規格，並加以質量控制。程序控制法比較有效地將原料加工質量控制在每個操作階段，使每個環節都成為上一環節的質量控制點，形成相互制約的質量控制體系，防止不合格的原料或成品菜點流入到餐廳銷售，產生不良後果。

程序控制法一般包括原料階段的質量控制、生產加工階段的質量控制、成品銷售階段的質量控制等。

(1) 原料階段的質量控制。主要內容包括原料的採購、驗收和貯存時的質量鑑定和管理，一般對採購原料的品種、規格等指標作出明確的規定，形成具有本企業特點的採購規格書，並且以此作為原料質量鑑定和管理的指導書，來控制原料的質量，保證菜餚製作所用的原料是優質的。

(2) 生產加工階段的質量控制。菜點生產階段的質量控制，包括原料的初加工、精加工、配份和烹調四個階段，每個階段的加工都必須有相應的規格要求，如原料的切割規格、原料的漲發率、型胚處理規格、上漿掛糊規格；又如原料色、香、味、形、質、營養等搭配以及調味汁配製和用量等，都必須以表格形式明確下來，作為實踐操作的指導，確保菜點生產的質量。

(3) 成品銷售階段的質量控制。菜點成品階段的質量控制主要指對菜點生產出來後進入餐廳服務時的備餐服務和上菜服務的質量控制，如備餐階段，必須明確各種菜點所配的作料，食用、衛生器具及用品，尤其是各種海鮮菜餚的作料，不能相互混淆，否則將改變菜餚的風味，影響菜餚的質量；在上菜服務階段則要注意上菜的時間，保持菜點應有的溫度，操作必須規範，動作要精練，尤其是派菜服務，更要注意菜餚分派技巧，既要保證菜點的質量，又要確保服務質量，使客人及時品嚐到優質的菜點。

2. 責任控制法

按廚房的生產職位分工，對每個工作職位制定相應的責任，形成良好的競爭機制，實行競爭上崗。責任控制法的關鍵在於結合菜點生產程序，將各個職位的生產加工要求與廚房工作人員的技術、生產質量和獎罰結合在一起，既可調動人員的生產積極性，又會增強員工的責任心，提高質量控制意識。

3. 重點控制法

重點控制法是針對重要環節、重要客人及重大活動的質量控制等而言的。在廚房生產中，應將那些經常和容易出現問題的環節或部門列為重點質量檢查控制點，如廚房出菜口一般是菜點質量控制的最後一道關口，大多由經驗豐富的廚師長或專門人員負責；重要客人一般指對餐飲企業具有相當影響的客人，菜點的設計和生產既要體現餐廳特色，又要結合重要客人的個性化要求，在確保菜點質量的基礎上，顯示餐廳個性化服務的特色，使客人獲得意想不到的滿意；對重大活動的質量控制包括的內容多而複雜，尤其是大型活動，是餐飲企業組織、管理、產品質量、服務質量和接待能力等多方實力的集中體現，因此，對重大活動的質量控制就是對全體員工的質量控制。原料採購的質量是優是劣、備料是否充足、規格是否統一、菜點質量是否一致、服務是否及時等是質量控制的重點。此外還要注意餐廳服務與廚房生產環節間的溝通，確保菜點生產的次序準確、出菜及時，並隨時接受客人回饋，針對個別要求作相應調整，以保證重大活動圓滿成功。

第四節 餐飲產品成本核算

餐飲產品成本核算是餐飲企業財務管理職能的一部分，它貫穿餐飲生產和服務的始終。其目的並非僅僅記錄成本數額，更重要的是提供餐飲各項成本發生的情況，分析實際成本與目標成本和標準成本之間的差異，為餐飲經營和管理提供調整的依據。餐飲產品成本核算還是進行產品定價的基礎，只有在計算出產品成本的情況下，產品的定價才會有意義。

一、餐飲產品成本

（一）餐飲產品成本構成

餐飲產品成本核算主要以原料成本為主。原料有主料、配料和調料之分，三者的價值共同構成菜餚的成本。主料成本一般所占份額較大，配料成本的份額相對較小。但在不同花色產品中，配料種類各不相同，有的種類較少，有的種類可達十幾種，使產品成本構成變得比較複雜。調料的種類較多，而在產品中每種調料的用量很少。在餐飲經營過程中，要同時銷售各種酒水飲料，因此，菜餚成本和飲料成本又共同構成餐飲產品成本，加上餐飲經營中的其他各種合理費用，就形成了餐飲經營中的全部成本。

餐飲產品成本僅包括所耗用的原料成本，其成本構成比其他企業的產品成本簡單得多。

（二）餐飲產品成本核算的特點

1. 餐飲產品原料價格的變動

餐飲產品的標準成本是相對穩定的，但產品生產原料的市場價格具有較大的波動性，與標準成本的價格之間存在著一定的差異，使餐飲產品的成本核算存在著客觀上的誤差，增加了餐飲產品成本核算的難度。

2. 餐飲產品生產的不確定性

餐飲產品每日生產所需原料的數量難以精確估計，為了確保產品生產原料數量充足，滿足生產需要，一般需要庫存產品原料，而庫存的原料數量過多會增加庫存的費用，導致產品成本增加；相反，庫存原料過少，又會造成原料供不應求，增加原料採購費用。這就需要餐飲企業具有較為靈活的原料採購機制，根據銷售情況組織原料的採購和入庫，既滿足生產需要，又為企業增加效益。

3. 餐飲產品生產特點產生成本的變動

餐飲產品成本核算大多以日為單位計算每日成本，但有些產品的領料時間、準備時間和銷售時間存在差異性，造成日成本核算有誤差。餐飲產品成本核算必須注意平衡每日餐飲成本，透過合理的計算方法消除成本誤差，為經營管理提供科學的依據。

4. 單一產品的成本核算難度大

餐飲產品的品種繁多，每次生產的數量零星，加上產品是邊生產邊銷售，因此，逐一計算餐飲產品成本幾乎不可能，計算工作的難度和工作量較大。

5. 餐飲成本核算與成本控制直接影響餐飲利潤

餐飲企業的每日就餐人數及其銷售額都是不確定的，其每日總銷售額各不相同，具有較大的波動性。透過加強管理和制定有效的銷售計劃，可以增加銷售量，降低成本，保證餐飲目標利潤的實現。

二、原料初加工的成本核算

廚房生產加工的各種原料中，有不少鮮活原料在烹調之前需要進行初加工。在初加工之前的原料稱為毛料，而經過屠宰、切割、拆卸、揀洗、漲發、加熱等初步加工處理，使其成為可直接切配烹調的原料則稱為淨料。原料經過初步加工後，淨料和毛料不僅在重量上有很大區別，而且在價格、等級上的差異也很大。為了便於計量，應確定菜餚或點心的原料定額並定價。目前許多星級飯店和餐飲企業都採用淨料成本來計算菜點的成本。

（一）淨料率

淨料率是指原料在初步加工後可用部分的重量占加工前原料總重量的百分比。淨料率的高低反映原料加工利用率的高低，可就不同廚師對相同原料的加工質量進行比較，其計算公式為：

$$\text{淨料率}=\frac{\text{加工後可用的原料重量}}{\text{加工前原料總重量}}\times 100\%$$

實際上，原料的淨料率並不是恆定不變的，原料的等級規格、品種差異、上市季節差異、人員技術、人員敬業情況、加工器具設備等都會影響到原料的加工，因此，一般需要透過較長時間的調整後，才能制定相應的標準淨料率，用於原料的加工管理和成本核算。

例 1：某餐飲企業購入帶骨羊肉 16.00 千克，經初步加工處理後剔出骨頭 4.00 千克，求羊肉的淨料率。根據公式：

$$\text{羊肉淨料率}=\frac{\text{加工後可用的原料重量}}{\text{加工前原料總重量}}\times 100\%=\frac{(16.00-4.00)}{16.00}\times 100\%=75.00\%$$

例 2：某餐飲企業購入黑木耳 3.00 千克，經漲發後黑木耳重 8.50 千克，但從漲發過程中揀洗出不合格的黑木耳和雜物 0.20 千克，求黑木耳的淨料率（或稱漲發率）。根據公式：

$$\text{黑木耳淨料率}=\frac{\text{加工後可用的原料重量}}{\text{加工前原料總重量}}\times 100\%=\frac{8.50-0.20}{3.00}\times 100\%=276.67\%$$

（二）淨料成本的核算

透過初加工後，有些原料的不同部分可用於不同的菜餚製作，即產生不同的淨料，稱為一料多檔。如青魚，整條使用的只有一料一檔，如分割成魚頭、划水、魚片、肚檔等，則稱為一料多檔。

根據淨料加工程度，可分為生料（待烹製品）、半成品和熟製品三類，其單位成本的核算方法不同：

1. 生料的成本核算

生料就是只經過揀洗、宰殺、拆卸等初加工處理的，而沒有經過任何初製或熟製處理的各種原料的淨料。具體計算方法，可分為一料一檔、一料多檔以及不同渠道採購同一種原料等。

（1）一料一檔的成本核算。毛料經過加工處理後，只有一種淨料，而沒有可以作價利用的下腳料，則用毛料總價值除以淨料總重量，求得淨料成本。其計算公式是：

$$\text{淨料成本} = \frac{\text{毛料總值}}{\text{淨料重量}}$$

例 3：某餐飲企業購得生菜 30 千克，價值共 60 元，經過加工除去老葉、根，洗淨後得生菜 25 千克，求淨生菜每千克成本。根據公式：

$$\text{淨生菜的成本} = 60 \div 25 = 2.40(\text{元/千克})$$

毛料經過加工處理後得到一種淨料，同時又有可以作價利用的下腳料、廢料等，則須先從毛料總價值中扣除下腳料和廢料的價款，再除以淨料重量，求得淨料成本。其計算公式是：

$$\text{淨料成本} = \frac{\text{毛料總值} - (\text{下腳料價款} + \text{廢料價款})}{\text{淨料重量}}$$

例 4：某餐飲企業購入豬肉 10.00 千克，進價 6.80 元 / 千克。經初步加工處理後得淨料 7.50 千克，下腳料 1.00 千克，單價為 2.00 元 / 千克，廢料 1.50 千克，沒有利用價值。求豬肉得淨料成本。根據淨料成本計算公式：

$$豬肉的淨料成本=\frac{(10.00\times6.80)-(1.00\times2.00)}{7.50}=8.80(元/千克)$$

（2）一料多檔的成本核算。一料多檔是指毛料經初步加工後處理後得到一種以上的淨料。為了正確計算各檔淨料的成本，應分別計算各檔淨料的單位價格。各檔淨料的單價可根據各自的質量以及使用該淨料的菜餚的規格，首先決定其淨料總值應占毛料總值的比例，然後進行計算。其計算公式為：

$$某檔淨料成本=\frac{毛料進價總值-(其他各檔淨料占毛料總值之和+下腳料價款)}{某檔淨料重量}$$

例 5：某餐飲企業購入鮮魚 60.00 千克，進價為 9.60 元 / 千克，根據菜餚烹製需要進行宰殺、剖洗分檔後，得到淨魚 52.50 千克，其中魚頭 17.50 千克，魚中段 22.50 千克，魚尾 12.50 千克，魚鱗、內臟等廢料 7.50 千克，沒有利用價值。根據各檔淨料的質量及烹調用途，該餐飲企業確定魚頭總值應為毛料總值的 35.00%，魚中段占 45.00%，魚尾占 20.00%，求魚頭、中段、魚尾的淨料成本。

因為：鮮魚的進價總值＝ 60.00×9.60 ＝ 576.00（元），所以根據公式：

$$魚頭的淨料成本=\frac{鮮魚進價總值-魚身、魚尾占毛料總值之和}{魚頭的淨料總重量}$$

$$=\frac{576.00-(576.00\times45.00\%+576.00\times20\%)}{17.50}$$

$$=201.60\div17.50=11.52(元/千克)$$

$$魚身的淨料成本=\frac{鮮魚進價總值-魚頭、魚尾占毛料總值之和}{魚身的淨料總重量}$$

$$=\frac{576.00-(576.00\times35.00\%+576.00\times20.00\%)}{22.50}$$

$$=259.20\div22.50=11.52(元/千克)$$

$$魚尾的淨料成本=\frac{鮮魚進價總值-魚身、魚頭占毛料總值之和}{魚尾的淨料總重量}$$

$$=\frac{576.00-(576.00\times35.00\%+576.00\times45\%)}{12.50}$$

$$=115.20\div12.50=9.22(元/千克)$$

(3) 成本係數。餐飲原料中大多是農副產品，由於原料的銷售和生產都有其地區性、季節性、時間性和商業性，原料的價格具有客觀的波動性，因此餐飲原料的採購常出現相同原料不同價格的現象，結果導致淨料的成本不同，給餐飲銷售帶來很多不便。為了避免進貨價格不同，除了穩定餐飲原料進貨渠道、簽訂長期供貨合約、競標採購等方法穩定進貨價特別，可以透過合理計算，即成本係數進行淨料成本調整。

成本係數是指某種原料經初步加工或切割、烹製試驗後所得淨料的單位成本與毛料單位成本之比，用公式表示：

$$\text{成本係數} = \frac{\text{淨料單位成本}}{\text{毛料單位成本}}$$

成本係數的單位不是金額，而是一個計算係數，適用於某種原料的市場價格上漲或下跌時重新計算淨料成本，以調整菜餚定價。計算方法為：

$$\text{淨料成本} = \text{成本係數} \times \text{原料的新進貨價格}$$

採用成本係數來確定淨料成本，最重要的是應取得準確的成本係數，由於進貨渠道、原料質地、進貨價格及加工技術不同，每種原料的成本係數必須經過反覆測試才能確定。對於已經測定的成本係數也應經常進行抽查複試。餐飲企業進行原料加工測試時，一般都填寫「原料加工試驗單」，作為計算、調整每一種原料成本係數的依據。「原料加工試驗單」如表 4-2。

表 4-2 原料加工試驗單

供應商名稱：　　　　加工日期：　　　　編號：

原料名稱	毛重	毛料單價	毛料總值	淨料				成本係數
				品名	數量	單價	金額	

審核：　　　　加工人：

2. 半成品原料成本核算

半成品是指經過初步熟處理，但尚未完全加工成製成品的淨料，根據其加工方法不同，又可分為無味半成品和調味半成品兩種。

（1）無味半成品成本核算。無味半成品又稱為水煮半成品，它包括的範圍很廣，如經過焯水的蔬菜和經過熟處理的肉類等，都屬於無味半成品。其計算公式為：

$$\text{無味半成品成本}=\frac{\text{毛料總值}-\text{下腳料總值}-\text{廢料總值}}{\text{無味半成品重量}}$$

例6：做東坡肉的豬肉4千克，每千克13元，煮熟損耗率20%，無下腳料、廢料，計算熟肉單位成本。因為，毛料總值＝ 13.00×4 ＝ 52.00（元），則：

$$\text{無味半成品重量}=4\times(1-20\%)=3.20(\text{千克})$$
$$\text{熟肉每千克的成本}=52.00\div3.20=16.25(\text{元})$$

（2）調味半成品成本核算。調味半成品是指經過調味後的半成品，如魚丸、肉丸、臘肉、板鴨等。其成本計算公式為：

$$\text{調味半成品成本}=\frac{\text{毛料總值}-\text{下腳料、廢料總值}+\text{調味品成本}}{\text{調味半成品重量}}$$

例 7：乾魚肚 2 千克經油發後成 4 千克，在油發過程中耗油 0.60 千克，已知乾魚肚每千克進價為 80.00 元，食油每千克進價 8.00 元，計算油發後魚肚的單位成本。根據公式：

$$\text{油發魚肚成本} = \frac{2 \times 80.00 + 8.00 \times 0.60}{4} = 41.20(\text{元})$$

3. 熟製品原料成本核算

熟製品也稱製成品或滷製品，是經過煮、烤、拌、炸、蒸、滷、燻等方法加工而成，既可以用作冷盤菜餚的製成品，也可以作為菜餚製作的淨料。其成本計算與調味半成品類似。

$$\text{熟製品成本} = \frac{\text{毛料總值} - \text{下腳料、廢料總值} + \text{調味品成本}}{\text{熟製品重量}}$$

例 8：生牛肉 2.50 千克，單價 12.00 元，煮熟損耗 40%，共用醬油、糖、味精、五香等調味品 2.00 元，求滷牛肉每千克的成本。根據公式：

$$\text{滷牛肉的成本} = \frac{2.50 \times 12.00 + 2}{2.50 \times (1 - 40\%)} = 21.33(\text{元})$$

三、調味品成本核算

中國菜餚歷來以味聞名於世，百菜百味，一菜一格是中餐的特點。菜餚的味除來自於原料本身的味外，大多依賴調味品和調味湯的調製，產生豐富多彩的味覺感受。尤其如粵菜、海派菜等菜餚，大多講究預先調製各種烹調湯，既可增加菜餚的風味，又可加快菜餚生產速度。因此，優質的調味品和調味湯的成本同樣是餐飲產品成本的重要組成部分，它的成本核算關係到整個產品成本核算的精確度。

調味品品種繁多、用量少，其成本不可能像主料、配料成本那樣用數量來計算，而只能由烹製菜餚的廚師在很短的時間內隨取隨用。在實際工作中，菜點調味品的成本核算只能是對有代表性的產品進行試驗和測算的基礎上採用其平均值進行估算。

（一）單件產品調味品成本的核算

單件製作的產品的調味品成本也稱個別成本，餐飲企業中大多數單件烹製的熱菜的調味品成本均屬這一類。在核算此類調味品成本時，首先應將各種不同的調味品的用量估算出來，然後根據其進貨價格分別計算金額，最後逐一相加即可。其計算公式為：

單件產品調味品成本＝單件產品耗用的調味品（1）成本
＋單件產品耗用的調味品（2）成本
＋……＋單件產品耗用的調味品（n）成本

（二）批量產品平均調味品成本的核算

批量產品平均調味品成本也稱綜合成本，餐飲企業中的點心類產品、滷製品等調味品成本都屬於這一類。計算此類調味品成本時，首先應像單件產品調味品成本核算那樣計算出整批產品中各種調味品用量及其成本，由於批量產品的調味品使用量較大，因此調味品用量的統計應盡可能全面，以便準確核算調味品成本；然後用批量產品的總重量除調味品的總成本，即可計算出每一單位產品的調味品成本，用公式表示：

$$\text{批量產品的平均調味品成本}=\frac{\text{批量產品耗用的調味品總成本}}{\text{批量產品總重量}}$$

例 9：某飯店廚房麵點加工間製作 2.50 千克豆沙餡，製作豆沙包 100 只，耗用的各種調味品數量及成本分別為：砂糖 1.50 千克，4.40 元 / 千克；豬油 0.20 千克，12.50 元 / 千克。求每只豆沙包的調味品成本。

根據批量產品調味品成本計算公式，每只豆沙包的調味品成本為：

$$\text{豆沙包平均調味品成本}=\frac{1.50\times 4.40+0.20\times 12.50}{100}=0.09\text{（元/個）}$$

四、餐飲產品原料成本核算

餐飲產品原料就是指產品所耗用的各種主料、輔料和調味料的成本之和。它是餐飲產品價格的基礎，產品成本核算不精確，產品售價就難以合理，因此，必須精確地核算產品成本。餐飲產品的加工製作有成批製作和單件製作兩種類型，產品成本的核算也有所區別。

（一）成批產品製作成本的核算

核算成批製作的產品成本時，首先求出整批產品耗用的主、輔料和調味品的總成本，再按其產品的數量平均計算，即可求出單位產品的成本。這種方法主要適用於主食、點心類以及宴會、團隊等用餐菜餚的成本核算。其計算公式為：

$$\text{單位產品成本}=\frac{\text{本批產品所耗用的原料總成本}}{\text{產品數量}}$$

例 10：某飯店麵點房製作揚州三丁包 200 只的用料是：麵粉 5.00 千克（3.00 元 / 千克），豬肉 5.00 千克（16.00 元 / 千克），熟筍肉 1.20 千克（10.00 元 / 千克），熟雞肉 1.20 千克（16.00 元 / 千克），醬油 1.00 千克（2.50 元 / 千克），白糖 0.60 千克（5.00 元 / 千克），豆粉 0.20 千克（2.80 元 / 千克），蝦子 0.05 千克（50.00 元 / 千克），蔥、薑等約 1.20 元，鹼約 1.00 元，黃酒、鹽等計 1.00 元。求每只三丁包的成本。

根據批量生產產品成本核算的公式：

$$\text{三丁包的成本}=(5.00\times3.00+5.00\times16.00+1.20\times10.00+1.20\times16.00+1.00\times2.50+0.60\times5.00+0.20\times2.80+0.05\times50.00+1.20+1.00+1.00)\div200\approx0.69(\text{元/只})$$

（二）單件製作產品成本核算

核算單件製作的產品成本時，首先算出產品製作耗用的主、輔料和調味料的成本，然後逐一相加，即可得到單件產品成本。這種核算方法主要適用於單個加工的菜餚類產品的成本計算。

例 11：揚州干絲一份，用豆腐干兩塊半 2.5 千克（0.40 元 / 塊），熟雞絲 0.025 千克（16.00 元 / 千克），蝦仁 0.025 千克（50.00 元 / 千克），熟雞肫片 0.025 千克（30 元 / 千克），火腿絲 0.01 千克（40.00 元 / 千克），筍片 0.03 千克（10.00 元 / 千克），蝦子 0.005 千克（50.00 元 / 千克），大油 0.075 千克（6.00 元 / 千克），醬油、鹽等調味品 0.50 元。求每份揚州干絲的成本。

$$
\begin{aligned}
\text{每份揚州干絲的成本} &= 2.5\times0.40+0.025\times16.00+0.025\times50.00+0.025\times30.00+0.01\\
&\quad\times40.00+0.03\times10.00+0.005\times50.00+0.075\times6.00+0.50\\
&=5.30(\text{元/每份})
\end{aligned}
$$

五、酒品飲料成本核算

飲料收入是餐飲收入的重要組成部分。酒水成本是決定酒水價格的依據，另外，酒水銷售的成本相對菜點成本要低，因此，酒水成本核算得準確與否更會直接影響餐飲企業的經濟效益。

（一）瓶裝、罐裝飲料成本核算

瓶裝、罐裝飲料成本核算較為簡單，用公式表示為：

$$\text{瓶裝、罐裝飲料成本}=\frac{\text{進價總成本}}{\text{瓶（罐）數量}}$$

例 12：某飯店餐飲部購入王朝乾紅葡萄酒 1 箱（12 瓶 / 箱），單價為 336.00 元 / 箱；購入可口可樂 10 箱（24 罐 / 箱），單價為 44.40 元 / 箱。求每瓶王朝乾紅葡萄酒及每罐可口可樂的成本。

$$\text{每瓶王朝乾紅葡萄酒的成本}=\frac{\text{進價總成本}}{\text{瓶數}}=\frac{336.00}{12}=28.00(\text{元/瓶})$$

$$\text{每罐可口可樂的成本}=\frac{\text{進價總成本}}{\text{罐數}}=\frac{44.40\text{ 元/箱}\times10\text{ 箱}}{24\text{ 罐}\times10\text{ 箱}}=1.9\text{ 元/罐}$$

（二）調製酒品飲料成本核算

1. 基酒成本核算

一般來說，餐飲企業用各種烈酒作為基酒的調製飲料可分為兩大類：

（1）純烈酒或烈酒加其他飲料。此類調製飲料如威士忌加冰塊等，其計算公式為：

$$每盎司酒的成本=\frac{每瓶酒的進價}{每瓶酒的容量（盎司）-允許流失量（盎司）}$$

（2）混合飲料。混合飲料如各類雞尾酒，通常需要一至二種烈酒及多種輔料，如「兩者之間」需用百家得蘭姆酒和君度酒等兩種基酒；「草裙」需用椰子甜酒和蘭姆酒等兩種基酒，等等。

為了準確計算基酒的成本，餐飲企業一般先行計算出該基酒的每一盎司（28.35 克）成本。如某牌號的威士忌單價 185.60，容量為 32.00 盎司，則該種威士忌的每一盎司成本為：185.60÷32.00 ＝ 5.80 元 / 盎司。考慮到酒品有自然溢損量，計算時每一瓶烈酒減去 1 盎司溢損量。因此，該種威士忌的每一盎司成本為：

$$185.60÷31.00=5.99（元/盎司）$$

例 13：雞尾酒「兩者之間」耗用的基酒數量及其成本為：百家得蘭姆酒 1 盎司，單價 145.70 元 / 瓶（容量為 32.00 盎司 / 瓶）；君度酒 1 盎司，單價 117.80 元 / 瓶（容量為 32.00 盎司 / 瓶）。求「兩者之間」的基酒成本。首先計算兩種基酒的每盎司成本：

$$百家得蘭姆酒的成本=145.70÷(32.00-1)=4.70（元/盎司）$$

$$君度酒的成本=117.80÷(32.00-1)=3.80（元/盎司）$$

兩種基酒的成本之和即為「兩者之間」的基酒成本：

$$「兩者之間」的基酒成本=1×4.70+1×3.80=8.50（元）$$

2. 輔料成本核算

輔料成本的核算方法與基酒成本的核算方法基本相同，也應先行計算輔料的每一盎司成本。如某牌號的瓶裝鳳梨汁單價 16.70 元，容量為 140.00 盎司，在考慮自然溢損量後，該種鳳梨汁的每盎司成本為：

16.70 ÷ 140.00 = 0.12（元/盎司）

例 14：雞尾酒「兩者之間」耗用的輔料數量及其成本為：白蘭地 1 盎司，單價 210.80 元 / 瓶（容量 32.00 盎司 / 瓶）；檸檬汁 1 盎司，單價 22.30 元 / 瓶（容量 140.00 盎司 / 瓶）。求「兩者之間」的輔料成本。

首先計算兩種輔料的每一盎司成本：

白蘭地的成本 = 210.80 ÷ 31.00 = 6.80（元/盎司）
檸檬汁的成本 = 22.30 ÷ 139.00 = 0.16（元/盎司）

兩種輔料成本之和即為「兩者之間」的輔料成本：

「兩者之間」的輔料成本 = 1 × 6.80 + 1 × 0.16 = 6.96（元）

3. 配料和裝飾物成本核算

配料和裝飾物成本的核算相對較為簡單，一般僅需對所耗用的配料及裝飾物進行估算即可。如餐飲企業購入某牌號的櫻桃一罐，單價為 14.00 元，經抽查得知每罐櫻桃約有 100 顆，則可估算出櫻桃的單位成本為 0.14 元 / 顆。

例 15：雞尾酒「紅粉佳人」耗用的配料和裝飾物數量及其成本為：雞蛋清半顆，6.40 元 / 千克（16 顆 / 千克）；紅櫻桃 1 顆，0.14 元 / 顆。求「紅粉佳人」的配料和裝飾物成本。

首先計算配料和裝飾物的單位成本：

雞蛋的單位成本 = 6.40 ÷ 16 = 0.40（元/顆）

蛋黃作價 0.20 元 / 顆，則雞蛋清的單位成本為：

雞蛋清的單位成本＝0.40－0.20＝0.20 元/顆

紅櫻桃的單位成本＝0.14(元/顆)

「紅粉佳人」的配料和裝飾物的成本＝0.5×0.20＋1×0.14 ＝0.24(元)

第五節 管事部的運轉管理

管事部是餐飲運轉的後勤保障部門，擔負著為餐飲的前後場運轉提供物資用品、清潔廚房和各種炊具，為餐廳提供清潔的營業用品，確保前後場工作和服務區域的衛生處於最佳狀態的重要職責，是餐飲生產和經營的基本保證。

一、管事部的組織結構

（一）現代大型飯店餐飲管事部組織

現代大型飯店餐飲經營的區域分布在飯店各個層面，有中餐廳、西餐廳、風味廳、酒吧、宴會、送餐服務部等等，要確保各種餐飲活動的順利進行，必須有一個組織力強的管事部作後勤，才能保障各種物資、物品、設備的及時到位及衛生等工作的服務質量。

現代大型飯店餐飲管事部通常負責宴會部及各類餐廳的物資、用品、設備的提供、清洗和保養工作，並保持這些區域的優質衛生環境。其組織結構如圖 4-8 所示。

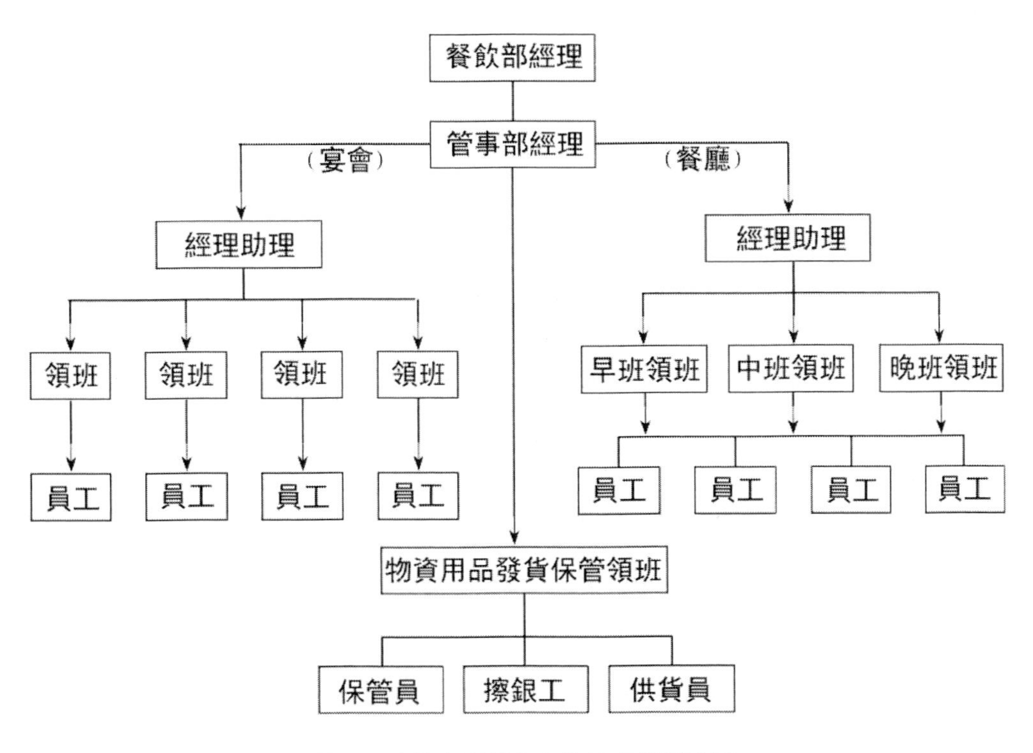

圖 4-8 現代大型飯店餐飲管事部組織圖

（二）小型飯店餐飲管事部組織

小型飯店餐飲管事部的組織比較簡單，結構比較單一，管事部指揮幅度比較小，涉及人員主要有雜役、擦銀工、洗碗工和保管員等，因此有些飯店餐飲部只配置管事主管，領導幾個工作小組，保證各種餐飲物資、用品、設備及時到位和工作環境衛生清潔。在一些更小的餐飲企業中，一般不直接設立管事部，而是由廚師長直接負責各種物資、用品及設備的提供和保養，至於衛生和洗碗工作則單獨聘請人員負責。其組織結構如圖 4-9 所示。

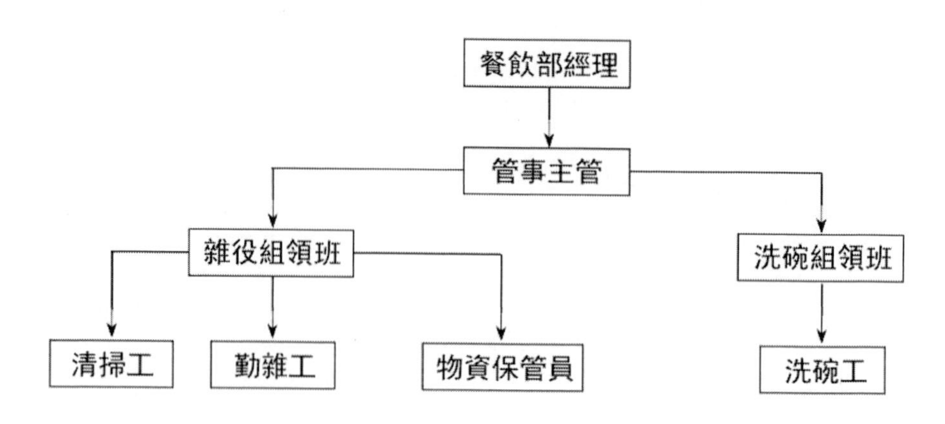

圖 4-9 小型飯店餐飲管事部組織圖

二、管事部的職能

一個運轉良好的管事部，會提供一個清潔衛生的工作場所，使員工在舒暢的環境中工作，從而提高員工的工作效率。這一切的實現，與科學合理的分工和各行職責是分不開的，因此，合理建立職位，明確工作職責，相互配合協作是管事部工作正常運轉的基本保證。

（一）物資、用品管理

1. 餐飲用具的管理

(1) 管事部負責餐具及器具的報購、領取、保管、調配、發放，各部門應各自保管好從管事部領出及借用的器具，並把責任落實到人。

(2) 管事部根據餐飲部經理批准的定額計劃和追加計劃向有關部門發放物資和用品，屬計劃外的作臨時借用處理。

(3) 管事部負責每月將各部門對物資和用品的領取、借用及拖欠情況向餐飲部經理匯報，對損耗量超計劃的部門，作出合理的處理。

(4) 各部門丟失或損壞器具、餐具等，應及時報管事部經理，由餐飲部核對並根據情況分別給予報損或賠償處理。

（5）管事部負責餐廳各種用具物品的回收和清洗工作，對清洗過程中造成破損的進行數量統計，以便核對損耗率。

（6）管事部負責廚房使用的各種炊具、用品的統一管理和調配，並建立物資及用品領、借、還等手續。

（7）管事部負責器具的保養，對一些貴重物資和用品應配專人負責保養，如銀器的清洗、拋光等。

（8）管事部負責對所有物資、用品進行登記、定期盤點和情況匯報。

（9）管事部負責餐飲對各種物資、用品的質量進行監督，對不符合質量要求的要及時向餐飲部匯報。

（10）管事部負責所有員工的工作調配和人員培訓。

2. 布草管理

（1）餐廳用布草應備有記錄，要有專人管理，對餐廳每日布草的使用情況及周轉數量作詳細的登記。

（2）為防止餐廳布草流失，將多餘的布草保存好，需要時按所需數量領取。

（3）管事部負責餐飲各種布草物件的清洗任務，將清洗好的布草及時清點保管好，由專人保管，存放在乾燥、衛生的地方。

（4）合理使用各種布草，注意輪換使用、專布專用，盡可能減少破損，防止久放發脆、發霉和蟲蛀。

（5）管事部負責各種布草的定期盤點，確保餐廳各種布草的數目準確。

（二）設備的使用和保養

1. 管事部設專人負責餐飲各種設備的使用和保養工作，盡可能延長設備的使用壽命，對各種設備的使用情況作詳細的記錄和匯報。

2. 管事部負責制定各種設備的使用和保養計劃，對各種設備的使用作詳細說明，並指導和監督使用。

3. 管事部負責定期檢查各種設備的使用情況和計劃落實情況。

4. 管事部負責各種設備的配置和安放，盡可能避免因設備的經常性移動而造成設備損壞。

5. 管事部負責選配維修保管人員，並與設備供應商保持聯繫。

6. 建立各種設備使用檔案，將設備使用情況、位置、維修情況和日期、維修費用等資訊記錄在檔案中，為設備申購提供依據。

（三）衛生管理

1. 洗碗間和餐具庫房的衛生

這兩處是管事部工作人員的作業場所，必須保持清潔衛生。尤其是洗碗間應保持地面乾燥無汙物，操作臺面餐具分類擺放井井有條。

2. 日常衛生

明確日常衛生工作的內容和工作範圍，將餐飲場所的銅飾物、指示牌、門窗進行清洗拋光；對餐廳的地板、地毯進行拖洗和吸塵；對餐廳的餐車、通道及牆面進行清洗；對廚房爐頭、案臺、櫥櫃、水槽、菜梯等進行清洗，等等。

3. 計劃衛生

管事部必須制定除日常衛生打掃以外的衛生工作計劃，即對餐飲經營區域的衛生打掃工作制定定期衛生計劃。如定期清潔餐廳的玻璃牆門；定期清潔空調出風口；定期清潔餐廳燈飾、風簾機、防塵網等；定期清潔廚房油煙罩、油煙管；定期清潔洗碗機，疏通下水道，等等。

4. 垃圾的處理

垃圾分為乾垃圾和濕垃圾兩種。乾垃圾主要指玻璃、瓶罐、紙張、食品下腳料以及各種混合垃圾等。濕垃圾主要指食油、油脂、廢水和洗滌汙水等。可以回收的垃圾可出售，對於不可回收的垃圾，其處理方法為：一是將乾垃圾存放在規定的垃圾房，再交城市環保部門處理。有些飯店為了減少垃圾處理成本，透過減少垃圾體積和重量的方法進行乾垃圾處理；二是將濕垃圾集中在專用的垃圾桶中，經過濾油器等處理後入下水道，並加強對下水道的檢查，定期清洗和疏通。

三、管事部的職位職責

（一）管事部經理（主管）

1. 職責綱要

根據餐飲企業的規模和標準，由餐飲部規定管事部經理的職位職責，負責管理所有管事部職能範圍內的事宜，包括制定計劃，日常管理和監督等。

2. 工作區域

所有管事部工作區域、廚房、跑菜和後勤區域。

3. 回報對象

餐飲總監（經理）、副總監（副經理）、行政總廚（廚師長）。

4. 主要關係

（1）內部關係：與管事部員工、廚房員工、倉庫員工、員工餐廳員工、餐飲部員工、客房部員工、財務部員工、工程部員工和行政成員保持良好的溝通，做好協調工作。

（2）外部關係：與飯店客人、機械修理服務人員、化學用品供應公司、害蟲控制公司人員、衛生部門等保持良好的溝通，做好協調工作。

5. 技能

（1）確保員工理解餐飲企業的標準、政策和程序。

（2）具備按工作程序進行組織、分配工作的能力。

（3）具有引導、提高員工工作積極性，形成團隊凝聚力的能力。

（4）瞭解每位員工的特點，制定合理的培訓計劃。

(5) 在任何情況下，保持清新的頭腦並能對發生的事情作出合理的決斷。

(6) 有專家的眼光，注意工作中的各種細微問題，防患於未然。

(7) 具有合理調整工作方法的能力。

(8) 在任何工作中能發揮積極的表率作用。

(9) 在工作區域，有經受住高溫、高濕和噪音的能力。

(10) 熟悉各種設備的使用方法。

(11) 適應性強，工作主動。

(12) 有確保餐飲企業財產和倉庫區域安全的能力。

6. 職責

(1) 瞭解每一個區域每一頓飯的消費水平，制定團隊活動計劃，能正確使用和保養餐飲設備、用具，熟悉所有部門的政策和服務程序，能正確使用各種化學用品，等等。

(2) 制定工作計劃，檢查所有區域的工作情況，發現問題及時調整。

(3) 與餐飲部經理、行政總廚等交流情況，回饋資訊，及時提供所需的餐具和物品。

(4) 回顧廚房與餐廳所需，安排管事部的班次，確保所有的安排符合需要。

(5) 根據餐飲活動標準，正確提供各種餐具、器皿，並完善領發手續。

(6) 檢查夜班的工作質量，確保在規定的時間內完成工作。

(7) 保證餐飲物資和用品的庫存合理。

(8) 指派專人負責餐具和用品的發放，糾正工作中的錯誤。

(9) 建立清潔表，記錄清潔工作完成情況，確保所有工作區域清潔衛生。

(10) 根據循環節約的原則，實施管理和監督工作。

(11) 合理制定預算，與財務部保持良好的溝通，合理控制成本，解決成本的偏差問題。

(12) 協調員工班次，建立班次表，記錄員工出勤情況，有額外工作或工作有變動的應及時告知員工。

(13) 檢查員工儀表儀容並糾正差錯。

(14) 檢查、計劃和確保所有設備和餐具的事前準備工作，糾正各種錯誤。

(15) 檢查和監督員工在工作中的表現，確保服務程序符合部門標準，糾正個別錯誤。

(16) 監督所有工作區域的衛生是否符合衛生條例，發現問題及時指導解決。

(17) 監督和確保洗碗、洗鍋和庫存工作是否符合程序。

(18) 根據餐飲企業標準做好控制蟲害的工作。

(19) 監督和確保管事部員工的安全。

(20) 建立餐飲各種設備和餐具的保養和維修工作程序，並保持記錄正確。

(21) 檢查各種設備的使用情況，制定維修保養計劃，保留設備維修服務檔案。

(22) 熟悉餐飲企業的服務和特點，瞭解客人需求，及時準確回答客人問題，保證客人滿意。

(23) 培養員工的協作精神，加強員工的職業道德修養，瞭解和反映員工表現情況，及時解決問題。

(24) 制定員工培養計劃，完成資格認證工作。

(25) 在部門日誌上記錄相關資訊，檢查每週的成本預算，完成計劃盤點，回饋資訊。

(26) 出席餐飲部經理召開的會議，完成部門檔案。

(二) 管事部領班

1. 職責綱要

監督、檢查所有被安排工作的管事部員工的表現。確保所有的工作程序符合餐飲企業的標準。協助並確保提供給客人最適宜的服務。

2. 工作區域

所有管事部工作區域、廚房、出菜和後勤區域。

3. 回報對象

經理或副經理。

4. 主要關係

(1) 內部關係：與管事部員工、廚房員工、倉庫員工、餐飲部員工、客房部員工和工程部員工保持良好的溝通，做好協調工作。

(2) 外部關係：與機械修理服務公司代表、化學用品供應公司代表、害蟲控制公司人員、衛生部門保持良好的溝通，做好協調工作。

5. 技能

(1) 在餐飲服務行業具有相關經驗。

(2) 具有一定的清潔技能和正確使用餐具和機器的知識。

(3) 具有適當處理化學用品的知識。

(4) 溝通能力較強，能用英語和管理者、同仁進行滿意的交流。

(5) 具有成本核算的能力。

(6) 具有加強員工遵守餐飲企業標準、政策和程序的能力。

（7）具有組織、合理分配工作的能力。

（8）具有指導員工按正確工作方法工作的能力。

（9）具有提高員工工作積極性和團隊凝聚力的能力。

（10）根據員工的特點合理安排專業培訓。

（11）在任何情況下都能冷靜地處理各種問題，作出正確的判斷。

（12）注意工作中的細節問題，發現問題及時報告和解決，並在工作中起表率作用。

6. 職責

（1）保持所管轄區域內的清潔衛生和整潔。

（2）安排本區域的員工工作，根據工作需要合理安排員工人數。

（3）負責向廚房、餐廳和酒吧提供所需用品和設備，籌劃和配備宴會等活動的餐具。

（4）根據使用量配發各種洗滌劑和其他化學用品。

（5）協助管事部經理進行各種設備、餐具的盤點工作。

（6）對洗滌過程中的餐具破損情況進行控制，發現問題立即採取措施或匯報給管事部經理處理。

（7）監督本區域員工按規定的程序和要求工作，保證清潔衛生的質量，做好員工的考勤考核。

（8）與廚房和餐廳保持良好的協作關係，加強工作中的溝通。

（9）協助管事部經理落實有關培訓課程。

（10）督促屬下員工遵守所有餐飲企業的規章制度、條例和紀律。

（三）管事部洗碗工

1. 職責綱要

按要求工作，熟練使用洗碗機來清洗指定餐廳和廚房的器具，清潔並保持餐具和各區域整潔。協助清洗鍋、盤和其他廚房餐具。完成交辦的其他工作。

2. 工作區域

洗碗間後勤區域，廚房和餐具室區域。

3. 回報對象

經理或當班領班。

4. 主要關係

（1）內部關係：與管事部員工、廚房員工、倉庫員工、餐飲部員工、客房部員工和工程部員工保持良好的溝通，做好協調工作。

（2）外部關係：與洗碗機修理服務公司員工和化學用品供應公司代表溝通，做好協調工作。

5. 技能

（1）能運用與工作相關的英語進行交流。

（2）具有餐具、用品的盤點經驗。

（3）有衛生認證資格，精通衛生條例。

（4）具有合理使用化學用品的能力。

（5）能仔細地、快速地、準確地、主動地完成工作。

（6）熟悉工作流程和操作次序。

（7）工作中具有較強的責任心和吃苦精神，克服工作的壓力。

（8）能不斷積累工作經驗。

6. 職責

（1）保持工作場地的清潔衛生。

（2）上、下班均需檢查洗碗機是否運轉正常，清洗、擦乾機器設備。

（3）按規定的操作程序工作，保證洗滌質量。

（4）及時清洗餐具，避免積壓髒餐具。

（5）正確使用和控制各種清潔劑和化學用品。

（6）大型宴會活動的餐具洗滌任務艱巨，要提前作好各種準備。

（7）完成上級布置的其他各項任務。

（四）管事部拋銀器工

1. 職責綱要

按要求工作，熟練使用洗碗機來清洗指定餐廳和廚房的器具，清潔並保持餐具和各區域整潔。協助清洗鍋、盤和其他廚房餐具。完成交辦的其他工作。

2. 工作區域

洗碗間後勤區域、廚房和餐具室區域。

3. 回報對象

經理或當班領班。

4. 主要關係

（1）內部關係：與管事部員工、廚房員工、倉庫員工、餐飲部員工、客房部員工和工程部員工保持良好的溝通，做好協調工作。

（2）外部關係：與拋光機修理服務公司和化學用品供應公司代表保持良好的溝通，做好協調工作。

5. 技能

（1）能運用與工作相關的英語進行溝通。

（2）有清點用品、餐具的工作經驗。

(3) 有衛生認證資格，精通衛生條例。

(4) 具有一定的化學用品處理能力。

(5) 能仔細地、快速地、準確地、主動地完成工作。

(6) 熟悉工作流程和操作次序。

(7) 有熟練操作機器的能力。

(8) 有較強責任心，能發揮表率作用。

(9) 能承受各種壓力，認真完成本職工作及其他各項任務。

(10) 能不斷積累工作經驗。

6. 職責

(1) 保證餐飲企業所用金、銀餐具和銅器始終清潔光亮。

(2) 每天負責擦洗廚房烹製車和切割車等。

(3) 保證清洗各種銀器所用化學清潔劑正確無誤。

(4) 掌握正確的擦洗銀器的程序，精心維護銀器的使用壽命。

(5) 嚴格按擦洗銀器進度表進行擦洗，並做好記錄。

(6) 控制銀餐具的損耗率，發現使用中的問題立即匯報。

(7) 愛惜拋光機等擦洗設備，及時維護保養。

(五) 管事部普通管事員

1. 職責綱要

按要求和標準工作，完成上級布置的清潔工作。清潔廚房、餐廳、倉庫等區域，清洗和保養餐具和用品。協助完成其他管事部職能區域的工作。

2. 工作區域

洗碗間後勤區域、廚房和餐具室區域。

3. 回報對象

經理或當班領班。

4. 主要關係

（1）內部關係：與管事部員工、廚房員工、倉庫員工、餐飲部員工、客房部員工和工程部員工保持良好的溝通，做好協調工作。

（2）外部關係：與機器維修服務公司和化學用品供應公司代表保持良好的溝通，做好協調工作。

5. 技能

（1）能運用與工作相關的英語進行工作交流。

（2）有對餐具、用品進行盤點的經驗和能力。

（3）有衛生認證資格，精通衛生條例。

（4）具有一定的化學用品處理能力。

（5）能仔細地、快速地、準確地、主動地完成工作。

（6）熟悉工作流程和操作次序。

（7）具有熟練操作機器的能力。

（8）有較強責任心，能發揮表率作用。

（9）能承受各種壓力，認真完成本職工作及其他各項任務。

（10）能積累清洗多種用品的經驗。

6. 職責

（1）收集和清理所有的紙盒、空瓶等舊容器。

（2）定時清除或更換各處的垃圾筒。

（3）按規定時間清掃指定的區域，保持各區域清潔衛生。

（4）幫助收集和貯存各種經營設備，將其搬到指定庫房。

（5）負責餐飲部食品驗收處的清潔衛生工作，及時清理、沖洗。

(6) 為大型餐飲宴會活動準備場地，搬運物品餐具。

(7) 完成上級所安排的其他臨時工作。

四、管事部與其他部門的關係

(一) 管事部與採購部門的關係

管事部的重要職能之一是為餐飲部門提供各種器具、用品和設備，這些物資都是由採購部門完成。要確保各種物資、設備採購得合理準確，必須做好與採購部門的協調工作。從管事部方面來說，要保證做好以下幾個方面的工作：

1. 應提供採購規格書，將需要採購的物資、設備等的規格、性能、品牌、質地及顏色等作具體說明，必要時附上各種餐具、器具、布草、設備、衛生用品等的樣品和圖片，確保採購的物資正確無誤。

2. 應認真做好各種餐具、器具、物品和設備的使用調查工作，做到善於分析掌握情況，對餐具物品等的使用量和庫存量有明確的數字概念，並合理地確定各種餐具物品的採購週期和最低庫存量，使採購工作有計劃地進行，同時降低採購成本。

3. 必須做好採購餐具物品的檢查工作，認真驗收各種餐具物品的數量、規格、品牌和質地等是否與採購規格書相符，以保證採購餐具物品的質量。

(二) 管事部與宴會部之間的關係

大型宴會活動的物品、餐具等的籌措是管事部的職責之一，因此，在宴會活動確認後，宴會部必須迅速將宴會訂單送到管事部。管事部經理接到任務後，應及時參加宴會部經理主持的一週客情報告會，及時溝通宴會資訊，掌握宴會的規格要求，並及時調配人員，安排籌措各種物品餐具，確保在宴會開始前，準確按宴會訂單的要求，作好各項準備。在宴會進行過程中以及宴會結束後，保證有足夠的人員及時洗淨各種餐具和物品，立即清點歸庫，統計出餐具損耗量。在整個宴會活動中始終與宴會部保持密切的聯繫，相互配合以保證滿足客人的需要，使宴會獲得圓滿成功。

（三）管事部與餐廳、廚房、酒吧的關係

管事部與餐廳、廚房、酒吧的關係最為密切，彼此的支持和協作影響到餐飲部生產和服務的質量和效率。管事部是餐飲生產服務順利運轉的保證，其工作重心是要確保及時提供餐廳、廚房、酒吧服務和生產所需餐具物品。為此，管事部必須做好以下幾個方面的工作：

1. 管事部必須確保有足夠數量的餐具物品的使用和周轉，任何時候保證餐具物品的清潔衛生。

2. 管事部應注意工作區域的衛生安全，保持工作區域地面的乾燥，避免因人員進出而將地面的油汙帶入餐廳汙染餐廳的地毯等。

3. 餐具用品的洗滌工作必須嚴格按照規定的程序、質量和衛生要求進行操作，盡可能避免失誤，以減少餐具物品的損耗量。

4. 屬於餐廳保管的金屬餐具和貴重物品，洗滌後應及時交專門的管理人員驗收，做好記錄，以免造成遺失或損失。

5. 培養相互協作的精神，急前場所急，想客人所想，維護餐飲企業的集體榮譽。

第六節 廚房生產衛生與安全管理

餐飲產品的衛生與安全是衡量餐飲產品質量的重要標準，它直接影響到餐飲企業的經營狀況和社會信譽。所謂衛生，就是在餐飲產品的採購、生產和銷售過程確保產品處於安全狀態。為了確保產品的安全性，必須加強員工的衛生意識，在食品生產的各個環節制定衛生安全條例，明確職責，杜絕食品安全事故發生。

一、食物中毒與預防

餐飲生產的衛生與安全最最重要的是要防止食物中毒事故的發生。食物中毒就其種類來看，以微生物造成的最多，發生的原因大多是對食物處理不當所致，其中以冷卻不當為主要致病原因。從場地來看，大多發生在衛生條件差、沒有良好衛生規範的地方；從事故發生的時間來看，大部分在夏秋季節，原因是氣溫高容易使微生物繁殖生長，造成食物變質；從原料的品種來看，主要是肉類、魚類、蛋品、乳品等食物容易產生食物中毒。因此，餐飲的衛生與安全管理，必須從源頭抓起，突出重點，作好預防準備，才能杜絕食物中毒事故的發生。

食物之所以有毒致病，原因有四：一是受到了細菌的汙染，細菌產生的毒素致病。當然，產生毒素的不是細菌本身，而是細菌的排泄物。對此必須有清楚的認識，因為食物中的細菌產生毒素後，該食物就會完全失去安全性，即使烹調加熱殺死細菌，也不能破壞毒素而使其失去活性，毒素仍然存在。這種毒素通常又不能透過人的感官進行鑒別，因此很容易發生食物中毒事故；二是食物受致病細菌的汙染，這種致病細菌在食物上大量繁殖，當食用了一定量後造成食物中毒；三是有毒化學物質汙染了食物，並達到能引起中毒的劑量，產生食物中毒；四是食物本身有毒，沒能加工徹底而造成食物中毒。

（一）細菌性食物中毒的預防

細菌以裂殖的方式進行快速繁殖，其繁殖速度與環境中的氧氣、溫度、濕度、營養和酸鹼度密切關聯。

1. 防止沙門氏菌的汙染及中毒

沙門氏菌是一種生長在動物體腸道內的致病菌，生鮮的家禽肉類、家畜肉類以及各種蛋乳品等，都是沙門氏菌的汙染媒介。預防的主要措施是：生產人員定期作健康檢查和保持個人衛生，杜絕帶菌者進入工作區；保持加工區域的環境衛生，防止鼠類、蚊蠅昆蟲的侵害；杜絕熟食品長時間放置在室溫下，應及時處理或冷藏；加工原料應注意交叉感染，養成良好的衛生操作習慣，等等。

2. 防止副溶血性弧菌的汙染及中毒

副溶血性弧菌又稱致病性嗜鹽菌，廣泛生長在海水中。海產品、海鹽以及海鹽醃製的食品都是致病菌的媒介。預防的主要措施是：利用冷凍和冷藏防止致病菌的生長與繁殖；加熱殺菌；避免生食海產品；注意原料及容器的交叉感染，等等。

3. 防止葡萄球菌的汙染及中毒

葡萄球菌是一種容易感染到人的身體內外的細菌，該細菌本身沒有毒素，但一旦感染繁殖所產生的排泄物對人的皮膚、組織產生過敏性感染。主要預防措施是：員工保持個人衛生；避免有感冒、皮膚感染、鼻炎、咽喉炎等病症的人員進入工作區域；注意冷藏原料食品，低溫防止細菌的生長與繁殖。

4. 防止肉毒桿菌的汙染及中毒

肉毒桿菌主要是隨泥土或動物糞便汙染食品，它的生長繁殖需在無氧情況下厭氧生長。通常引起中毒的食品是肉類罐頭、臭豆腐、臘肉以及發酵製品等，高溫加熱可以殺菌。預防的主要措施是：防止劣質或過期罐頭製品進入食品的加工生產之中；注意冷藏食品；在肉製品和魚製品中加入食鹽可造成抑制細菌生長繁殖的作用；注意原料的淨洗加工，防止受到土壤和糞便的汙染。

5. 防止黃麴毒素汙染及中毒

黃麴毒素是黃麴菌的代謝產物，具有較強的致癌性。預防的主要措施是：注意原料的保管，如花生、大豆、大米等糧食類原料應在低溫乾燥環境中貯存，以免高溫潮濕而發霉產生毒素；避免發霉的花生、大豆、大米、麵粉等混入加工食品而導致中毒。

（二）化學性食物中毒的預防

化學性食物中毒的發生原因非常複雜，主要包括砷、鉛、有機磷、有機氯、有機汞、多環芳烴類等化學物質，直接或間接對人體產生作用而發生中毒。預防的主要方法是：從具有質量保證的渠道採購原料，防止使用加工純度低的色素、鹽、鹼、葡萄糖等；不使用含有有毒物質的器皿、容器、包裝材料，如鉛、鋅、銅、錫等材料的容器，聚乙烯、聚丙烯等塑料包裝材料；加工各種原料要洗滌乾淨，進一步消除有機農藥的殘留；廚房要謹慎使用用於消毒的殺蟲劑；加強原料和食品的保管，遠離各種化學物質和藥劑；禁止使用質量不合格的食物添加劑，等等。

（三）有毒食物中毒的預防

有毒食物主要指食物本身或變化而產生毒素，食用後產生過敏反應、腹瀉嘔吐，甚至死亡。有毒食物中毒的原因很多，有採購原料時混雜有毒品種，如食用菌混雜有毒的真菌；有原料的加工純度不夠而造成有毒物質殘留，如棉籽油中殘留棉酚、棉酚紫、棉綠素等毒素；有原料貯存不當而發生變化產生毒素，如馬鈴薯發芽產生龍葵素；有原料醃製產生亞硝酸鹽而發生中毒；有原料本身死亡而產生毒素，如鯖魚、鮐鮁魚、金槍魚、黃鱔、甲魚等死亡後產生毒素；有食用過量的富含豐富維生素 A 的食物而發生中毒，如狗肝、魚肝以及野生動物肝臟等。預防的主要措施是：區別各種食物，防止互相混淆；嚴格原料的保管；加強原料選擇環節的質量鑑定，嚴格按操作要求生產各種食品。

二、食物中毒事故的處理

如有客人食用餐飲產品身體不適，管理人員和員工應沉著冷靜，忙而不亂，盡可能控制勢態，及時加以處理。其基本處理步驟如下：

1. 記下客人的姓名、地址和電話號碼（家庭和工作單位）。

2. 詢問具體的徵兆和症狀。

3. 弄清楚吃過的食物和就餐方式，食用日期、時間、發病時間、病痛持續時間，用過的藥，過敏史，病前的醫療情況或免疫接種等。

4. 記下看病醫生的姓名和醫院的名稱、地址和電話號碼。

5. 有本企業的醫生在場協助處理，瞭解病情，掌握現場資料。

6. 立即通知由餐飲部經理、廚師長等人員組成的事故處理小組，對整個生產過程進行重新檢查。

7. 將相關資訊遞交給本企業的醫生，以便更好地處理事故，如確是食物中毒則承擔一切責任。

8. 查明同樣的食物供應了多少份，收集樣品，送化驗室分析化驗。

9. 查明這些可疑的菜點是由哪個員工製作的，對所有與製作過程有關的員工進行體檢，查找有無急性患病或近期生病及疾病帶菌者。

10. 分析並記錄整個製作過程中的情況，明確有可能在哪些地方，食物如何受到汙染；哪些地方存在細菌，以及這些細菌在食物中繁殖的機會等。

11. 從廚房設備上取一些標本送化驗室化驗。

12. 分析並記錄餐飲生產和銷售最近一段時期的衛生檢查結果。

三、餐飲食品衛生控制

食品衛生控制是從採購開始，經過生產過程到銷售為止的全面控制。食品的衛生狀況受下列因素的制約：一是生產環境、設備和工具的衛生；二是原料的衛生；三是製作過程的衛生；四是生產人員的衛生。管理者必須對這四方面加以控制，以確保廚房生產食品的衛生。

（一）廚房環境的衛生控制

廚房是製作餐飲產品的場所，各種設備和工具都有可能與食品接觸，衛生狀況不良既影響員工健康，又會導致食品被汙染。環境衛生除了建築設計上必須符合食品衛生要求，購買設備時考慮易清洗、不易積垢外，最重要的是始終保持清潔乾淨。廚房衛生的控制關鍵在於日常管理，制定員工工作區域的衛生責任制，明確員工的衛生職責，將衛生工作要求和操作程序融入到具體的生產過程中，並透過嚴格的培訓和教育，養成良好的衛生習慣，確保各自工作區域的環境衛生。

（二）原料的衛生控制

原料的衛生程度決定了產品的衛生質量。廚房在正式取用原料時，要認真進行質量鑑定。原料的質量控制必須由具有豐富經驗而又細心的人員擔任。

如為了保證成品原料——罐頭製品的質量，必須注意生產日期、保質期、品牌、供應商等情況，才能判斷原料的質量；對於高蛋白原料，應該透過原料表面的黏液和氣味，來判斷原料的新鮮度；對於乾貨原料，則憑手感判斷原料的含水量；對於加工性原料如火腿，則要用竹籤法鑑定火腿的質量，等等。

（三）生產過程的衛生控制

生產過程的衛生控制主要包括下列內容：解凍冷凍食品一是要用正確的解凍方法；二是要迅速，儘量縮短解凍的時間；三是解凍中不可受到汙染，各類食品應分別解凍，不可混合在一起;清洗食品要確保乾淨、安全、無異物，並放置於衛生清潔處，避免任何汙染和意想不到的雜物掉入；開啟罐頭時應先清潔表面，再用專用的開啟刀開啟。絕對不能使用破碎的玻璃罐頭；對蛋品、貝類加工去殼時，注意不能使表面的汙染物沾染內容物；加工容易腐敗的食品時，要儘量縮短時間；大批量加工時應將原料逐步分批從冷庫中取出，以免最後加工的食品在自然環境中放置過久而質量下降。加工的環境溫度不能過高，以免食品在加工中變質，加工後的成品應及時冷藏。

配製食品時，盛器要清潔並且是專用的，儘量接近烹調時間。烹調加熱食品時，要充分殺菌。盛裝時餐具要清潔，切忌使用工作抹布擦抹。

生產冷菜時要注意：首先，所用設備、用具應生熟分開；其次，切配食品應使用專用的刀、砧墩和抹布，切忌生熟交叉使用。要對用具定期進行消毒，操作時儘量簡化製作手法。裝盤不可過早，裝盤後不能立即上桌的應用保鮮紙封閉，並要進行冷藏。

（四）生產人員的衛生控制

廚房生產人員在就業前必須透過體檢，在崗人員也要定期進行體檢，持有「健康證」才能從事廚房工作。生產人員不得帶傳染性的疾病工作。

工作時應保持個人儀表、儀容高度整潔。穿戴的工作衣帽髒後應及時更換。頭髮要整潔，髮式簡單，戴上工作帽後能完全蓋住頭髮，以免頭飾或頭髮掉落在食品中。

烹飪製作是一項手工操作的工作，手的清潔最重要。操作中儘量使用工具，減少手與食品直接接觸，必要時應戴清潔消毒手套。手指不得蓄留長指甲、塗指甲油及佩戴首飾。

另外，任何個人不得在生產區吸煙、嚼口香糖，不得對著菜餚講話，不得坐在工作臺上，以免汙染工作臺而影響食品衛生。

四、廚房安全操作

1. 割傷

主要是由於使用刀具和電動設備不當或不正確而造成的。其預防措施是：

（1）在使用各種刀具時，注意力要集中，方法要正確。

（2）應當保持刀具等所有切割工具鋒利，實際工作中，鈍刀更易傷手。

（3）操作時不得用刀指東畫西，不得將刀隨意亂放或拿著刀邊走邊甩動膀子。

（4）不要將刀放在工作臺或砧板的邊緣，以免震動時滑落砸到腳上。

（5）清洗刀具時，要一件件進行，切不可將刀具浸沒在放滿水的洗滌池中。

（6）禁止拿著刀具打鬧。

（7）在沒有學會使用某種機械設備之前，不要隨意開動它。

（8）在使用具有危險性的設備（絞肉機或攪拌機）之前，必須瞭解設備裝置是否到位。

（9）在清洗設備時，要先切斷電源再清洗。清潔銳利的刀片時要特別謹慎。

（10）廚房內如有破碎的玻璃器具和陶瓷器皿，要及時處理掉，不要用手去撿。

(11) 工作區域有暴露的鐵皮角、金屬絲頭、鐵釘之類的東西要及時敲掉或取下。

2. 跌傷和砸傷

由於廚房地面潮濕、油膩，行走通道狹窄，搬運貨物較重，非常容易造成跌傷和砸傷。其預防措施為：

(1) 工作區域及周圍地面要保持清潔、乾燥。油、湯、水撒在地上後，要立即擦掉。

(2) 工作鞋要有防滑性能，不能穿薄底鞋、已磨損的鞋、高跟鞋、拖鞋、涼鞋。

(3) 所有通道和工作區域內應沒有障礙物，櫥櫃的抽屜和櫃門不應當開著。

(4) 不要把較重的箱子、盒子或磚塊等留在可能掉下來砸傷人的地方。

(5) 廚房員工來回行走的路線要明確，儘量避免交叉相撞等。

(6) 存取高處物品時應使用專門的梯子，過重的物品不能放在高處。

3. 扭傷

多數是因為搬運超重的貨物或搬運方法不當造成的。其預防措施是：

(1) 搬運重物要估計自己是否能搬動，搬不動應請人幫忙或使用搬運工具，絕對不能勉強或逞能。

(2) 抬舉重物時，背部要挺直、膝蓋彎曲，要用腿力來支撐，而不能用背力。

(3) 舉重物時要緩緩舉起，使所舉物件緊靠身體，不要驟然一下猛舉。

(4) 舉重物時如有必要，可以小步挪動腳步，最好不要扭轉身體，以防傷腰。

(5) 搬運時當心手被擠傷或壓傷。

(6) 盡可能借助於起重設備或搬運工具。

4. 燒燙傷

燒燙傷主要因員工接觸高溫食物或設備、用具時不注意防護引起的。主要預防措施有：

(1) 在燒、烤、蒸、煮等設備的周圍應留出足夠的空間，避免因空間擁擠而燙傷。

(2) 在拿取溫度較高的烤盤、鐵鍋或其他工具時，手上應墊上厚抹布，雙手要清潔且無油膩，以防打滑。撤下的熱燙的烤盤、鐵鍋等工具應及時作降溫處理，不得隨意放置。

(3) 使用油鍋或油炸爐，不能有水滴入油鍋。熱油冷卻時應單獨放置並設有標誌。

(4) 從蒸籠內拿取食物時，應關閉氣閥，打開籠蓋，再使用抹布拿取，以防灼傷。

(5) 使用烤箱、蒸籠等加熱設備時，應避免人體過分靠近爐體或灶體。

(6) 在爐灶上操作時，應注意將用具擺放妥當。

(7) 烹製菜餚時，要正確掌握油溫和操作程序，防止油溫過高、原料投入過多和油溢。

(8) 在端熱油鍋或大鍋菜時，要大聲提醒其他員工注意或避開。

(9) 在清洗加熱設備時，要先冷卻後再進行。

(10) 禁止在爐灶邊及熱流區域打鬧。

5. 電擊傷

電擊傷主要是因員工違反安全操作規程或設備出現故障而引起。主要預防措施如下：

(1) 使用機電設備前，首先要瞭解其安全操作規程，並按規程操作。

（2）使用設備時如發現冒煙、有焦味、電火花等異常現象，應立即停止使用。

（3）廚房員工不得隨意拆卸、更換設備內的零部件和線路。

（4）手上沾有油或水時，儘量不要觸摸電源插頭、開關等部件，以防被電擊傷。

6. 火災

造成廚房火災的主要原因有：電器失火、烹調起火、抽煙失火、管道失火、加熱設備起火以及其他人為因素等。為了避免火災的發生，需採取以下預防措施：

（1）使用和操作各種廚房電器設備必須制定安全操作規程，並嚴格執行。

（2）安裝和使用各種廚房電動設備必須符合防火安全要求。

（3）煤氣罐與燃燒器及其他火源的距離不得少於 1.5 公尺。

（4）應指定專人負責各種灶具及煤氣罐的維修與保養。

（5）要保持爐灶清潔，定期擦洗、保養排煙罩，保持設備正常運轉。

（6）在油炸、烘烤各種食物時，油鍋及烤箱溫度和油量不得超過最大限度。

（7）正在使用火源的工作人員不得隨意離開自己的職位，以防發生意外。

（8）各職位要有專人負責關閉能源閥門及開關，負責檢查火種是否已全部熄滅。

（9）樓層廚房一般不得使用瓶裝液化油氣。煤氣管道不得穿過客房或其他房間。

（10）消防器材要在固定位置存放。

本章小結

本章主要闡述了餐飲組織結構和人員配置、廚房生產流程和餐飲生產質量和成本管理等內容。餐飲生產管理是餐飲有形產品質量管理的關鍵，有效的組織結構、優秀的人員配置是餐飲生產管理的基礎；熟悉餐飲生產各個流程及環節的特點是管理的切入點；把握生產的質量和成本控制的方法和技巧是餐飲管理和經營的生命。透過本章的學習，學生應將餐飲管理的基本知識和方法融會貫通，活學活用並不斷創新。

思考與練習

1. 設置餐飲生產組織機構的主要原則是什麼？

2. 粵菜廚房組織機構設置與一般廚房組織結構有哪些優點？

3. 影響生產人員配置的主要因素是什麼？

4. 如何正確應用配置人員的方法？

5. 什麼是餐飲生產業務流程？分析流程各個環節的生產特點。

6. 衡量餐飲產品質量的基本要素有哪些？餐飲質量管理有哪些主要環節？

7. 如何設計製作標準菜譜？

8. 某餐廳經過測試，50 公斤青魚經過粗加工後，得到淨料重量為 42 公斤，則青魚的折損率為多少？

9. 試分析管事部的工作職責範圍和意義。

10. 什麼是食物中毒？常見食物中毒有哪些，如何預防？

第 5 章 單點餐廳服務與管理

導讀

單點餐廳服務是飯店最基本的餐飲服務方式，同時又是一項具體而複雜的工作。不同餐別或不同服務方式的餐廳有不同的工作步驟、服務程序和服務標準，而不同賓客或同一賓客在不同時間和場合需求又有變化，使餐廳服務工作在講求規範和標準的同時，還要結合具體情況提供個性化的服務。本章將介紹飯店單點餐廳應如何組織並進行服務與管理。

學習目標

掌握單點餐廳的運轉環節

描述中西餐菜餚的特點、種類和名菜名點

熟悉中西餐廳服務程序

學習自助餐服務與管理

瞭解客房送餐服務的內容、特點和程序

第一節 單點餐廳業務運轉環節

單點餐廳是指客人隨到隨點隨烹，按實際消費結帳，自行付款的餐廳。許多飯店有幾個甚至幾十個餐飲內容不同、風格迥異的單點餐廳。下面談談單點具有共性的服務環節及服務過程的工作組織。

一、單點餐廳的特點

1. 以桌邊服務為主，並使用點菜菜單，但有時也供應自助餐。

2. 客人多而雜，各種需求不一，到達時間交錯，工作量大，因此須人手較多，財力、物力損耗較大。

3. 服務技術要求高，最能顯示飯店的服務檔次和水平。

二、單點餐廳業務運轉環節

（一）餐前準備

餐前準備包括餐廳衛生、開餐前準備、擺臺、餐前檢查、召開餐前例會等工作。

1. 餐前衛生

餐廳是人們攝取食物的場所。餐廳是否整潔美觀，直接影響進餐者的身體健康和就餐情緒，因此，始終保持餐廳的整潔美觀至關重要。餐前衛生工作主要包括餐飲環境衛生、設備設施衛生、服務用品衛生及服務員的個人衛生等。

餐飲環境衛生包括餐廳的地面、牆壁、窗簾、燈具及裝飾品、家具、備餐間及餐廳公共區域（餐廳門口、走廊、休息室等）的衛生。根據工作的繁難程度，餐飲衛生可分為計劃衛生和日常衛生。計劃衛生由飯店的專職清潔工（PA）完成，或由社會上的專業清潔公司承包。日常衛生則由餐廳工作人員承擔。

服務用品衛生包括餐具器皿光潔（無水汁、無汙跡、無細菌）；瓷器、玻璃和布草無破損；金屬餐具不變形；調味瓶整潔且出料口通暢、味料新鮮；布件整潔完好；天天更換花瓶中的水，確保鮮花清新衛生。

餐飲服務人員作為餐廳日常衛生的執行者，其個人衛生是餐廳日常衛生的重要組成部分。餐廳服務員須熟記《食品衛生法》的基本內容，個人衛生做到「四勤」（勤洗手剪指甲、勤洗澡理髮、勤洗衣、勤換衣），在服務過程中注意手法等操作衛生，杜絕不良的習慣性動作。

2. 開餐前準備

開餐前準備主要包括工作臺、用具、物品準備的及心理準備等工作。

工作臺是餐廳服務必備的設備，用於盛裝服務員在服務過程中必用或可能用到的各種用具，如餐具（骨碟、翅碗、瓷羹等等）、用具品、布草（餐巾、桌布等）和調味品，如醬油、醋等。餐廳的工作臺在客人的視線內，在講究其布局和物品盛放方便、實用的同時，須保持整潔、美觀、完好，並在操作時輕拿輕放。

用具、物品的準備包括準備數量充足的調味品、洗手盅、小毛巾、菜單酒單、開水冰水、開胃小吃及托盤、筆、點菜單、收款夾、開瓶器、抹布等服務用具、開餐用品。

心理準備指工作人員須按要求著裝，按時到崗，以最佳的心理和精神狀態投入到自己的服務角色中。

3. 擺臺

擺臺，是將餐具、酒具以及輔助用品按照一定的規格整齊美觀地鋪設在餐桌上的操作過程。擺臺是餐廳服務操作的術語，它包括餐桌的排列、鋪桌布、席位安排、餐具擺放、席面美化等環節。擺臺質量的好壞直接關係到服務質量和餐廳的面貌，因此，擺臺要求做到清潔衛生、整齊有序、放置適當、完好舒適、方便就餐、配套齊全，且具有藝術性。

擺臺分為中餐擺臺和西餐擺臺，又分別分為單點散餐擺臺和宴會擺臺。單點散餐擺臺可分為早餐和午晚餐擺臺。宴會擺臺見第七章。

(1) 中餐單點散餐擺臺

由於單點餐廳餐桌布局相對固定，無需餐餐變化，且就餐者無主客之分，所以只需根據餐別準備物品，進行桌面擺放即可。

◆中餐早餐擺臺。中餐早餐擺臺操作程序按「鋪桌布→放轉盤（大圓桌）→骨碟定位→擺翅碗、瓷羹→擺筷子架、筷子及牙籤→擺茶杯及杯碟→擺餐巾花→擺煙盅、桌號牌→擺花瓶」的順序進行。中餐早餐擺臺個人餐位擺放示意圖如圖 5-1。

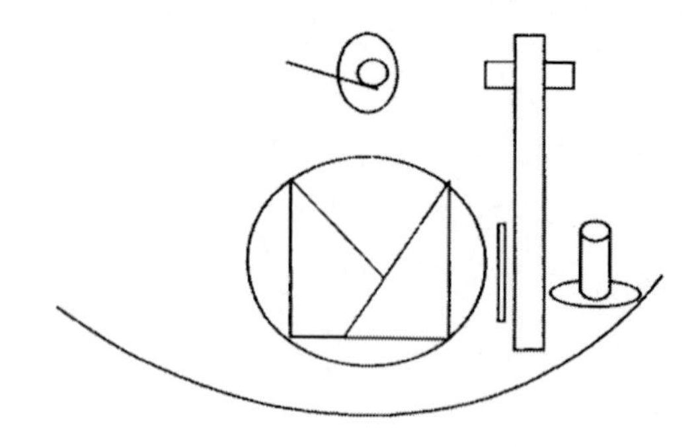

圖 5-1 中餐早餐擺臺個人餐位擺放示意圖

◆中餐午晚餐擺臺。中餐午晚餐擺臺操作程序按「鋪桌布→放轉盤（大圓桌）→骨碟定位→擺翅碗、瓷羹和味碟→擺筷子架、筷子及牙籤→擺水杯→擺餐巾花→擺煙盅、桌號牌→擺花瓶」的順序進行。其個人餐位擺放示意圖如圖 5-2。

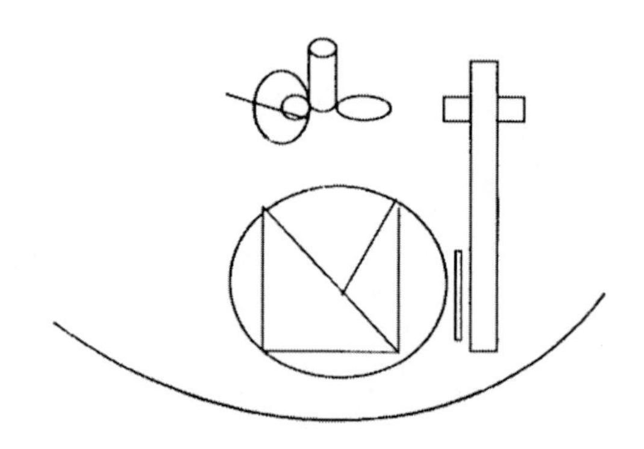

圖 5-2 中餐午晚餐擺臺個人餐位擺放示意圖

（2）西餐單點散餐擺臺。

◆西餐早餐擺臺。西餐早餐擺臺操作程序按「鋪桌布（或早餐紙）→餐巾花定位→擺正餐刀、湯匙和正餐叉→擺麵包盤、奶油刀和奶油碟→擺咖啡杯、咖啡碟和咖啡匙→擺水杯→擺椒鹽瓶、糖盅、煙盅、花瓶、桌號牌及其他物品（如廣告牌）」的順序進行。西餐早餐擺臺個人餐位擺放示意圖見圖5-3。

圖 5-3 西餐早餐擺臺個人餐位擺放示意圖

a. 早餐紙 b. 餐巾 c. 正餐刀 d. 湯匙 e. 正餐叉 f. 麵包盤 g. 奶油刀 h. 奶油碟 I. 咖啡碟 j. 咖啡杯 k. 咖啡匙 l. 水杯

◆西餐午晚餐擺臺。西餐午晚餐擺臺操作程序按「鋪桌布→餐盤定位→擺正餐刀、湯匙和正餐叉→擺麵包盤、奶油刀和奶油碟→擺水杯→擺餐巾花→擺椒鹽瓶、糖盅、煙盅、花瓶、桌號牌及其他物品（如廣告牌）」的順序進行。西餐午晚餐擺臺個人餐位擺放示意圖見圖 5-4。

4. 餐前檢查

餐前檢查是對餐廳準備工作的全面檢閱。餐前檢查主要包括臺面及桌椅安排的檢查，各項衛生的檢查，工作臺的檢查，設施設備狀況的檢查，賓客預訂的落實情況檢查及服務員儀容儀表、精神面貌的檢查，以確保餐廳的人、財、物以最佳狀態投入到賓客接待工作中。

5. 召開餐前例會

餐前例會由餐廳經理或主管主持召開，一般在開餐前 30 分鐘召開，時間 15 ～ 20 分鐘。餐前例會的內容包括：⑴檢查服務員個人衛生、儀容儀表和精神風貌；⑵進行任務分工；⑶通報當日客情、VIP 接待注意事項；⑶介紹當日特別菜餚及其服務方式、告知缺菜品種；⑷總結昨日營業及服務經驗和存在問題，及時表揚服務好的服務員；⑸抽查新員工對菜單的掌握情況等。餐前例會結束，餐廳工作人員迅速進入自己的工作職位，按餐前例會的具體分工，準備開餐。

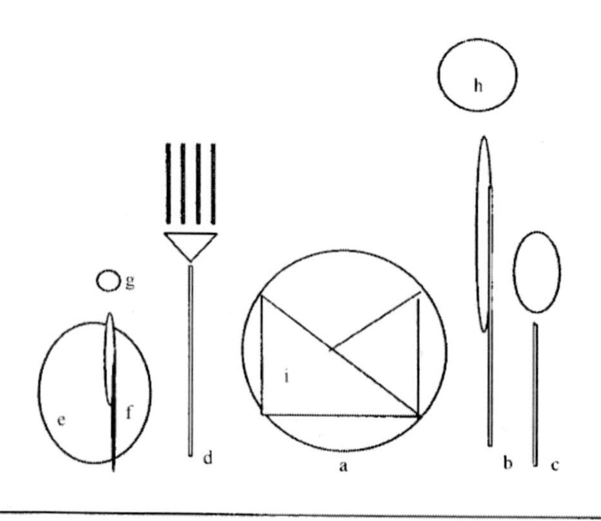

圖 5-4 西餐午晚餐擺臺個人餐位擺放示意圖

a. 餐盤 b. 正餐刀 c. 湯匙 d. 正餐叉 e. 麵包盤

f. 奶油刀 g. 奶油碟 h. 水杯 i. 餐巾

（二）迎賓服務

1. 敬語迎賓

迎賓員應熟悉本餐廳的餐桌布局，事先掌握當餐預訂情況，準備好菜單，在開餐前 5 分鐘站在指定位置，恭候賓客到來，並始終保持良好的精神面貌和姿態。

見到賓客，迎賓員要微笑並主動問候，瞭解其是否預訂。如果已預訂，問清是以什麼姓名預訂，然後迅速找出預訂單，換以姓氏稱呼賓客；如果未預訂，則瞭解共有多少賓客前來就餐，然後據此引領賓客。

2. 衣帽存放

有的餐廳設有衣帽間，供賓客存放外套及大件行李。迎賓員應引領有需要的賓客先到衣帽間，協助衣帽間服務員存放賓客的衣物，並提示賓客貴重物品須隨身攜帶。

3. 休息廳服務

若賓客未曾預訂，而餐廳現已客滿無空桌，迎賓員則應表示歉意，並引領賓客到休息廳等候，隨即送上小毛巾、熱茶（西餐廳用冰水），並向賓客表示一旦餐廳有空桌就告知他（或她）。

4. 引賓入座

迎賓員應根據賓客人數拿好相應數量的菜單（西餐人手一份，中餐一桌一份），走在賓客左前方 1 公尺左右引領賓客。拐彎或有障礙物時，須回頭向賓客示意。引領到適當的餐桌後，須先徵詢賓客對餐桌的意見，並盡可能讓賓客滿意。當桌服務員見到賓客，須微笑問好，迅速拉椅，協助賓客入座，進行開餐服務。

5. 詢問飲品

賓客就座後，迎賓員（有時是當桌服務員）詢問賓客喝什麼飲品——中餐問茶，西餐問開胃酒（早餐問咖啡或茶），並介紹餐廳供應的飲品種類。賓客選好飲品後，服務員應迅速準備，並為賓客服務飲品。

6. 呈遞菜單、酒水單

待賓客坐好，迎賓員應打開菜單、酒水單的第一頁，站在賓客的右側，雙手呈遞給賓客。在西餐廳中，呈遞時須遵循先賓後主、女士優先的原則，逐一送到賓客手中，同時禮貌地說：「Excuseme, sir/madam. Here is your menu.」在中餐廳中，菜單和酒水單無需人手一份，一般只呈遞給主人。迎賓員返回迎賓崗前，要恭祝賓客用餐愉快，並與服務員做好工作交接。

（三）就餐服務

就餐服務集中反映了餐廳的產品特色和服務技藝，是最能反映和體現餐廳服務檔次和水準的環節，因此也是餐廳能否讓賓客成為回頭客的關鍵環節。

1. 點菜、點酒水服務

點菜服務是一項技術性很強的工作，它要求服務員熟悉菜單，熟悉菜餚特點、菜式單位、點菜份量和賓客飲食特點，語言表達準確流暢，懂得有關服務禮儀，並有一定的推銷技巧和隨機應變能力。

為賓客點菜前，服務員應事先準備好紙、筆，畫好賓客座位示意圖（西餐）。賓客示意點菜後，就緊步上前，首先詢問主人是否可以點菜了。得到主人首肯後，站在賓客身後右側，為其點菜。點菜時，服務員應根據賓客的性別、年齡、國籍、口音、言談舉止等判斷賓客的飲食偏好、消費目的，結合用餐時間，用誠摯的語氣、清晰的口齒，有針對性地向賓客推介菜餚，引導賓客購買和享用。賓客點的菜須及時準確全面地記錄在點菜單或即賓客座位示意圖上。

點酒水時，服務員應根據賓客所點菜餚推薦佐餐酒，迅速記下賓客所點酒水品種和數量。點完菜和酒水後（西餐為每客點完後），須立即複述確認，以免錯漏，然後禮貌致謝，收回菜單、酒水單，詢問賓客是分開付帳還是一起付帳（西餐），告知出菜時間（中餐），請客人稍等。

根據點菜單或賓客座位示意圖，服務員須按服務規範和順序，填寫（或輸入電腦）送入廚房的正式點菜單（即入廚單），一式四份（廚房、收銀、備餐、工作臺各一份），並送入廚房。正式點酒單一式三份（酒吧、收銀、工作臺各一份），並送入酒吧。

2. 酒水服務

根據客人所點酒水，準備好相應的酒杯並送上餐桌。從酒吧領取酒水後，根據酒品最佳飲用溫度先冰鎮或溫熱，然後按服務規範為客人斟倒酒水（貴重酒水須先示酒）。中餐酒水一律八分滿，西餐酒水則根據酒品的不同而各異：紅葡萄酒斟至杯的 1/2，白葡萄酒 2/3，香檳酒 2/3，白蘭地 1/5。斟酒時從主賓開始，遵循「女士優先」的原則，按順時針方向，站在每位客人的身後右側進行。

3. 上菜、分菜服務

中西餐上菜、分菜要求不同，但都注重禮儀、順序和節奏，要求服務員具備熟練的服務技能，動作迅速，準確到位。

（1）中餐上菜與分菜。當傳菜員將菜餚送至餐桌旁後，值臺服務員應緊步上前，雙手將菜奉上餐桌並報菜名。有跟配調配料或洗手盅時，應先上調配料或洗手盅，再上正菜。

上菜位置的選擇，應以不打擾賓客且方便操作為宜，嚴禁從主人和主賓之間、老人或兒童的旁邊上菜。

上菜時機：冷菜盡快送上。冷菜吃到 1/2 時上熱菜，熱菜一道一道上，一般在 30 分鐘內上完，但可根據賓客的進餐速度靈活掌握。賓客在致辭、祝酒時不能上菜。

上菜順序：一般按「冷菜→熱菜→湯菜→點心→水果」的順序，並遵循「先冷後熱，先鹹後甜，先淡後濃，先葷後素，先菜後點」的總原則。而中餐粵菜的上菜順序為：拼盤（冷拼、象聲拼）→蝦類→熱葷→湯羹→禽肉類→魚類→蔬菜類→飯麵類→甜品 / 點類→水果類。

單點餐廳上菜時，對一些整形、帶骨、湯、炒飯類菜餚，應幫助賓客分派或剔骨。中餐分菜一般有四種方法：叉勺分菜法、轉臺分菜法、旁桌分菜法和各客分菜法。分菜時應注意：儘量當著賓客的面進行，手法衛生，動作利索，份量均勻，分好的菜餚保持原形。

進行上菜服務時，切忌菜盤上疊菜盤。每一道菜上完均需用該桌賓客能聽見的聲音清楚地報菜名，必要時簡單介紹菜餚的特色。

（2）西餐上菜與分菜詳見本章第三節。

4. 甜品、水果服務

賓客吃完主菜（西餐）或鹹味菜後，服務員應迅速撤走吃主菜用的餐具（西餐）或吃鹹味菜用的餐具、菜盤（中餐），並整理餐桌，然後主動詢問賓客是否需要甜品，並向賓客推銷介紹。下訂單後，迅速為賓客擺上吃甜品和水果的用具，上甜品和水果。

水果用完後，中餐廳服務員須為賓客上茶（送客茶）；西餐廳服務員則推銷雪茄和餐後甜酒，然後上咖啡或茶（跟上糖和淡奶）。

賓客用餐結束後，應主動徵求賓客的意見和建議，並表示謝意和歡迎再次光臨。

5. 巡臺服務

巡臺服務貫穿於整個就餐服務過程。良好的服務體現在在賓客開口前就享受到想得到的服務。服務員須注意觀察，即時為賓客撤換煙盅、骨碟、添加酒水、撤盤、更換餐具、清理臺面，提供席間離座服務、小毛巾服務、香煙服務（吸煙區）等。

6. 對特殊賓客予以特殊照顧

服務時須遵循一視同仁的原則，但在不影響全局的情況下，需對特殊賓客予以特殊照顧。

小孩、老人和孕婦，儘量不安排上菜口、通風口、需經常起動的座位，點菜時特別推介口味適合的菜餚，為小孩提供小孩凳；對來中餐廳就餐的外國人，必要時提供餐刀、餐叉；對不喝酒水的賓客，及時斟倒茶水、白開水或冰水（西餐）；針對不同賓客的飲食習慣和禁忌，推介不同的菜餚。

賓客進餐過程中要保證賓客的物品安全。

（四）結束工作

結束工作主要包括結帳服務、送客服務、清臺操作和召開餐後總結會等內容。

1. 結帳服務

賓客示意結帳後，服務員應迅速到收銀臺取出帳單，用帳單夾或將帳單夾放入收銀盤裡呈遞到賓客面前，禮貌請賓客結帳。若賓客用現金結帳，服務員在收到現金時，須用付帳賓客能聽見為限的聲音唱收，並迅速為賓客找零；若賓客用信用卡結帳，服務員須先到收銀臺確認賓客信用卡的真實性、有效性和飯店可接受性，然後請賓客確認帳單金額和簽名；若賓客用支票結帳，須注意核對支票的真實性、有效期，請賓客出示有效證件，並將其有效證件號碼寫在支票背後；若賓客以簽單的方式結帳，則須注意請賓客出示房卡或「協議簽單證明」，核對無誤後，請賓客在帳單上用正楷字體（或大寫字母）簽名，或填清協議單位和正楷簽名。結帳後，服務員應向賓客致意並歡迎再次光臨。

2. 送客服務

賓客結帳畢起身離座，服務員需立即上前拉椅，協助賓客穿外套（若無衣帽間），提醒賓客攜帶隨身物品或打包食品，然後向賓客致謝，道再見。必要時，需送賓客到餐廳門口，與迎賓員一道恭送賓客。

3. 清臺

當桌賓客全部離開後，服務員才能清臺。首先檢查是否有遺留物品，若有，應立即送還賓客或交餐廳經理處理。整理好餐椅後，按照「一餐巾，二銀器，三玻璃，四瓷器及其他」的順序清理餐桌，收拾所有餐具送至工作臺或洗碗間，注意別遺忘小件物品，玻璃器皿的輕拿輕放。清臺後，須按餐廳規定和時間情況擺當餐餐臺（翻臺）或下一餐餐臺。

4. 班後總結會

每班次員工下班前，餐廳還召開班後總結會，總結當班服務接待過程中的經驗教訓和存在問題，尤其賓客的投訴，及時表揚優秀員工；查核員工有無早退，並提醒員工以最佳精神狀態投入以後的工作中。

案例 5-1

一位翻譯帶四位德國客人去三星級飯店的中餐廳就餐。入座後點了菜、啤酒、礦泉水等。因桌上的餐具如碗、碟、瓷羹、酒杯等物品均有不同程度的損壞，都有裂痕、缺口和瑕疵，倒在啤酒杯中的啤酒順著裂縫流到了桌上。翻譯急忙讓服務員過來換杯。服務員紅著臉解釋道：「這批餐具早就該換了，最近太忙還沒來得及更換。您看其他桌上的餐具也有毛病。」

「這可不是理由啊！難道這麼大的飯店連幾套像樣的餐具都找不出來嗎？」翻譯有點火了，「請你最好給我們換個地方，我的客人對這裡的環境不太滿意。」

經與餐廳經理商洽，最後將這幾位客人安排在小宴會廳用餐，餐具也使用質量好的，並根據客人的要求擺上了刀叉。望著桌上精美的餐具，喝著可口的啤酒，這幾位外賓終於露出了笑容。

案例 5-2

梁先生請一位英國客戶到某高級賓館的中餐廳吃飯。服務小姐走過來請他們點菜。

小姐用英語首先問坐在主賓位置上的英國人及其他客人需要點什麼酒水，最後用英語問坐在主位上的梁先生。梁先生看了她一眼，沒有理會。小姐忙用英語問坐在梁先生旁邊的外賓點什麼菜。外賓卻示意請梁先生點菜。這次小姐改用中文問梁先生，並遞過菜單。

「你好像不懂規矩。請把你們的經理叫來。」梁先生並不接菜單。

小姐感到苗頭不對，忙向梁先生道歉，並把餐廳經理請來了。

梁先生對經理講：「第一，服務員沒有徵求主人的意見就讓其他人點酒、點菜；第二，她看不起中國人；第三，她影響了我請客的情緒。因此，我決定換個地方請客。」

後來經理得知梁先生是某著名國際合作公司的總經理，該公司經常在本賓館宴請外商。

「原來是梁總，實在抱歉。我們對您提出的意見完全接受，一定要加強對服務員的教育。請您還是留下來讓我們盡一次地主之誼吧。」經理微笑著連連道歉。

在餐廳經理和服務小姐的再三道歉下，梁先生等人終於坐了下來。餐廳經理親自拿來好酒來盡「地主之誼」，氣氛終於緩和了下來。

（以上資料來源：程新造《星級飯店餐飲服務案例選析》）

第二節 中餐單點餐廳服務與管理

中國作為世界公認的「三大烹飪王國」之一，有悠久的烹飪藝術歷史。許多外賓來中國的目的之一就是品嚐道地的中國菜餚，瞭解中國的飲食文化。

目前，中餐廳仍是中國的飯店中數量最多的餐廳，有的飯店甚至有大大小小幾十間中餐廳（間）。這些中餐廳在滿足店內外賓客的飲食需求、弘揚中國傳統飲食文化、引導飲食潮流方面起著重要的作用。

一、中餐單點餐廳早餐服務

（一）中餐廳早餐的種類

中式早餐主要由茶水類、麵食點心類、穀物類、蔬菜類、肉類等組成，它大致可分為北方早餐、南方早餐和粵港早茶等。

北方早餐內容主要包括：熱豆漿、熱粥、各式熱湯包、熱包子、饅頭、大餅、油煎餅和油條等。

南方早餐主要包括：鮮牛奶或豆漿、熱粥、熱包子、饅頭、餃子、小籠、油條和大餅、各類熱湯麵、各類鹹菜、鹹鴨蛋、醃制或滷製的肉食小菜等。

粵港早茶：指粵港兩地特有的中式早餐，一般用餐時間長，內容豐盛，並以成為人們社交聚會的重要方式。其內容包括：咖啡、牛奶或熱茶、各式帶餡的麵點和特色點心、熱湯麵、各類熱粥、各種滷製肉食小菜（如豬肚、牛肉、排骨等）及開胃菜（如蒜頭、花生米、醬芒果等）。

（二）早茶服務程序

服務程序為：餐前準備→敬語迎賓→引賓入座→問位開茶開卡→上小毛巾、脫筷子套、揭茶杯→沏茶、斟茶→推介點心→上點心並記錄→巡臺→結帳→送客→清臺。

（三）早茶服務注意事項

1. 服務迅速，動作敏捷。

2. 服務員須熟悉本餐廳供應的茶葉種類，並主動向賓客推介。若賓客人數較多，同一臺可酌情提供 2 ～ 3 個茶壺。

3. 熟悉點心價格，主動推介，及時記錄。

4. 推車注意行走路線，目光注意賓客臺面及賓客的手勢、動作。

5. 值臺服務員做到「三勤兩照顧」：勤巡視，勤加水，勤換煙盅、骨碟及清理臺面的雜物，照顧老幼和邊角位賓客吃點心。

二、中餐單點餐廳午晚餐服務

（一）中餐單點餐廳午晚餐服務程序

服務程序為：餐前準備→敬語迎賓→引賓入座→遞巾問茶→脫筷子套、鬆餐巾、揭茶杯→呈遞菜單、酒水單→沏茶、斟茶→上餐前小吃→斟調味油→點菜、點酒水→服務酒水→收茶杯、茶碟、茶壺、小毛巾→上菜→巡臺→上甜品、水果→上小毛巾→上茶→結帳→送客→清臺。

（二）中餐單點餐廳午晚餐服務注意事項

1. 客用品呈遞一律用托盤。

2. 餐廳無空位時，需引領賓客到休息廳或等候廳等候，並提供休息廳服務。

3. 點菜服務員須熟悉菜單，掌握本餐廳提供的菜式品種、每一道菜的風味特色、加工烹製方法、口味、營養成分等，做好賓客的參謀。並有相當的飲食文化知識，供客詢問。

4. 點菜時注意賓客對菜餚的特殊要求，如點清真菜須在點菜單上作標記。

5. 點菜後須向賓客複述，並告知第一道菜的出菜時間。點菜後 30 分鐘應檢查賓客的菜是否上齊，並及時跟催。

6. 上帶殼的菜餚須跟熱毛巾和洗手盅，有配料、作料的菜先上配料、作料，再上正菜。

7. 每上一道菜，都須報清楚菜名。進餐過程中不忘徵詢賓客對菜餚的意見，尤其是名貴菜餚。

8. 服務要一視同仁、誠懇、恰到好處，盡可能針對不同賓客的具體情況提供無「NO」服務、超值服務，透過優質服務讓賓客成為飯店的老顧客。

9. 服務過程中要會察言觀色，並始終留意賓客的舉動，尤其賓客的失常動作，有理、有利、有節及時地控制事態的發展，有處理特殊情況的機智。

10. 餐廳經理要實施「走動式管理」，掌握整個餐廳的動態，及時處理賓客投訴，挽回可能的損失。

案例 5-3

某年 4 月 1 日晚上，六位澳洲客人在某賓館氣派豪華、布置典雅的中餐廳內盡情享受加工精細、質量高檔的菜餚。其中一位 50 多歲留著小鬍子的男賓對一只銀製酒杯愛不釋手；其他客人也對筷子和細瓷餐具很感興趣。

當服務員上菜時，發現那位小鬍子客人離開了餐桌，他面前的銀製酒杯變成了旁邊客人的葡萄酒杯，餐桌上還少了兩雙筷子和一個細瓷湯碗。服務員不動聲色地笑問一位面前沒有湯碗和筷子的女賓：「女士，現在您面前沒有餐具，是否需要我為您重新添放？您是要剛才那種黃色的湯碗，還是要其他顏色的？是否還要兩雙筷子？」

「不、不，我們什麼也不要，謝謝你。」女賓神色尷尬地說。

服務員立即將此事報告了餐廳經理，並重新回到澳洲客人面前，手裡拿著幾樣包裝精緻的餐具。她微笑著對留著小鬍子的客人說：「先生，我剛才發現你們對中國餐具很感興趣，為了感謝大家對這些工藝品的鍾愛，我代表餐廳送上一個銀質雕龍酒杯、一個細瓷雕花福壽湯碗和六雙筷子，給各位女士、先生留個紀念。筷子是免費的，碗和酒杯將按優惠價格記在餐費的帳上，您同意嗎？」

留小鬍子的客人明白了服務員的意思，並示意服務員離開一會兒。

當客人招呼服務員回到餐桌前時，服務員看到剛才不見了的餐具和酒杯又回到原來的位置了。客人笑著對她說：「小姐，謝謝你的建議，這些筷子和酒杯我們收下，湯碗請拿回吧。今天是愚人節，連餐具都想和你開玩笑，你看，這酒杯、湯碗和筷子又回來了。」說完大家都笑了。

案例 5-4

九位客人在某飯店用晚餐。他們點了鮑魚、貝類、螃蟹、魚肚等菜，每上一道菜，服務員都為客人報菜名、換骨碟。結帳時，其中一位醉態朦朧的客人否認點過「鴛鴦海鮑」和「金錢魚肚」。

由於客人點的貝類較多，更換盤碟的次數也比較頻繁，加上他們吃那兩道菜的速度很快，裝那兩道菜的盤碟已經撤掉，因此餐桌上確實找不到鮑魚和魚肚的痕跡。但廚房、備餐間都有已上菜的記錄。這桌的其他客人也一口咬定沒吃，看熱鬧的人越來越多。

服務員耐心解釋、領班出面協調都無濟於事，只好去請餐廳經理，疏散看熱鬧的人，請他們回到餐桌。

餐廳經理首先因客人對帳單不滿表示道歉。並指出：「您提出餐桌上沒有這兩道菜，實際是幫助我們完善服務程序，提醒我們對上過的菜不要完全撤盤，以免結帳時產生誤會。經過調查，鮑魚和魚肚確實已上過桌，空盤已經撤去清洗。這樣吧，這兩道菜按八折計價，您看行嗎？」餐廳經理趕來誠懇地建議道。

見餐廳做出了讓步，醉酒的客人終於停止了吵鬧，起身結帳去了。

（以上資料來源：程新造《星級飯店餐飲服務案例選析》）

第三節 西餐單點餐廳服務與管理

隨著家庭可自由支配收入的增加、人們生活方式和價值觀念的改變，人們在餐飲消費方面的求新、求異、求文化特徵更加顯著，反映西方傳統飲食文化習俗的西餐受到消費者的青睞。如果有一位第一次進入西餐廳的賓客問你「西餐到底是什麼東西？我應怎樣去享受呢？」，那麼，你只有具備足夠的西餐知識，如西餐的特點、進餐次序、進餐方法、進餐禮儀、傳統名菜等，才能圓滿回答賓客的問題。

一、西餐簡介

（一）西餐上菜順序及名菜名點

西餐正餐的上菜通常按照「開胃頭盤→沙拉→主菜→甜品→咖啡或茶」的順序進行。

1. 開胃頭盤（Appetizers）

開胃頭盤又稱開胃菜、開胃品，是開餐的一道菜。一般量較少，色澤鮮豔，裝飾美觀，多用清淡的海鮮、熟肉、蔬菜、水果製作，旨在開胃和刺激賓客的食慾。它有冷、熱開胃頭盤之分。有名的開胃頭盤有：鵝肝醬、魚子醬、煙燻鮭魚、生蠔、牡蠣、海鮮雞尾杯、串燒海蝦、焗蝸牛、海炸雲吞等。

2. 湯（Soups）

西餐的湯花色品種較多，可分為冷湯和熱湯，熱湯又有清湯和濃湯之分。湯的製作要求原湯、原色、原味。比較有名的湯有：法國洋蔥湯、西班牙凍湯、義大利菜湯、俄國紅菜湯、蜆周打湯、牛尾清湯等。

3. 沙拉（Salads）

沙拉即涼拌生菜，具有開胃、幫助消化的作用。沙拉可分為水果沙拉、素菜沙拉和葷素沙拉三種。水果沙拉常在主菜前上，素沙拉可作為配菜與主菜一起食用，而葷素沙拉可單獨作一道菜用。

有名的沙拉有：廚師沙拉、什錦沙拉、華爾道夫沙拉、蘋果芹菜沙拉、鮮蝦沙拉、洋蔥沙拉等。常用的沙拉汁有：蛋黃醬（Sauce mayonnaise）、雞尾汁（Sauce cocktail）、油醋汁（Oil vinegar）、法汁（French dressing）、千島汁（Thousand Island dressing）、羅佛汁（Roguefort cheese dressing）。

4. 主菜（Main course）

主菜是西餐正餐中最主要的部分，是全套菜的靈魂。主菜製作考究，既考慮菜餚的色、香、味、形，又考慮菜餚的營養價值，多用海鮮、牛羊、豬肉和禽類作主要原料。

有名的主菜有：沙朗牛排、丁骨牛排、肋眼牛排、愛爾蘭燴羊肉、美式火雞、馬里蘭炸雞、烤羊馬鞍、奶油雞卷、蘑菇焗鱒魚、蘋果烤鵝、義式紅燜豬排、韃靼牛排、紅酒燴腰花、巴黎龍蝦等。

主要的主菜調味汁有：配羊排的薄荷醬汁（Mint sauce）、薄荷凍（Mint jelly）；配牛排的法式伯那西醬汁（Bearnaise sauce）、貝西醬汁（Bercy sauce）、波爾多醬汁（Bordelaise sauce）、胡椒醬汁（Pepper sauce）、諾曼第醬（Normandy sauce）、芫荽黃汁（Maitre d'hotel butter）、蘑菇醬汁（Creamy mushroom sauce）等；配豬排的蘋果醬汁（Apple sauce）、棕醬（Brown sauce）等；配雞肉等家禽的黃醬汁（Yellow meat-sauce）、法式獵人醬汁（Chasseur sauce）、番茄醬汁（Catchup）等；配魚類菜餚的荷蘭醬（Hollandaise sauce）、乳酪白醬（Mornay sauce）、韃靼醬（Tartare sauce）、美國醬（American sauce）、鯷魚醬汁（Anchovy sauce）、白酒醬汁（White wine sauce）等。

5. 甜品（Desserts）

主菜用完一般用甜品。甜品包括奶酪和甜點。

食用奶酪時，要用胡椒和鹽調味，並跟配奶油、麵包、芹菜條、胡蘿蔔等。

甜點有冷熱之分，是西餐正餐最後一道餐食。常見的甜點有煎餅（Pancake）、司康（Scone）、瑪芬（Muffin）、蛋糕（Cake）、派（Pie）、塔（Tart）、冰淇淋（Ice cream）、舒芙蕾（Souffle）、布丁（Pudding）、果凍（Jelly）等。

用完甜品後，上咖啡或茶。西餐廳常見的茶有紅茶（Black tea）、綠茶（Green tea）等；常見的咖啡有：愛爾蘭咖啡（Irish coffee）、皇室咖啡（Royal coffee）、義式濃縮咖啡（Espresso）、卡布奇諾（Cappuccino）、冰咖啡（Ice coffee）、即磨咖啡（Freshly grounded coffee）和普通咖啡（coffee）等。

（二）西餐服務方式

西餐服務源於歐洲貴族家庭，發展到現在各國各地區的服務方式及擺臺方法都不盡相同。目前飯店西餐廳常見的服務方式有法式服務、俄式服務、美式服務、英式服務和大陸式服務。

1. 法式服務

法式服務又稱為里茲服務、正規服務、手推車服務，是凱撒里茲（Ceaser Ritz）首創的一種用於豪華飯店的服務。飯店的牛排館一般採用法式服務。

法式服務注重現場烹製表演。所有菜餚在廚房中略加烹調後，置於手推車上，由服務員推出，在賓客面前進行烹製表演或切割裝盤，分盛於餐盤中端給賓客。一般由兩名服務員同時服務，一名烹調製作，另一名開餐上菜。上菜時，除奶油、麵包、沙拉從賓客左邊上外，其餘菜餚和酒水都用右手從賓客右邊送上，右邊撤下。熱菜用熱盤上，冷菜用冷盤上，也是法式服務的一大特點。

法式服務豪華、高檔、服務細緻、動作優雅，但服務節奏緩慢，座位周轉率低，勞動力成本高，要求服務員有較高的服務技藝和技術水平。

2. 俄式服務

俄式服務又稱國際式服務，它起源於俄國沙皇時代，拿破崙戰爭時期傳到歐洲。西餐宴會可採用俄式服務。它通常由一名男服務員為一桌賓客服務。食物預先在廚房烹製好，並裝入銀盤中，由服務員托入餐廳，送上餐桌供賓客觀賞，然後左手墊餐巾托起銀盤，右手持分菜叉、勺，從每位賓客左側用右手派菜。

俄式服務的服務規則是：加熱後的空盤從右邊，按順時針方向繞臺擺放；派送食物則從左邊按逆時針方向進行；斟酒、上飲料和撤盤都在賓客右側進行。

俄式服務節省人力，服務速度快，有一定的觀賞性，但固定成本高，對服務技術要求高。

3. 美式服務

美式服務起源於美國，又稱為盤式服務、飛碟服務。在美式服務中，食物預先在廚房內烹製好，並且每人一份分好，裝好盤，服務員只需按順序把菜迅速送到賓客面前就可以了。上菜時，用左手從賓客的左邊送上所有食物，用右手從賓客右邊送上飲料，從賓客右邊撤走髒盤。飯店的咖啡廳一般採用美式服務，但美式服務也可用於西餐宴會。

美式服務簡單明瞭，服務速度快，人工成本較低，座位周轉率高。

4. 英式服務

又稱家庭式服務，多用於私人宴會。在英式服務中，由服務員從廚房拿出已盛好菜餚、食品的大盤和加過溫的餐盤，放在男主人的面前，由男主人分菜。男主人分好菜後，將餐盤遞給站在他左邊的服務員，再由服務員分送給女主人、主賓和其他賓客。調味汁料、配菜放在餐桌上，由賓客自取並相互傳遞。

英式服務進餐氣氛活躍，節省人力，但節奏較慢。西式家宴一般採用英式服務。

5. 大陸式服務

大陸式服務是一種糅合了法式、俄式及美式的服務方式，根據不同菜餚特點來選擇服務方法的綜合服務方式。通常用美式服務上開胃品和沙拉，用俄式服務上湯或主菜，用法式服務上主菜或甜品。不同餐廳或不同餐別選用的服務方式組合不同，一般以方便賓客就餐，方便服務員操作為原則。

（三）西餐進餐禮儀

與中餐進餐禮儀不同，西餐桌上應和別人進行輕鬆愉快的交談，但說話時嘴裡不能嚼食物通常說話前或喝酒前應用餐巾擦一下嘴；不端著盤子進餐；大塊食物應切成大小適宜的小塊送入口中；喝湯時，勺口朝外舀；取用調味品時，不可站起身，但可讓別人傳遞；骨頭、魚刺不進口，放進口裡的食物一般不可吐出；尊重個人選擇，不勸吃，不勸飲，但將自己杯或盤中的酒水或食物喝完或吃完為禮貌，否則為不禮貌。

用餐未結束但有事離座時，餐刀、餐叉應成「八」字形搭放於餐盤中，刀口朝裡，叉面朝下；用餐結束則將餐刀、餐叉並排放於盤中，叉面朝上。

西餐講究菜餚與酒水的搭配。一般鹹味菜餚選用乾、酸型酒類，辣食選用強香型酒類，甜食選用甜型酒類。餐前需飲開胃酒，如苦艾酒（Vermouth）、苦精（Bitter）、茴香酒（Anisette）或雞尾酒（Cocktail）等；湯配飲較深色的雪利酒（Sherry）或馬德拉酒（Madeira）；進食海鮮類或口味清淡的菜餚時，配飲白葡萄酒（White wine）；進食火雞、野味等菜餚時，配飲玫瑰紅葡萄酒（Rose wine）或紅葡萄酒（Red wine）；進食牛排、羊排、豬排等時則配飲紅葡萄酒；餐後配飲餐後甜酒，如利口酒（Liqueur）、波特酒（Port）或雞尾酒（Cocktail）等。

二、西餐單點餐廳早餐服務

（一）西餐廳早餐種類

西餐早餐一般在咖啡廳提供。早晨是一天活動的開始，賓客都有求「快」心理，因此早餐飯菜種類簡單，並便於烹製。不僅提供早餐散餐，咖啡廳還提供各式套餐。

早餐散餐的內容大致有：果汁類、水果類、穀麥類、雞蛋類、肉類、麵包類、熱飲類等。

早餐套餐可分為以下幾類：

1. 歐陸式早餐（The Continental Breakfast）

也稱為標準早餐、健康式早餐。歐陸式早餐內容簡單，包括：果汁或水果；麵包類，如牛角麵包、丹麥麵包、全麥麵包或小圓麵包等（僅供應其中一種），配奶油或果醬；咖啡、鮮奶或茶。

2. 美式早餐（The American Breakfast）

美式早餐比歐陸式早餐複雜些，包括：水果或果汁；雞蛋類，如煎蛋、炒蛋、煮蛋、水波蛋或歐姆蛋等；肉類，如火腿、燻肉、香腸等；麵包類，配奶油、果醬或蜂蜜等；飲料類，如咖啡、茶、優格、鮮奶等。

3. 英式早餐（The English Breakfast）

英式早餐現在一般為飯店的單點早餐，內容豐富，數量充足，包括：果汁或水果；麵包類，配奶油、麵包或蜂蜜；冷或熱的穀物類食品；雞蛋或魚類；肉類；咖啡、茶或可可。

4. 行政式早餐（The Executive Breakfast）

行政式早餐的內容除美式早餐的 5 項內容外，可另點菜和排餐類。此外，飯店的咖啡廳還供應中式早餐和日式早餐。

5. 中式早餐（The Chinese Breakfast）

中式早餐內容包括：中國茶，如香片、紅茶、烏龍茶、綠茶等；粥類，如牛肉粥、雞肉粥、魚片粥、皮蛋瘦肉粥等；點心類，如餃子、春捲、包子、油條等。

6. 日式早餐（The Nippon Breakfast）

日式早餐內容包括：時令水果；海鮮類，如石斑魚柳等；日式泡菜；日式清茶。

（二）西餐單點餐廳早餐服務程序

早餐服務程序為：餐前準備→敬語迎賓→引賓入座→餐巾與菜單服務→點菜→重新布置餐桌→上菜→巡臺→結帳→送客→清臺。

早餐服務注意事項：

1. 服務迅速，技藝嫻熟。

2. 熟記本餐廳提供的早餐種類。

3. 注意問清賓客的特殊要求，如煎蛋是單面煎還是雙面煎，蛋煮幾分鐘，需要奶咖啡還是清咖啡等。

4. 根據賓客所點早餐種類有針對性地提供服務。

5. 麵包要新鮮，咖啡要熱。

三、西餐單點餐廳午晚餐服務

（一）牛排館午晚餐服務程序

1. 牛排館簡介

牛排館（Grill Room）是飯店為體現自己餐飲菜餚與服務水準、滿足部分高消費賓客的需求、增加經濟收入而開設的高級西餐廳，它是豪華大飯店的象徵。牛排館以供應法式大餐為主，酒水品種齊全，裝飾布置高雅華麗，設施設備高檔、典雅而專業化，娛樂活動以西方高雅音樂為主，旨在營造優雅、浪漫、高尚、神祕而又獨特的氣氛。牛排館多採用法式服務，烹飪技藝水平高超精湛，擅長桌邊烹製，以渲染美食氣氛。牛排館菜單、酒水單製作精美考究，通常以真皮封面裝幀，菜餚、酒水價格昂貴。

牛排館以提供午晚餐為主，有的只提供晚餐。

例：被譽為「王之旅館主，旅館主之王」的里茲在滿足賓客需要方面，善於創造，並不惜一切代價。他在出任盧塞恩國民大飯店時，為了讓客人從飯店窗口眺望遠處山景，感受到一種特殊的欣賞效果，他在山頂上燃起了篝火，並同時點燃了 1 萬支蠟燭。為了創造一種威尼斯水城的氣氛，他在倫敦薩伏依飯店底層餐廳放滿水，水面上飄蕩著威尼斯鳳尾船，客人可以在二樓聆聽船上人邊唱歌邊品嚐美味佳餚。

2. 牛排館午晚餐服務程序

晚餐服務程序為：預訂→餐前準備→敬語迎賓→引賓入座→餐巾與菜單服務→推介開胃酒或雞尾酒→倒冰水、上酒水→點菜→推介佐餐酒→訂佐餐酒→重新布置桌面→上奶油、麵包→服務頭盤→巡臺→撤走前菜→服務第二道菜→撤走第二道菜餐具→服務主菜→撤走主菜餐具，整理桌面→推介奶酪和甜點並下訂單→服務奶酪和甜點→上咖啡或茶→撤走甜品用具→推介餐後酒和雪茄並下訂單→服務餐後酒和雪茄→結帳→送客→清臺。

3. 牛排館午晚餐服務注意事項

(1) 牛排館因服務節奏慢，就餐時間長，所以餐位周轉率低，前來就餐的賓客往往需要提前預訂，才能保證賓客到餐廳就有座位。

(2) 點菜時須先畫好賓客座位示意圖（即臺跡），分別準確記下每位賓客所點菜餚，並立即複述確認，然後安排送入廚房的正式點菜單（即入廚單）。

(3) 點菜時注意問清賓客對菜餚的特殊要求，如牛羊肉的老嫩程度、選用的配汁等。

(4) 嚴格按照西餐上菜順序上菜。

(5) 推介酒水時，注意菜餚與酒水的搭配。

(6) 必須在同桌每一位賓客都用完同一道菜，撤盤後，才能上下一道菜。

(7) 在桌邊烹製時，要選擇本桌賓客都能觀賞到的角度。

(8) 牛排館服務員須具備良好的語言功底，如表達流暢的英語和一定的法語基礎。

(9) 服務過程中，始終體現「女士優先」的原則，並展示高超的服務技藝、優雅而規範的服務姿態。

（二）咖啡廳午晚餐服務程序

1. 咖啡廳簡介

咖啡廳（英語 Coffee Shop，美語 Cafe），原是僅提供咖啡的地方，發展到現代，已是一個 24 小時服務，提供簡便早餐與正餐的場所。咖啡廳的裝飾布置主題鮮明，簡潔明快，色彩鮮豔，氣氛柔和、清新，具歐美特色。咖啡廳一般採用美式服務，服務迅速周到，座位周轉率高，菜餚以簡單、快捷的西餐為主，並輔以當地的風味小吃和本飯店其他餐廳精選的美食。菜單比較簡單、輕巧，形式多樣，菜餚、酒水價格適中。

2. 咖啡廳午晚餐服務程序

服務程序為：餐前準備→敬語迎賓→引賓入座→餐巾與菜單服務→推介開胃酒或雞尾酒並下訂單→服務酒水→點菜→推介佐餐酒並下訂單→就餐服務→結帳→送客→清臺。

3. 咖啡廳午晚餐服務注意事項

(1) 引領賓客入座時，問清賓客選擇吸煙區還是非吸煙區。

(2) 熟悉本餐廳每日套餐的內容和特色，適時推介。

(3) 點菜時使用賓客座位示意圖，注意賓客對菜餚的特殊要求。

(4) 注意菜餚與酒水的搭配，適時推銷酒水。

(5) 為一桌賓客點完菜後，須問清是分開付帳還是一起付帳，以便收銀時，準確製作帳單。

(6) 要勤巡臺，及時為賓客添酒、冰水、奶油、麵包，更換煙盅，收撤空酒杯等。

(7) 服務迅速敏捷，細緻周到。

(8) 服務員要有高超的服務技藝。

案例 5-5

瑪麗是某飯店咖啡廳的迎賓員。這天午飯期間，瑪麗見一位先生走了進來，便迎上去問好：「午安，先生。請問您貴姓？」

「你好，小姐。你不必知道我的名字，我就住在你們飯店。」這位先生漫不經心地回答。

「歡迎您光顧這裡。請問你願意坐在吸煙區還是非吸煙區？」瑪麗禮貌問道。

「我不吸煙。不知你們這裡的前菜和主菜是些什麼？」先生問道。

「我們的前菜有一些沙拉、肉碟、燻魚等，主菜有豬排、牛排、雞、鴨、海鮮等。您若感興趣可以坐下看菜單。您現在是否準備入座了？如果準備好了，請跟我去找一個餐位。」瑪麗說。

這位先生看著瑪麗的倩影和整潔、漂亮的服飾，欣然同意，跟隨她走向餐桌。

「不，我不想坐在這裡。我想坐在靠窗的位置，這樣可以觀賞街景。」先生指著窗口的座位對瑪麗說。

「請您先在這裡坐一下。等窗口有空位我再請您過去，好嗎？」瑪麗徵求他的意見。先生同意後，瑪麗又問他要不要些開胃品。這位先生同意後，瑪麗對一位服務員交代了幾句，便離開了這裡。

當瑪麗再次出現在這位先生面前告訴他窗口有空位時，先生正與同桌的一位年輕女士聊得正歡，並示意不換座位，要趕快點菜。瑪麗微笑著離開了。

（資料來源：程新造《星級飯店餐飲服務案例選析》）

案例 5-6

教師節某夫婦到某高級賓館的西餐廳用餐。由於是頭一次吃西餐，夫婦倆不知如何點菜，也不知怎樣用餐具。

服務員得知這一情況後，耐心地向他們介紹了怎樣用餐具、怎樣點菜。「吃西餐一般要先喝一些清湯或清水，目的是減少喝酒對胃的刺激，然後可按順序要雞尾酒和餐前小吃、開胃品、湯、沙拉、主菜、水果和奶酪、甜點、餐後飲料。實際上，不必每個程序都點菜，可根據自己的喜好和口味任意挑選。」服務小姐介紹完，給夫婦倆每人一份菜單和酒單，簡要介紹了菜單的內容及相應的酒菜搭配知識。這對夫婦聽得津津有味。並請服務員代為點菜。

根據客人的要求和意願，結合餐廳的特色酒、菜，小姐為他們按全部程序點了血腥瑪麗雞尾酒、冷肉、法式小麵包配奶油、湯、海鮮沙拉、蝦排、鹿肉、牛排、紅葡萄酒、甜點、冰淇淋、咖啡等飲食。

餐後，這對夫婦非常高興地對小姐說：「今天我們不但得到了良好的服務，而且還體會到了吃西餐的樂趣，以後一定再來討教。」

（資料來源：程新造《星級飯店餐飲服務案例選析》）

第四節 自助餐服務與管理

自助餐源於西方，據說起源於 1890 年，由美國堪薩斯城（Kansus）基督教女青年會（Young Women's Christian Association）首創。

自助餐是由賓客自己動手，在餐廳事先布置好的餐臺上任意選菜，自行取回到座位享用的自我服務的用餐形式。賓客吃自助餐時不用點菜，到了餐廳直接選用就行了，因此，餐廳必須在自助餐開餐前的準備工作顯得非常重要，除了單點餐廳的準備工作外，還要進行自助餐臺的設計並布置好。

一、自助餐服務簡介

（一）自助餐特點

1. 自助餐生產特點

（1）生產量不確定。

（2）加工生產前置性。

(3) 菜點生產批量性。

(4) 出品速度與賓客進餐節奏成正比。

(5) 出品次序無固定性。

(6) 菜點資訊回饋的及時性。

2. 自助餐服務銷售特點

(1) 餐臺布置要求美觀、醒目、富有吸引力，並方便賓客取菜。

(2) 賓客用餐程序自由。

(3) 賓客用餐時間、節奏自定。

(4) 菜點品種豐富，賓客可據自己喜好自由選擇。

(5) 服務程序簡化，節省人力。

(6) 餐前、餐後工作壓力大。

3. 自助餐菜品特點要求

(1) 色彩悅目，搭配和諧。

(2) 刀工整齊，造型美觀。

(3) 營養搭配，均衡全面。

(4) 批量生產，質量不減。

(5) 適應面廣，針對性強。

(6) 原料、人力成本要低。

(二) 自助餐的種類

1. 按餐別劃分，自助餐可分為早餐自助餐、午晚餐自助餐和宵夜自助餐

(1) 早餐自助餐供應食物品種，多以飲料、粥類、蛋類、麵包類、飯麵類、小菜、少量熱菜為主，可純中餐或西餐，亦可中西合璧。

(2) 午晚餐自助餐菜點品類齊全，數量豐富。

（3）宵夜自助餐多以小吃、點心、粥類、小菜、少量熱菜為主要品種，售價相對便宜，經營時間長。

2. 按菜式品種劃分，自助餐可分為中式自助餐、西式自助餐和中西合璧式自助餐

中式自助餐供應相當數量、類別齊全的中餐菜點供客選用，菜式又可分為嶺南風味、江浙風味、宮廷風味、鄉土風味等。

西式自助餐供應西餐菜餚、麵包、甜點等為主，一般用進口原料，聘請西餐大廚主理烹製，價格較貴。

中西合璧式自助餐由中餐、西餐菜餚、麵點等食品結合而成，一般菜式豐富，賓客選擇範圍更廣。

3. 按就餐形式劃分，自助餐可分為設座式自助餐和站立式自助餐

（1）設座式自助餐中，賓客有自己合適的餐桌和餐位，除離座去食品臺取食物，其他時間均在自己的座位享用食物。

（2）站立式自助餐中，用餐賓客來到餐廳，自由取食，自由走動，沒有座位，僅設有少量餐桌供賓客臨時放餐盤或杯具。

4. 按客人性質劃分，可分為散餐自助餐和冷餐會

（1）散餐自助餐一般接待散客或團隊賓客，價格實惠，品種多樣，進餐時間不受限制，隨到隨吃。

（2）冷餐會是以自助餐的形式舉行的宴會，其接待對象為參宴賓客。冷餐會菜餚豐盛，氣氛熱烈，有一定的主題，消費水平較高。

二、自助餐臺設計與布局

（一）自助餐臺設計原則

自助餐臺是自助餐陳列食品的地方，又叫食品陳列臺，它不僅反映自助餐的經營理念、格調、檔次、情趣，而且還體現了餐廳的文化特色。設計自助餐臺時要遵循以下原則：

1. 醒目而富有吸引力

自助餐臺要布置在顯眼的地方，使賓客一進餐廳就能看見。設計要有層次感，錯落有致。裝飾要美觀大方，食品擺放要有立體感，色彩搭配要合理。可用聚光燈照射臺面，但切忌用彩色燈光，以免菜餚改變顏色，從而影響賓客食慾。

2. 方便客人取菜

自助餐臺的大小要考慮賓客人數及菜餚品種的多少，並根據賓客取菜的人流方向安排空間的使用，避免浪費空間或擁擠、堵塞。

3. 餐臺設計應結合場地特點

餐廳的大小和形狀是固定的，唯一可改變的是餐臺布置的類型。布置餐臺時應儘量掩蓋餐廳形狀的缺陷，突出其優點，變不利為有利。如：狹長形的餐廳，可將餐臺設置在中間，將餐廳分隔成兩個方形小餐廳；不規則形狀的餐廳，可在不規則的地方設一些小型餐臺，如：沙拉臺、甜品臺、湯品臺、水果臺等，或設置一些裝飾臺，這樣既分流了賓客，又美化了餐廳環境。

4. 餐臺設計有靈活性和多變性

餐臺設計應經常調整和變動，不能一成不變，否則讓人覺得單調乏味，無吸引力。

5. 餐臺設計有主題性

設計要緊扣餐廳經營的主題，突出餐廳的文化內涵，並圍繞主題進行布置。

（二）自助餐餐臺設計的方法

1. 自助餐餐臺常用的臺面

自助餐臺常用的臺面有：長方形、正方形、圓形、半圓形、扇形、螺旋形、梯形、橢圓形、三角形以及不規則的異形臺面等。

2. 自助餐餐臺常用的組合臺型及適用範圍

根據餐廳的場地特點和賓客的需求，可將不同的臺面經構思拼合成各種新穎別緻、美觀流暢的臺型。常見的臺型有：

(1) 長方形、橢圓形、梯形是最基本的臺型，常靠餐廳四周牆壁擺放，可放置食品也可陳列裝飾品。

(2) 扇環臺、扇形臺、長方半圓組合臺和「L」形組合臺，一般放於餐廳一角，作為小型餐臺或擺放裝飾品。

(3) 圓臺一般放於餐廳中央或餐臺中央，用於放置食品或裝飾品。

(4) 圓環臺一般適用於長方形餐廳，放置於餐廳中央，在圓形臺中央可配廚師，幫助賓客取菜或切割大塊食品。

(5) 組合橢圓臺、環形橢圓臺一般放於長方形餐廳中央。

(6) 「S」形組合臺一般用於不規則形狀餐廳。

(7) 「_∩_」鐘形臺一般放於餐廳的一面或對稱兩面，可用於除夕夜臺型，寓意「撞鐘」。

(8) 「⌒」形臺適用於圓形餐廳靠牆擺放。

3. 自助餐餐臺菜點陳列

(1) 布置餐臺的順序

第一步先上燉品、湯羹、甜品、燒、燜製的菜餚，這些菜餚不會因盛放時間長而影響質量。

第二步上冷菜，炸、烤製的菜餚和點心，這些菜點放置時間長，表面會乾癟、失去光澤，而炸、烤製的菜點會回軟，影響口感和質感。

第三步上爆炒的菜餚和蔬菜，這些菜餚放置時間稍長，就會流失水分，質感變老，蔬菜顏色會變黃，而且影響口感。

(2) 菜點擺放要求

①自助餐菜點陳列一般按照：開胃品，湯，羹，冷菜，烤、炸製菜餚，其他熱菜，蔬菜，甜品，水果等的進餐順序排列。

②某些特色菜，如甜品、水果或切割燒烤類菜餚可分臺擺放，擺放順序同上。

③熱菜用保溫鍋盛放保溫，賓客來後有服務員揭開蓋子或由賓客自行揭蓋取菜。

④每道菜品前面正對賓客取菜方向擺上菜名（中、英文）指示牌，每道菜餚都要擺放一副取菜用的公用叉、勺，各種跟配的調料與菜品放在一起，以便賓客取用。

⑤賓客取菜用的餐盤放於餐臺最前端，20 個餐盤一疊，疊放整齊。餐刀、餐叉、湯匙及餐巾花整齊放於餐盤前方（有的餐廳放在餐桌上）。

⑥擺放菜點時注意色彩的搭配，顏色相同的菜品儘量錯開位置。

⑦ 餐臺裝飾物布置合理，如食雕、冰雕、奶油雕、鮮花等，可放置在中央或兩邊，同時可點綴在菜點中間，將冷菜、熱菜、點心、水果分隔開，造成美化餐臺的作用。

⑧ 酒水臺單獨設置，酒水分門別類按載杯高矮次序排列，並注意色彩搭配。

三、自助餐服務程序

服務程序為：餐前準備→敬語迎賓→引賓入座→詢問酒水→開訂單取酒水→服務酒水→介紹菜點，協助賓客取用→整理餐臺→巡臺→上咖啡或茶（用完甜品後）→結帳→送客→清臺。

四、自助餐服務注意事項

1. 進行人員分工時，要派專人負責自助餐臺服務。

2. 始終保持餐桌餐臺清潔衛生。服務員要勤巡臺，及時清撤賓客用過的餐具，保持餐桌清潔整齊。自助餐臺服務員及時清理自助餐臺，始終保持餐臺臺面、用具、器皿等整潔。

3. 不斷補充陳列的食品，保持盛放食品的容器不見底。

4. 檢查控制食品溫度，使熱菜始終保持一定熱度，冷菜始終冷。

5. 賓客點不包含在自助餐餐費中的酒水時，須向其說明需單獨另付。賓客同意後方可開單到酒吧領取，並單獨記帳。

6. 前後場的協調配合。自助餐廚房需根據賓客的進餐速度，適時適量補充菜品；自助餐服務員須根據賓客對菜餚的喜好情況及時與廚房協調溝通，盡可能滿足賓客對飲食的需求。

7. 剩餘食品的合理使用。在保證質量的前提下，堅持能回收利用的盡可能回收利用，以免浪費。

8. 妥善保管餐臺陳列物品。自助餐陳列物品，如奶油雕、冰雕等，可以反覆使用，須妥善保管。

9. 銷售資料的彙總整理。自助餐營業結束，餐廳和廚房應將收集到的賓客對自助餐菜品、服務、餐臺布置、餐廳環境等的意見和建議，以及不同菜品的銷售情況等資料，進行彙總整理，建立起銷售檔案，為準確進行餐飲原料成本核算和更好地滿足賓客需要提供素材。

第五節 客房送餐服務與管理

客房送餐服務（Room Service）是飯店為便利住店賓客，體現飯店檔次，同時也減輕餐廳壓力、增加收入的餐飲服務形式。客房送餐服務是高檔飯店的重要標誌，其收入通常可占飯店餐飲總收入的 15% 左右。許多飯店的客房送餐部隸屬於西廚房，分為訂餐部和送餐部。

一、客房送餐服務簡介

（一）客房送餐服務的特點

1. 服務獨立性強。服務過程主要在客房內完成。

2. 服務環節多，人工成本高。客房送餐一般 24 小時進行，由賓客預訂開始，廚房製作，服務員及時準確送餐進房並提供輔助服務。

3. 餐飲品種與服務內容有一定限制。因遠送距離與時間限制，客房送餐的菜點品種和服務方式有限菜點價格也較高。

4. 因與客房部的關係最為密切，往往需要相互配合。

（二）客房送餐服務的內容

1. 飲料服務

（1）普通冷飲料：指汽水、果汁、可樂等。賓客在房間點要飲料時，客房送餐部服務員需將飲料和杯具送到賓客房內並將飲料倒入杯中。

（2）普通熱飲料：指咖啡、紅茶、牛奶等。賓客在房間點要這些飲料時，客房送餐部服務員須將方糖、袋糖、咖啡匙及碟等備好後，與熱飲料一道送至賓客房間，供賓客使用。運送速度要快，以保持熱飲料的溫度。

（3）酒類：指開胃酒、烈性酒、葡萄酒、香檳酒等。當賓客點要酒時，送餐服務員要準備好相應的載杯和開瓶器，與所點酒品一起送到賓客房內，並為其開瓶和斟倒。重要賓客在客房內配備酒車服務。

2. 食品服務

（1）早餐：客房送餐服務部主要為賓客提供歐陸式、美式和單點式早餐。

（2）午、晚餐：提供烹製較為簡單、快捷的西餐和快餐，一般包括開胃菜類、湯類、魚類、肉類、涼菜類、點心類、飲料、水果等。

（3）點心：有三明治、麵、餃子、甜點、水果等。

3. 特別服務

（1）飯店總經理送給重要賓客的花籃、水果籃、巧克力籃、高檔禮品書籍、歡迎卡等，由客房送餐服務部負責在賓客到店前送入房間，並按規範放置在適當的位置。

(2) 送給重要賓客生日禮物，如鮮花、蛋糕、酒品、禮物等，由客房送餐部派人送入房內。

(3) 與客房部協作給全部或部分住店賓客贈送節日禮品。

(4) 為住店賓客承辦房間酒會，如生日酒會、慶祝酒會、歡迎酒會、餞行酒會等。

(5) 與酒水部員工協作共同做好行政樓層、貴賓酒廊的接待服務工作等。

二、客房送餐服務程序

(一) 客房送餐服務

服務程序為：預訂→送訂單→準備托盤或送餐車、食物→備帳單→檢查核對→送餐到客房→房內用餐服務→結帳→道別→收餐→結束工作。

(二) 客房送餐服務注意事項

1. 客房送餐預訂方式有兩種：一種是門把手早餐菜單預訂，另一種是全天候電話預訂。

賓客用門把手早餐菜單預訂時，一般須將填寫好的門把手早餐菜單在前一晚 12 點前掛在客房門外側的門把手上。客房送餐部夜間服務員在指定時間按順序收集、核對、排列，交訂餐員核對記錄和彙總，並提前影印出帳單，交給當班領班。

全天候電話預訂則是賓客需要進餐時，臨時打電話通知客房送餐部送所需飲料和食物到客房。訂餐員須在鈴響三聲內禮貌接聽電話，準確、快速記下賓客的房號、姓名、所點菜式、數量及特殊要求，適時推銷酒水，並及時複述確認。飯店一般在客房服務指南內放上全天候點菜菜單，食品內容按早餐和正餐分別列出，供賓客選擇。

2. 訂餐員要熟記送餐菜單內容，以便準確記錄賓客所點飲食。若賓客點到送餐菜單所沒有上的菜式，要禮貌向賓客解釋，並恰當推介同類其他食品。

3. 送餐服務員（即送餐員）送食物到客房時，須將調味料回配料事先準備好，連同所需餐具一併送入客房。

4. 易冷的熱食或易融化的冰凍食品，須有保溫或冷藏設備，並以最快的速度送至房間。

5. 到達賓客房間時，須禮貌敲門，詢問：「Room Service. May I come in?」徵得賓客同意後方可開門進房，同時以賓客姓名問候，如「Good morning, Mr.Smith.」。進房後，要徵詢賓客托盤或餐車的放置位置，「Where would I place the tray, sir?」然後按要求放好。

6. 結帳時，若賓客用外幣結帳，送餐員須告知賓客當日的匯率，將應付人民幣準確折算成賓客所支付的外幣，不能多收。收款時唱收，並告知找零的數目、時間，然後迅速前往收銀臺辦理。若賓客簽單結帳，送餐員需將事先準備好筆，禮貌請賓客簽單，務必告知賓客用正楷（或大寫字體）和簽字的位置。

7. 結帳後，送餐員須恭祝賓客用餐愉快，倒退著離開房間，並為賓客關好房門。

8. 若賓客未來電要求收餐，送餐員在送早餐 30 分鐘、正餐 60 分鐘後，打電話到客房，徵詢賓客進餐情況和對餐食的意見，禮貌詢問是否可以收餐了。然後為賓客收餐。

9. 送餐服務員應具有相當的服務知識和技巧、良好的語言功底、靈敏的反應和足夠的耐心。

案例 5-7

一天晚上，某五星級賓館的客房送餐部接到美國客人雷克的訂餐電話，訂餐員立即與廚房聯繫加工。

15 分鐘後，送餐員小姜把客人要的餐食和酒水送進客房。可是簽單計帳時，雷克夫人卻要用美元結帳，不願簽單。而現金結帳要用人民幣來結算，美元要到外幣兌換處換成人民幣才能使用，而飯店的外幣兌換處現在又不營業。於是小姜向客人建議第二天換成人民幣後再來結帳。雷克夫人欣然同意。小姜回到櫃臺用自己的錢先為客人墊付了這筆帳。

後來，雷克夫人打電話瞭解了這些情況。第二天，當小姜把帳單交給雷克夫婦時，雷剋夫婦當即用人民幣付了錢。

（資料來源：程新造《星級飯店餐飲服務案例選析》）

本章小結

廚房、管事部等部門是餐廳部的後場支撐部門。廚房各項工作的組織安排須以餐廳業務為中心，無條件滿足餐廳對客接待過程中的各項要求，密切配合餐廳圓滿完成每項接待任務。餐廳就餐環境的營造離不開管事部的配合和支持。管事部應始終保持數量充足的、衛生清潔的餐廳所需餐具、酒具及其他用具，始終保證餐廳環境的衛生、整潔。其他，如工程部能否進行定期的和緊急時的餐廳設備及時維修、綠化部能否及時更換餐廳的綠色植物等，都會影響餐廳的氛圍。

思考與練習

1. 把下列各組菜名與菜別對應起來

（1）A. 川菜　B. 粵菜　C. 魯菜　D. 淮揚菜　J. 滬菜

E. 浙菜　F. 閩菜　G. 湘菜　H. 徽菜　I. 京菜

龍井蝦仁　龍虎鬥　九轉大腸　東坡肉　佛跳牆　宮保雞丁

臘味合蒸　回鍋肉　護國菜　無為燻鴨　蔥燒海參　問政山筍

烤鴨　松仁玉米　毛肚火鍋　脆皮乳豬　油爆雙脆　霸王別姬

虎素泡火腿　糟鴨　火方銀魚　梅開二度　麻辣仔雞　醬爆雞丁

生煸草頭　獅子頭　三套鴨　下巴甩水　京醬肉絲　母子會

魚香肉絲　夫妻肺片　白切雞　松鼠鱖魚

（2）A. 宮廷菜　B. 孔府菜　C. 譚家菜　D. 隨園菜　E. 素菜　F. 回族菜

G. 朝鮮菜　H. 滿族菜　I. 藏族菜　J. 維吾爾族菜　K. 蒙古族菜

老蚌懷珠　羅漢大蝦　烤全羊　羅漢齋　釀扒竹筍　湯爆肚仁

辣香腸　烤羊肉　手抓羊肉　手抓肉　牛犢湯　八寶豆腐

一品官燕　水晶肘花　半月沉江　狗肉火鍋　羊肉糕　栗子燒雞

白玉無瑕　蟲草老鴨湯

(3) A. 開胃頭盤　B. 湯　C. 沙拉　D. 主菜　E. 甜品

羅宋湯　海鮮雞尾杯　華爾道夫沙拉　沙朗牛排　紅酒燴雞　烤餅

焗蝸牛　廚師沙拉　魚子醬　巴黎龍蝦　煎餅　布丁

牛尾清湯　什錦沙拉　蘋果烤鵝　義大利蔬菜湯

2. 簡述中餐廳服務程序。

3. 為何自助餐深受消費者的歡迎？自助餐服務應注意哪些問題？

4. 如何做好客房送餐服務？

5. 簡述西餐廳服務程序。

6. 中餐單點餐廳與西餐單點餐廳的服務方式有何不同？

7. 若你所在的西餐廳開設了早餐、早午餐、午餐、下午茶、晚餐，那麼，你認為作為該餐廳最好提供什麼樣的服務方式？在擺臺準備方面還要注意什麼問題？

8. 在炎熱的夏天裡提供自助餐，在進行餐臺設計時須考慮哪些問題？

9. 送餐服務中最容易失控的是哪些環節？如何預防管理？

第 6 章 飯店酒吧服務與管理

導讀

酒吧是飯店餐飲的重要組成部分與表現形式，由於酒水的利潤率很高，酒吧不僅為飯店創造了較高的經濟效益，還為企業增加了特色。做好酒吧的經營管理工作非常重要。

學習目標

瞭解飯店酒吧的表現形式及相應的特點

熟悉酒吧服務主要內容

掌握酒吧服務的技巧

熟悉酒水成本控制的主要過程

學會酒吧的營運管理

第一節 酒吧與酒吧服務

一、酒吧的含義

酒吧（Bar）一詞來自英文，中文譯為酒吧。其含義包括三方面：第一，經營酒水的場所；第二，酒吧中的吧臺；第三，提供酒水服務的設施，包括餐廳的酒水服務車和客房中存放酒水的小酒櫃、冷藏箱等。這裡的酒吧指的是經營各種酒和飲品的設施和場所。

二、酒吧的發展

酒吧大約興起於 19 世紀中期的歐洲和美國。隨著餐飲業的發展，酒吧作為一項服務設施也隨之進入飯店業和餐飲業。目前幾乎所有飯店都設有酒吧，根據需要，有的飯店還設有數個不同類型的酒吧，如大廳酒吧、餐廳酒吧等。酒吧正朝著多功能、多樣化的方向發展，酒吧的設備和設施越來越專業化。

三、飯店酒吧的種類

（一）主酒吧（Main Bar）

主酒吧也稱作正式酒吧，裝飾高雅、美觀，有風格，講究酒吧內部布局及酒水和酒具的擺設。客人一般坐在吧臺前的吧凳和吧椅上，直接面對調酒師，一邊欣賞調酒師的精彩表演，一邊品味酒水。主酒吧的經營品種較全並且配製雞尾酒，還有一些娛樂設施，如臺球等。

（二）酒廊（Lounge）

酒廊具有咖啡廳的經營服務特點，其風格、裝飾和布局也與咖啡廳相似。通常供應冷熱飲料、各種酒類、點心和小食品，有些酒廊還供應菜餚。酒廊設有桌椅，提供酒水上桌服務。也有酒廊把吧凳放在吧臺前面的，但客人一般不喜歡坐在那裡。

飯店的大廳酒吧（Lobby Bar）實際就是一種酒廊，它設在飯店的大廳（前廳）。各飯店的大廳酒吧經營範圍和特點各不相同，有些經營項目較少，只提供酒水和小食品，與咖啡廳很相似。

（三）歌舞廳酒吧（Show Bar）

也稱演藝吧，經營各種酒品、冷熱飲料、小食品，廳內設有舞池供客人跳舞，並舉辦一些文藝表演和服裝表演，有小樂隊為客人演奏。一些歌舞廳酒吧內還有視聽設備。

（四）服務酒吧（Service Bar）

服務酒吧是設置在中、西餐廳中的酒吧，因此也稱作餐廳酒吧（Restaurant Bar）。這種酒吧的調酒師不需直接與客人打交道，只要按酒水單供應酒水就行了。西餐廳中的服務酒吧對吧臺設施和設備，調酒師的外語、專業知識與技能都有較高的要求。因為這種酒吧進口酒水較多，包括各種葡萄酒、烈性酒和甜酒等。這些酒水的商標、級別、產地和貯存年限都與酒的質量和服務方法有密切的聯繫，調酒師和服務員要經過嚴格的培訓，才能識別這些內容並能熟練地根據不同類別的酒水特點為客人提供服務。

（五）宴會酒吧（Banquet Bar）

宴會酒吧又稱臨時性酒吧（The Set-Up Bar），是為各種宴會臨時設立。宴會酒吧的大小和造型由各種宴會和酒會的規模和形式決定。宴會酒吧最大的特點是臨時性強，供應酒水品種的隨意性大。其營業時間靈活、服務員工作集中、服務速度快。通常，宴會酒吧的工作人員在宴會前要做大量的準備工作，如布置酒臺，準備酒水、工具和酒杯等。此外，營業結束後還要做好整理工作和結帳工作。

以上五種是常見的酒吧形式。一些飯店還根據自身特點設置各種酒吧及經營酒水的設施，如游泳池酒吧（Poolside Bar），為游泳的客人提供酒水服務；保齡球館酒吧（Bowling Alley Bar），為打保齡球的客人提供酒水服務；客房小酒吧（Mini Bar），則是在客房內的小酒櫃和小冷藏箱裡存放各種酒水和小食品，以方便住店客人隨時取用。在歐美國家還出現了一種將酒吧和快餐結合的綜合經營酒吧，即吧臺的裡邊裝有簡單的烹調設備，如電扒爐、微波爐等，客人在點酒水的同時還可以點一些簡單的快餐。此外，經營自己製作的鮮啤酒的啤酒屋等都屬於不同種類的酒吧。

有時，酒吧的分類很困難。一些酒吧是多功能的，很難把它分為哪一類。酒吧設計和經營是隨市場需求而變化的，其經營方法不應受到種類限制。

四、酒吧的特點

酒吧是飯店和餐飲業重要的營業場所，它除了具備一般的餐飲經營特點外，還具有其自身的經營特點，主要表現在以下幾個方面：

（一）銷售單位小，服務頻率較高

酒吧產品銷售常常以杯為單位，且客人流動性較大，因此，酒吧服務頻率較高。客人到酒吧不僅為了飲用酒水，還為了享受酒吧的氣氛和滿足心理方面的需求，因此，酒吧的環境與氣氛、調酒師和服務員的服務態度對酒吧的經營起著非常重要的作用。和諧的氣氛和優質的服務會使客人的人均消費額增加。調酒師和服務員必須樹立優質服務的觀念和意識，不厭其煩地為客人提供每一次服務。

（二）酒水利潤高，資金周轉快

酒吧經營的毛利率通常高於餐廳的毛利率，可達到銷售額的 60% ～ 70%，有的甚至高達 75% 以上，同時，酒水服務還可以刺激餐廳客人對菜餚的消費，從而增加經濟效益。酒品的銷售一般以現金結帳，不需占壓許多資金，資金周轉快。管理人員在選定酒水品種時，必須根據本企業目標客人及酒水銷售情況作出合理的選擇。此外，酒水成本控制是酒吧管理的重要內容，只有嚴格的成本管理，才會達到理想的利潤。

（三）知識廣泛，技術性強

酒吧服務特別講究氣氛高雅、技術嫻熟。調酒師的操作具有表演色彩，動作應瀟灑大方，姿勢優美。調酒師和服務員必須經過酒水知識、酒水服務和外語培訓，掌握較高的服務技能，並注意禮節禮貌、儀容儀表及各種服務設施的整潔衛生。

五、酒吧的設計

酒吧經營場所通常由吧臺、工作臺、酒櫃、冷藏箱、製冰機和小型洗杯機等設施組成，其設計與布局按照經營策略和類型而各具風格。

（一）酒吧的設計原則

酒吧是為了方便經營酒水和提供酒水服務而設計的。酒吧設計應有自己的獨特性，尤其是主酒吧的設計更要體現其風格。一個標準的酒吧，其設計原則應當是：

1. 燈飾應新穎，燈光要柔和，選用造型優美和有獨特性的壁燈與臺燈。

2. 為了方便調酒師和服務員工作及吸引客人對吧臺的注意力，吧臺內外的局部面積的照明度應強一些。

3. 配備優質的音響設備，創造輕鬆氣氛並隔音，採用軟面家具、天花板吸音裝置並鋪設地毯，以降低工作區的音量。

4. 配備現代的空氣調節設備，保持室內的標準溫度和濕度並不斷地排出室內的煙味和酒味。

5. 酒吧的面積應與客人的周轉率一致，通常將空間面積或部分大塊面積隔成小間，以矮小的隔物或裝飾進行分隔。

6. 酒吧的家具要舒適，桌椅的設計既要有特色又要便於使用，並且應具有方便折合的功能，以備為團體客人服務。

7. 吧臺設計既要有特色又要簡單，以方便工作。吧臺應具備在短時間內配製出多種酒水的能力，可使調酒師在同一個地方完成幾項相關的工作。如準備各種酒水，切配雞尾酒的裝飾水果，調製各種酒水，方便服務員取酒水，方便客人飲酒，方便對各種酒水的貯存與管理，易於酒杯與調酒用具的洗滌、消毒與貯存等。

（二）酒吧的設計與布局

1. 吧臺

通常，酒吧的吧臺高度為 110 ～ 120 公分，最高不超過 125 公分。根據需要，可配以相應高度的吧凳或吧椅，吧凳高度為 80 ～ 90 公分，通常可以調節高度。吧臺臺面的寬度是 60 ～ 70 公分。吧臺的表面應使用易於清潔和耐磨的材料。吧臺上的折疊板是為服務員取酒水準備的設施，應離開客人飲酒區。吧臺下面突出的邊沿和腳踏桿會給客人帶來舒適和愉快。

吧臺的形狀通常有三種，直線型、U 字型和圓形。許多酒吧的吧臺採用直線型，這種吧臺的特點是，調酒師在吧臺內的各個角落都能面對客人，展示櫃中的酒水也很直觀。此外，坐在吧臺前的客人易於相互瞭解、相互聚飲。

U 字型吧臺體現歐陸式風格，它為客人提供了更多的可選擇的位置，方便客人聊天。同時，U 字型吧臺可更多地突出它在酒吧中的位置，對客人有更大的吸引力，有利於酒水推銷，但占地面積較大。

圓型吧臺也稱作環形吧臺，吧臺中的圓型展示櫃展示各種酒水。這種吧臺可為來自各方向的客人服務，它適用於較大型酒會和自助式宴會。

2. 吧臺空間

吧臺內必須有足夠的空間使調酒師可以來回走動。吧臺與它身後酒櫃的距離約為 100 公分。吧臺的長度取決於經營情況和吧臺內工作人員的人數，如有兩名以上的調酒師一起工作，那麼，每個調酒師應該有自己的工作區。每個工作區都應有工作臺和洗滌槽，有擺放杯具和用具的地方。調酒師應很容易取到所需的酒水。而不必穿越另一個工作區域。酒品陳列櫃和臺下貯藏區應當分開，以便分別控制各自的酒水，每個區域還應備有一個裝空酒瓶的箱子，通常放在水槽下面。開瓶起子應固定在吧臺下面或工作臺臺面上，以方便使用。

3. 工作臺

工作臺是酒吧必不可少的服務設施，它應位於吧臺下面，是調酒師配製各種酒和飲料或切水果等的工作區。最常使用的酒水應放在工作臺旁的酒架內，以便使用時能迅速取出，從而避免調酒師轉身取酒而背對客人。

4. 洗滌區

通常，酒吧的洗滌槽安裝在工作臺旁邊，為了操作方便和衛生，應有兩個以上水槽，水槽用不鏽鋼製成。洗滌區應設有充足的冷熱水、消毒劑。水龍頭應是旋轉的，不用時可推在一旁。一些酒吧還設有小型洗杯機專供洗酒杯用。洗滌槽可洗刷煙灰缸等用具。

5. 冷藏設備

冷藏設備是酒吧的必要組成部分。冷藏箱有立式和臥式兩種，各有優點。冷藏品應該有規律地裝入冷藏箱，同時還應定期移動冷藏的酒水，將先領用的酒水放在冷藏箱的前排，後領用的酒水放在後排，做到先領取的酒水先使用。

6. 貯藏設施

根據需要，酒吧內應有一個貯藏室，或者有足夠的空間和設施貯存一定時期或幾天所需的各種酒水和服務用品。展示酒水的酒櫃和存放酒杯的設施及服務工具的抽屜和小櫃子，都是酒吧不可缺少的設施。

7. 電源設施

酒吧常使用電器設備，有電動攪拌機、電熱水器等。提供足夠的電源插座是酒吧設計的基本要素之一。電源的插座常位於工作臺和吧臺之間和接近冷藏設備的地方，但應遠離水槽。

8. 收款機

吧臺內應設有一臺收款機，以方便收款和記錄帳目。

9. 吧臺內地面

吧臺內的地面常會有溢出的液體，因此，為了方便工作和衛生管理，酒吧的地面應該選用防滑、易於清潔的材料。

根據酒吧經營策略和需求，不同的酒水經營場所還常常配有舞池、演出臺、視聽設備、臺球設施、遊戲機、簡便的烹調設備、酒水服務車、酒水展示架等。

六、酒吧的服務內容及服務技巧

（一）酒吧的服務內容

1. 向消費者提供各種純飲的酒類，如：白蘭地、威士忌、葡萄酒及啤酒等。

2. 向消費者提供各種軟飲料，如：各種果汁、汽水、礦泉水、純水、茶水等。

3. 向消費者提供各類混合飲品，如：雞尾酒、賓治酒（Punch）等。

4. 向消費者提供就飲所需的各種環境氛圍（依據酒吧的性質不同而各異）。

（二）酒吧的服務技巧

1. 酒吧服務技巧和服務規則

（1）衣著整潔，並按規定穿著工作服。

（2）講究個人衛生，要勤理髮、勤洗澡、勤剪指甲。男服務員不留小鬍子，女服務員不留長指甲和塗指甲油。

（3）在客人面前不挖耳朵、摳鼻子、搔頭皮、剔牙齒等。

（4）上班時不吃大蒜、韭菜等有異味食品，打噴嚏時要背向客人或用手帕掩住口鼻。

（5）上班期間不要吃東西、嚼口香糖。不吃用來作雞尾酒裝飾的櫻桃。

（6）上班不遲到。

（7）具有工作責任心。

（8）經營酒吧切忌無人看管，如果有事離開，一定要告知其他工作人員。

（9）工作時間不擅離職守。

（10）酒吧中萬一發生火災，按預案處置。

（11）始終保持客用煙灰缸光亮乾淨。

（12）即使酒吧中沒有客人，也不要將報紙鋪在吧臺上閱讀。

（13）如果使用杯墊，要確保它們的乾淨。因為這些物品通常是酒商作為廣告而免費提供的，因此，沒有理由使用不潔的杯墊。

（14）在營業前，要準備好下述物品：冰塊、檸檬片或檸檬、水果刀、櫻桃、雞尾酒籤等。

（15）未經允許不得使用電話，接電話要使用敬語，長話短說。

（16）不要因為聊天而讓客人等候。

（17）避免與較熟悉的客人長談而冷落其他客人。

（18）工作井然有序。

(19) 撿起掉在地上的軟木塞。

(20) 不要將抹布、擦杯布或任何清潔物品放在吧臺上，這會給客人留下很壞的印象。

(21) 抹布是用來擦桌子、金屬器皿、煙灰缸等的。

(22) 清洗杯具時要十分小心，用一小段橡皮膠管套在龍頭上可以避免杯具等的破損。

(23) 清洗及擦拭杯具不應使用同一塊餐巾布。

(24) 如果發現在客人面前的杯具上有口紅、唇印，不妨靈活一點，拿回來，說是杯子壞了或其他什麼原因。

(25) 打開水龍頭後不要忘了關，吧臺用的水管軟細，溢水的可能性很大。

(26) 如果有電話尋找來酒吧的客人，即使你知道他在，也不要立即告訴對方，而應該說：「我去問一下」，然後設法找到受話者，問一下客人是否願接電話，他或許並不想被電話打斷自己的雅興。

(27) 把來酒吧的客人當作自己的客人，給他們以適當的尊敬，讓客人高興而來滿意而去。

(28) 在酒吧中不要介入客人之間的爭論，客人之間的任何爭論都與你無關，做好對客服務是酒吧服務員的本職工作。

(29) 避免在酒吧中談論宗教信仰或政治問題，這是引起爭論的導火線。

(30) 酒吧客人來自各個階層，你會發現有些客人很頑固，行為怪異，他們往往一個問題要說上好幾遍，但他們拒絕接受別人的嘀咕，給他們一個微笑，讓他們自得其樂要比冒險糾正他們的錯誤更好。

(31) 無論是同事之間還是和客人之間，在酒吧中不要為任何事打賭。

(32) 營業期間，酒吧服務員和調酒員不允許在酒吧喝飲料。

(33) 營業期間，酒吧服務員和調酒員不允許接受客人贈送的飲料或同等價值的錢。

(34) 一定要不斷地清洗量酒器，這一點非常重要，例如有一點朗姆酒留在量酒器的底部將會影響伏特加酒的風味。

(35) 收回空酒瓶後，要將瓶中殘液倒盡。

(36) 切勿將空酒瓶扔進箱中，這樣容易使酒瓶破碎，傷害清潔工。

(37) 必須用專門的本子或表格記錄每日售酒數量，不可拖到下一班或第二天。

(38) 工作中原則上不要背向客人，調酒員轉身取背後的酒時，也要側著身子。

(39) 給客人開訂單時一定要重述客人所點的內容，並表示謝意。

(40) 客人付帳時要報出他們付款的數目，如付款的客人已醉，也應讓他的同伴聽清，以免發生糾紛。

(41) 不能因客人醉酒而採取輕視的態度，任何情況下酒吧服務人員都要以禮待客。

(42) 如果只有一個客人來飲酒時，為了不使他感到寂寞，可以適當地陪他說說話，但對成雙成對的來客，不要隨便插話，以免打擾他們。

(43) 記住每個客人喜歡喝的飲料，尤其是常客。

(44) 要經常檢查服務所必需的器具、杯子、各種表格、通知單等。

(45) 發現變質、變味的酒要填寫報損單，因不小心打破酒水也要記錄下來以便處理。

(46) 注意根據客人的消費情況隨機應變，向客人推銷酒水。

(47) 營業結束時要擦乾淨金屬器皿，沖洗、擦淨所有杯具，免得客人投訴。

(48) 要特別注意，不要拿走客人桌上還有剩餘飲品的杯子，免得客人投訴。

(49) 任何客人的遺留物品如珠寶、手提包、打火機、雨傘甚至半包香煙等都要交給酒吧領導，切不可據為己有。

(50) 酒吧關門前要檢查一下門背後和一些陰暗處，防止有人躲在這些地方。

2. 處理醉客的方法

適量飲酒可以促進人體血液循環，舒筋活血，有益於身心健康，但是過量飲酒則有害於人體健康，甚至會出現酒精中毒，嚴重破壞腦神經組織，有時甚至會危及生命。

酒吧是專供客人飲酒休息的場所，一旦出現醉酒現象，不僅會給日常生活、服務工作帶來麻煩，有時還會造成不必要的經濟損失。因此，酒吧調酒員和服務員一定要時刻保持清醒的頭腦，正確判斷客人的飲酒情況，隨時控制醉客的供酒量，客人一旦醉酒，須立即向上級匯報，妥善處理，儘量減少不必要的損失。

要知道客人是否醉酒，首先必須瞭解醉酒程度以及血液中酒精濃度對人體的影響。酒精濃度對人體的行為影響一般分為 7 個等級。

第 1 級——爽快，血液中酒精濃度為 0.02% ～ 0.04%，對人體有輕微影響，具體表現為心情舒暢。

第 2 級——激動，血液中酒精濃度為 0.05%，此時飲酒者表現得十分快活，情緒激動，意氣昂揚，說話較多，聲音也很大。

第 3 級——稍有醉意，血液中酒精濃度為 0.1% 左右，飲酒者有輕微的腳步不穩，有睡意。

第 4 級——微醉，血液中酒精濃度為 0.2%，此刻的飲酒者話特別多，且重複說同樣的話，幾乎不能單獨一人行走，別人攙扶時也歪歪斜斜的。

第 5 級——大醉，血液中酒精濃度為 0.3%，此刻的飲酒者言語不清，行動和表情都很異常，有的甚至易哭易笑，亂扔東西，常講自己沒醉。

第 6 級——酩酊大醉，血液中酒精濃度為 0.4%，表現為動作遲鈍，言語含糊不清，走路困難，不管在哪裡，躺下就睡，搖晃後會嘔吐。

第 7 級——爛醉，又稱為昏睡期，血液中酒精濃度達 0.5%，處於爛醉如泥狀態，如果血液中酒精濃度達到 0.8% ～ 1%，就可能導致中毒死亡。

解酒的方法很多，首先是控制客人的酒量，防止醉酒；其次是讓醉客喝一杯檸檬汁或橘子汁，加上大量的蜂蜜，因為檸檬汁中含有的維生素 C 和蜂蜜中的糖分能加快分泌抵抗引起酒醉的物質。另外，客人喝下解酒液後最好能躺下休息。

酒吧內如果發生醉酒現象，具體的處理方法是：

(1) 將客人上半身抬高，把衣服和領帶鬆開。

(2) 用冷毛巾敷在客人頭部，如果客人臉色蒼白，要讓客人躺下並避開風口，不能著涼。

(3) 情況嚴重時，要立即和總臺、客房中心聯繫。準備休息室讓客人休息。

(4) 醉酒嚴重時客人可能會嘔吐，嘔吐時要讓客人的臉側過來，並準備好熱毛巾、溫水讓客人漱口。

(5) 處理醉酒客人時始終保持其身體溫暖，酒醒後立即送上咖啡或紅茶。

(6) 照顧好客人的遺留物品，如有同伴，應當面點清，並記錄在案，等客人醒酒後再交給客人。

(7) 如果用計程車將客人送走，必須記下客人隨身攜帶的物品以及計程車的車號、計程車所屬單位，以防不測。

(8) 處理完後應將處理方法及結果記錄在案，並向上級領導匯報。

第二節 酒吧管理

一、酒吧後場管理

在本書中，酒吧的後場管理主要指對酒水的採購、驗收、貯存與發放等環節進行管理。管理的重點是成本控制，減少不必要的浪費或損失。

（一）酒水採購管理

酒水的管理是從採購開始的。在採購過程中，如果不注意加強管理和進行有效的控制，任何成本控制方法都無法挽回由此產生的巨大損失。

行之有效的採購工作應該是購買的原料能最大限度地生產出經營所需的各種食品或飲料，而且節約成本，節約生產時間。為此，採購人員必須具備較高的素質：

(1) 具有豐富的餐飲工作經歷。

(2) 具有較強的市場採購技巧，瞭解市場行情。

(3) 掌握各種酒品知識。

(4) 懂得會計知識，掌握訂貨單、發票、收據以及支票等的作用。

(5) 必須誠實可靠，有進取心。

制定採購計劃也十分重要。因為在制定採購計劃時，必須考慮很多因素，諸如採購的新品種能否被客人接受，調酒員、酒水服務人員能否很快地熟悉並使用這些新產品等等。大批量採購還會從批發供應商那兒得到一些折扣，這將會使成本明顯降低。這一點沒有引起管理人員的足夠重視，有些飯店將供貨單位的折扣挪為他用，還有的採購人員則私自侵吞這筆費用。管理人員必須對此有所瞭解，及時堵住管理漏洞。

採購的方法多種多樣，好的採購方法往往會產生令人滿意的效果。好的採購方法應包括下列幾個要素：

(1) 用書面形式制定出合理的採購方案和採購制度，由總經理批准後，傳達到有關人員，並照此嚴格執行。這樣可以防止一些採購人員以次充好、損公肥私，從而有效地控製成本，保證採購質量。

表 6-1 酒水採購規格表

酒水種類：洋酒——威士忌

編號	酒品名稱	供貨單位	規 格	採購價格	備註
A1	芝華士	省糧油進出口公司	750ml × 12	170FEC/瓶	
A2	珍寶	省糧油進出口公司	750ml × 12	63FEC/瓶	
A3	金鈴	省糧油進出口公司	750ml × 12	6FEC/瓶	
A4	皇家禮炮	省糧油進出口公司	700ml × 6	503FEC/瓶	
A5	施格蘭V0	省糧油進出口公司	375ml × 24	35FEC/瓶	
A6	百齡壇	省糧油進出口公司	750ml × 12	63FEC/瓶	
A7	黑方	省糧油進出口公司	750ml × 12	125FEC/瓶	

(2) 採購中必須考慮顧客的消費需求。以前認為，經營酒吧只要不把客人不喜歡的酒陳列在酒架上就可以了，而現在，則應該使用略便宜一點的酒水，透過增加消費量，讓客人為自己中意的酒水付更多的費用。在實際工作中，中檔牌子的酒，即既不昂貴也不便宜的酒通常被飯店選為指定酒品（House pouring），在選擇這些特備酒品時，首要考慮的因素是酒品的質量和價格。在決定採購什麼牌子的酒時必須根據顧客的實際需要，但又不是取悅每一位客人。如果有選擇地選購一些有價值的品種，以滿足絕大多數客人的需求，而不是滿足每個顧客的口味，那麼，酒水部的營運將會更有效；如果某位客人點要的酒品種沒有，可提供類似的品種，這是合乎情理，也很正常的事情，但是，如果某一酒品點要的客人較多，那麼，採購時就應加上該品種。

(3) 決定採購數量和最大庫存數量，對管理人員來說也是至關重要的。採購酒水的種類太多，不一定每種牌子銷路都很好，這樣就會使貨物大量積壓，從而使資金滯積，影響資金周轉。酒類存貨有一定數量限制，在庫時間最好不超過 1 個月，即庫存酒水的資產帳目其價值與 1 個月使用的酒水價值相等。另外，確定採購數量時還應考慮酒水飲料的保質期和庫房容量，新鮮的果汁飲料如橙汁系列，宜採用少進勤進的辦法，庫房容量小的飯店也一樣，不宜將某一兩個品種的酒水進得太多。

（二）酒水驗收管理

把好酒水飲料的驗收關是酒水管理和控制工作中的重要一環。酒水飲料的驗收工作一般由飯店收貨員根據貨單負責進行，為了嚴格把關，酒水的驗收工作必須遵循以下一些原則：

第一，質量和數量驗收。所有進貨酒品必須根據酒商提供的發貨單逐一如實驗收，確保沒有任何短缺。包裝箱要拆箱檢查，若發現包裝箱有潮濕的痕跡或已經潮濕，一定要開箱仔細驗收，防止酒瓶破碎造成損失。嚴格檢查酒品的名稱、商標、容量甚至產地，以防止假冒酒品混入飯店。

第二，驗收完畢，應立即將酒品運送到安全貯藏地，以防被竊。

第三，驗收完酒品後，收貨員必須填寫收貨單，一式兩份，並將正本附在簽過字的發票上，送交總經理或指定的負責人簽字後交財務部門辦理付款手續。

第四，酒品驗收入庫後，保管人員還應造冊登記，建立酒品檔案，填制存貨清單。在有些飯店，如北京麗都飯店，酒品保管人員使用一種雙面記錄卡，上面記載酒類的收進與發出以及存貨積餘數量，翻開記錄卡，對庫存狀況便可一目瞭然。這些資料還可以作為申請進貨的主要依據。表 6-2 為酒品登記卡樣本。

第五，酒水飲料的採購和驗收工作必須分工負責，管理人員必須嚴格防範相互串通作弊的可能。

表 6-2 酒品登記卡

酒品名稱＿＿＿＿＿ 分類＿＿＿＿＿ 編號＿＿＿＿＿

日期	進貨數量	發貨數量	簽名

（三）酒水貯藏管理

酒品的價值較高，因此，酒品的貯藏管理不僅僅侷限於防止數量的損耗上，還應根據各種酒類的特性分別妥善貯藏，以防止酒品變質造成浪費。酒類貯藏有以下幾個基本要求：

（1）酒品必須貯藏在涼爽乾燥的地方。

（2）應避免陽光或其他強烈光線的直接照射，特別是發酵酒品。

（3）避免震盪，以防喪失酒品原味。

（4）酒品應與有特殊氣味的物品分開貯藏，以防串味，最好能與食品分開貯藏。

（5）保持一定的貯藏溫度和濕度。各類酒品因其特性不同，對貯藏的溫度及擺放位置等要求也不一樣。如啤酒，其最佳貯藏時間不能超過 3 個月，最佳貯藏溫度 6 ～ 10℃，超過 16℃將會導致啤酒變質；而紅葡萄酒則需橫著存放在酒架上，貯藏濕度適中，要防止瓶塞及酒標霉變使葡萄酒變質、變味；又如白葡萄酒，要求低溫貯藏，這就必須經常檢查冷藏櫃底部有無積水，這些積水會導致酒標發霉，有礙酒品外表，嚴重的還會影響酒的銷路，造成不必要的損失。

飯店的飲料貯藏中心又稱酒窖或酒庫，是飯店存放飲料的主要區域。為了確保酒水存放安全，減少不必要的損失，酒窖的鑰匙必須由專人保管，對貯藏室內所有的物品負完全責任，其他任何人員未經許可不得隨便進出酒窖。

此外，許多飲料服務部門如酒吧等，都有吧內小貯藏室，用來貯藏部分酒品，這些地方在非營業時間必須鎖好，以防偷盜。一般來說，酒吧貯藏室或其他非飲料貯藏中心的飲料貯藏數量應以夠用為限，因為這些地區的安全措施不很嚴，容易出現較大的漏洞。解決這一問題的關鍵是建立健全「酒吧貯存標準」制度，即確定酒吧必須擁有的標準酒品的數量。

從嚴格管理的角度來說，所有的含酒精飲料都應該保持一個固定的貯藏水準。餐飲主管部門應當備有一份常年使用的存貨清單，每個月底會同酒窖（庫）管理人員進窖清點存貨，盤點核實，售出的物品與計算出的價格必須一致，並符合實際的帳目要求。

（四）酒水發放管理

含酒精的烈性酒品是以瓶為單位發放的，軟飲料的發放則以打或箱為單位。酒水發放的目的是為了補充營業酒吧的日常貯藏，保證酒吧的正常營業和運轉。根據一些大飯店的經驗，飲料發放工作一般在上午 8 至 10 時或下午 2 至 4 時進行。因為這段時間酒吧生意清淡，可以集中調酒人員前往酒窖領貨，酒窖也可以在這段時間內集中發放酒品。如果申請領貨計劃正確，一般都能保證 1 天的正常營業。

酒品的發放必須以酒吧填寫的申請單為依據，申請單（見表 6-3）一式三份，由各酒吧分別填寫，酒吧經理或主管簽字後方可生效。酒窖根據申請單上的項目逐一核實發放，並由發放人員簽字。

表 6-3 酒水領貨單（BEVRAGEREQUISITIONFORM）

地點（LOCATION）＿＿＿＿＿　　日期（DATE）＿＿＿＿＿

編號 BIN NO.	品種 NAME	單位 UINIT	數量 QTY.	發放數量 ISSUED	單價 UNIT COST	金額 TOTAL COST	備註 REMARK

製表人（ORDERED BY）＿＿＿＿＿　　部門主管（DEPT HEAD BY）＿＿＿＿＿
領貨人（RECEIVED BY）＿＿＿＿＿　　發貨人（DELIVERED BY）＿＿＿＿＿

發完貨後，三聯單正本交財務部，第二聯留存酒窖，第三聯交酒吧保管，這樣，餐飲主管人員每個月都可以根據申請單正本與酒窖管理人員和酒吧進行核對，防止有人利用申請單做假帳或從中動手腳。

為了方便管理和控制，在發放的每瓶酒（主要指烈酒）上都應該貼上飯店特製的「瓶貼」標籤，或打上印記。貼印這些標籤有很多好處，如：

(1) 可以鑑別該酒是否由飯店貯藏中心或酒窖發出，有利於控制和減少調酒員私自帶酒進酒吧銷售。

(2) 能正確反映發放日期，如果某一銷量很好的品種在酒吧滯留時間很長，管理人員可以據此進行檢查，及時發現問題，堵住漏洞。

(3) 如果飯店有幾個酒吧並且獨立核算成本時，貼印上標記還可以區別不同的發往地，減少貨品發放混亂的現象。

二、酒吧前場管理

酒吧前場管理主要指對酒吧營運過程的整體管理，其管理重點是除繼續做好酒水的成本控制之外，還要對出品質量與服務質量進行嚴格控制。

(一) 使用標準的計量與飲用器具

為使出品用量標準化，必須使用標準計量器具和飲用杯具，尤其是那些成本較高的酒水原料，必須嚴格用標準計量器來控制用量。

1. 標準計量器具

使用標準計量器具的主要目的有兩個：保證產品的數量標準和產品的成本標準。

常見的標準計量器具有：

（1）標準量杯。常見的有玻璃和金屬製量杯兩種，它們通常用於專業酒吧和餐廳的酒吧，主要用於調製混合酒和準備純飲酒類時計量原料。常見的計量容量為 30 毫升、45 毫升、60 毫升等幾種。吧臺員工在調製混合飲品及斟倒純飲酒類時，必須按飯店的規定操作。

（2）標準量酒嘴。使用時裝在酒瓶瓶口上，每斟一次酒，只能倒標準的一份；倒第二份之前，需將瓶口朝上，再重複第一次動作。每斟倒一次只能流出一份定量的酒液，這份量的多少視酒嘴的型號而異。

（3）手動酒液計量器。多用於斟倒較名貴的純飲酒計量。這種計量器裝於供純飲用的酒類的瓶口上，然後將酒瓶瓶口朝下掛於吧臺內的牆壁上或酒櫃上，使用時用酒杯杯口頂住酒液計量器往上推，酒液就會流出一個標準份量，每推一次流出一份，不會多放。

（4）電動酒液計量器。現代酒吧常使用電腦控制的酒液計量器，計量器預先調節好標準的配料量，酒吧員工只要按下相應的按鍵，便可得到所需的標準容量的酒液。

2. 標準飲用杯具

這裡的標準飲用杯具有三層含義：一是餐廳與酒吧必須備有滿足各種飲用需求的專業用標準杯，切不可用威士忌杯裝干邑提供給客人；第二層含義指各種專業用酒杯的容量必須同飯店規定的標準份額相吻合，為了確保每次出品的酒液份量達到標準，許多飯店在酒杯上印有不同酒類的標準份量刻度線；第三是酒吧配備的各種酒杯應有一個標準存量，以減少不必要的器皿損耗。

（二）執行標準配方

為了使飲品的份額一致、出品的酒水成本始終如一，並確保飲品質量穩定，在配製飲品時需要使用標準配方。飲品的標準配方是餐飲標準食譜在酒吧管理中的一種表現形式。

飲品的標準配方（配方格式見表6-4）需列出如下內容：飲品的標準份額；配製飲品的各種配料的名稱、用量和成本額；飲品的配製、加工方法；配製飲品的各種器具；飲用的載杯；每份飲料的標準成本。

表 6-4 飲品標準配方

品名：不甜馬丁尼　　標準成本：6.10 元
編號：038　　成 本 率：29%
類別：混合酒類　　售　　價：21.00 元

配料	用量	成本(98.1.1)	成本	成本
倫敦琴酒	45ml	4.80		
不甜香艾酒	5 滴	0.30		
醃製橄欖	1 个	1.00		

配製需要器具：1.混酒杯 ×1
2.濾冰網 ×1
3.雞尾酒杯 ×1(90　　)

配製方法：1.將倫敦琴酒與不甜香艾酒先後倒入放有冰塊的混酒杯中
2.用吧匙攪勻
3.蓋上濾冰器，將酒液濾人雞尾酒杯
4.放入橄欖

注：雞尾酒杯需預冷(Chilled)

除了對混合配製加工進行標準控制之外，還應設立整瓶酒的服務份量標準，這主要是對名貴的純飲酒類而言的。純飲的名貴酒大多是烈性酒，在酒吧一般透過單杯銷售，銷售時以份為計量單位，每一份計量為 30 毫升的居多。每瓶烈酒的容量一般為 700 毫升，以 30 毫升作一份，可分 23 份左右，除去允許損耗的酒液 30 毫升，每瓶烈酒應收回 22 份酒款。管理人員平時就用這一標準來進行管理。

（三）遵循標準操作規範

為了製作出符合質量標準的飲品，在配製飲品時應符合並遵循相應的操作規範和要求：

1. 酒杯的溫度處理

不同的酒有不同的飲用溫度，所用杯具的溫度也應該與之相適應。需常溫下飲用的酒類，如白蘭地、利口酒、紅酒等的飲用杯具，既不要作升溫處理，也無需作降溫處理，常溫狀態下的杯具就可作載杯了。另外一些酒類的飲用溫度較低，飲用的杯具則要作冰鎮降溫處理，這些杯具有大多數雞尾酒杯、白酒杯、香檳杯、啤酒杯等。冰鎮處理的方法一般有兩種：一種是將玻璃杯放在冷杯櫃中作降溫處理；另一種是將冰塊放在杯中，用手握杯作旋轉運動，使冰塊沿杯壁轉動，透過摩擦使玻璃杯降溫。

2. 冰塊的使用

酒水服務中常用到冰塊。使用冰塊時應根據標準配方的要求，選擇不同形式的冰塊，如刨冰、碎冰或是塊狀冰，但不管什麼形式，都應當新鮮、潔淨、衛生。

3. 飲品應充分混合

依據調酒時常用的四種加工方法——兌和、調和、搖和與攪和，製作不同款式的雞尾酒。如雞尾酒以含汽類飲料作輔料的，通常採用兌和與調和的方法進行加工；如用乳製品等一些黏稠的飲料作輔料，一般應選用搖和的方法加工製作。混合操作時間的長短視具體情況而定。

4. 倒酒

如用調酒壺一次調製兩份以上的飲品，在倒酒前先將載杯準備好，列成一排，各酒杯先倒入 1/4 杯，然後 1/2 杯，直至倒完，而不能先倒滿一杯再倒第二杯。這樣才能保證每杯酒的濃度、顏色、數量、口味基本一致。

本章小結

酒吧是飯店餐飲中頗具特色的一個部門，有足夠的吸引力引起消費者與從業人員的關注。酒吧同時又是飯店經營項目中獲利能力較強的一個部門，其地位相當重要。酒吧最終又是需要從業人員具備相當技術方能勝任工作的一個場所，其性質很具挑戰性。

思考與練習

1. 飯店酒吧的重要性體現在哪些方面？
2. 飯店酒吧有哪些表現形式？
3. 酒吧主要提供哪些服務內容？
4. 如何處理酒吧中的醉酒客人？
5. 控制酒水的成本應注意哪些方面？
6. 酒吧前場管理的重點包括哪些方面？

第 7 章 宴會服務與管理

導讀

宴會是政府機關、社會團體、企事業單位或個人為了表示歡迎、答謝、祝賀等社交目的以及慶賀重大節日而舉行的一種隆重、正式的餐飲活動。飯店的宴會廳或多功能廳就是進行宴會接待服務的場所。

宴會是飯店餐飲部的重要經營項目，也是飯店最重要的經濟收入來源之一。宴會產品經營得好壞，不僅直接關係到飯店的經營收入，還直接關係到飯店的整體形象。因此，飯店餐飲部都很重視宴會經營管理。外國許多飯店將宴會部從餐飲部分離出來，設立為獨立的部門，以便進行各種宴會的促銷和管理。

學習目標

瞭解宴會的歷史沿革

熟悉宴會的種類

掌握宴會業務運轉環節

掌握宴會銷售管理

熟悉中餐宴會、西餐宴會等的運轉管理

第一節 宴會業務經營運轉環節

古往今來，宴會滲透到社會生活的各個領域，大到國與國之間的交往，小到婚喪節慶、生兒育女，各個時代、各個地域、各個民族、各個階層、各個家庭、各種場合都離不了它。為了使現代宴會經營既能從悠久的宴會歷史中吸取精華，又能適應時代的需要，宴會經營者有必要研究宴會的歷史和發展趨勢，掌握宴會的特徵、種類和作用，熟悉宴會業務經營環節。

一、宴會概述

（一）宴會的歷史沿革

宴會的發展與烹飪原料、器具、技術及就餐環境、服務設施等的發展密切相關，又受政治、經濟、文化的制約。

宴會舊稱筵席。中國筵席最早產生於殷周時代。最早的筵席是用蒲、葦等粗料編成蓆子鋪於堂中，再用較精緻的蓆子鋪在筵上。《周禮》記載：「設筵之法，先設者皆言筵，後加者日席。」「筵席」二字，開始時是座具的總稱，後來引申為整桌酒菜的代稱，直到現在，人們也常說「宴賓客，擺筵席」。中國正式使用「宴會」一詞，大約在漢唐時期。

（二）宴會的特徵

宴會除了提供一般的餐飲產品外，還具有以下典型特點：

1. 群集性

宴會是許多人在同一時間、同一地點、為大致相同的目的，共聚一堂，享用相同的菜餚、酒水，接受相同的服務。

2. 社交性

《禮記》說：「酒食所以合歡也。」宴會常是人們在品嚐佳餚的同時，藉以表示歡迎、答謝、友好、祝賀，增進彼此瞭解，加深印象，改善關係，促進業務，增進友誼的重要手段，被稱為「除電話、書信之外的重要社交工具。」

3. 規格性

古人強調：「設宴待嘉賓，無禮不成席。」宴會一般設計嚴謹、組織嚴密、講究禮儀。從發送請柬、車馬迎賓、門前恭候、問安致意、敬煙奉茶、專人陪伴、入席讓座、高杯祝酒、布菜言「請」到退席說「謝」等都注重禮儀；從宴會廳布置、臺型布局、臺面布置、菜單設計、服務操作到燈光、音響、背景音樂等都要規範設計；從宴會預訂、原料準備、烹調製作、服務方式、人員分工、現場監控到宴會結束，都要嚴密組織。

4. 利潤豐厚性

一方面，宴會因是隆重聚會，又有一定目的，故而菜點豐盛，接待熱情，不像平時那麼簡單隨便；另一方面，宴會因其批量生產，菜品規格、服務較為統一，接待人數多，管理成本相對節約而消費水平又高，因此宴會的毛利率高，利潤豐厚。

（三）宴會經營在飯店中的作用

1. 宴會經營是飯店收入的重要來源

隨著餐飲市場的大眾化和競爭的日益激烈，飯店餐廳「一餐翻幾臺」的熱鬧場面早已不復存在，單點散餐收入在餐飲收入中所占的比重大幅度下降，宴會收入成為飯店收入的重要來源，常常占飯店餐飲部門總收入的 60% ～ 70% 以上，最高時可超過各個餐廳的收入之和。宴會毛利率較高，正常情況下在 65% ～ 70% 以上，高檔宴會的毛利水平可達 80% ～ 90%。可見，宴會是餐飲管理中利潤水平最高的部門。

2. 宴會是提高飯店知名度的重要形式

飯店宴會大多是應商業、社交和特殊需要舉行的，前來參加宴會的賓客身分、地位各異，遍布各個社會階層。透過宴會，品嚐了飯店的菜品，感受了飯店的服務，提高了對飯店的感性認識。有的來賓是新聞傳媒報導的焦點，在報導新聞的同時，也宣傳了飯店，提高了飯店的知名度。

3. 宴會可激發隱形消費

出席宴會的賓客一般會把自己參加宴會的經歷告訴給親友、同事等。這樣，參加宴會的賓客及其親友、同事都成為了飯店的潛在消費者，今後很可能在飯店餐飲、客房、健身等多方面消費。

4. 宴會可帶動人氣

俗話說「人氣帶來財氣」，許多人在同一時間出現在飯店，就算是參觀，也會帶來人氣，更何況宴會還會促進消費。因此，宴會是「人氣帶來財氣」的最好寫照。

(四) 宴會的種類

1. 按菜式風格劃分，宴會可分為中餐宴會和西餐宴會

中餐宴會是中國傳統的聚餐形式。宴會遵循中國的飲食習慣，以飲中國酒、吃中國菜、擺中式餐臺、用中式餐具、行中國傳統禮儀為主，採用共餐制。宴會布置及服務等都體現中國的飲食文化特色。

西餐宴會是按照西方國家的禮儀習俗舉辦的宴會。宴會遵循西方的飲食習慣，採取分食制，以西式菜餚為主，用西式餐具，行西方禮節，遵西方習俗，講究酒水與菜餚的搭配，提供西式服務，突出西方文化傳統。根據菜式和服務方式不同，西餐宴會又可分為法式宴會、俄式宴會、美式宴會、日式宴會等。

2. 按進餐形式劃分，宴會可分為中西餐宴會、冷餐酒會、雞尾酒會和茶話會等

中西餐宴會一般比較正式，參加宴會者有固定的座位，賓主按身分排位就座，並根據事先確定的菜單和規範的程序出菜和提供相應的服務。

冷餐酒會是以自助餐的形式舉行的宴會，一般不排席位，但可設桌、椅，賓客自由入座或站立進餐，必要時可設貴賓區。菜餚以冷菜為主，可輔以熱菜或燒烤菜，食品可中菜、西菜或中西菜結合，菜餚提前陳列在自助餐臺上，供賓客自取，賓客可自由活動，多次取食。可設專門的酒水臺，也可由服務員托盤運送。冷餐會可在室內、室外或花園舉行。因其形式靈活，多為政府部門或企業界舉行人數眾多的盛大慶祝會、歡迎會、開業典禮等活動所用。

雞尾酒會具有歐美傳統的集會交往形式。雞尾酒會以酒水為主，略備三明治、點心、小串燒、炸洋芋片等小吃，賓客用牙籤取用。形式靈活，一般不設座位，沒有主賓席，賓客可隨意走動，廣泛接觸交談。酒水和小吃由服務員用托盤送呈，或部分置於小桌上。舉辦時間靈活，可在中午、下午、晚上單獨舉行，也可在正式宴會前舉行，還可結合舉辦記者招待會、新聞發布會、簽字儀式等活動。請柬往往註明活動持續時間，賓客可在其間任何時候到達或離開，來去自由，但若遲到又早退，被視為無禮。

茶話會是一種經濟簡便、輕鬆活潑的宴會形式，設固定座位，以茶水、茶點為主，略備風味小吃和水果等。茶話會場地布置要幽雅、整潔、清新宜人，講究茶葉、茶具、茶點的合時、合事、合情、合境。

3. 按外交禮儀劃分，宴會可分為國宴、正式宴會、便宴和家宴四種

國宴是國家元首或政府首腦為國家慶典，或為歡迎外國元首、政府首腦來訪而舉行的正式宴會，是規格最高的一種正式宴會。國宴由國家元首或政府首腦主持，國家其他領導人和有關部門的負責人及各界名流出席，有時還邀請各國使團的負責人及各方面的負責人參加。國宴廳內懸掛國旗、會標，裝飾布置豪華莊重，安排樂隊演奏國歌及席間樂，席間有致辭和祝酒，賓客的座位按身分級別的高低事先排定，對號入座。國宴的禮儀特別隆重，要求特別嚴格，安排特別細緻嚴密。

正式宴會是僅次於國宴的一種高規格宴會，通常是政府和團體等有關部門為歡迎應邀來訪的賓客，或來訪的賓客為答謝主人而舉行的宴會。它除了不掛國旗、不奏國歌、出席規格不同外，其餘安排與國宴大體相同。賓主按身分排位就座，有時要安排席間樂。

便宴是非正式宴會。便宴不拘嚴格的禮儀，氣氛隨便、親切，不掛國旗，不奏國歌，可以不排座位，不做正式講話，菜餚數量也可酌情減少。便宴多用於招待熟識的親朋好友、生意夥伴等。

家宴，即在家中招待賓客的便宴。通常由家庭主婦親自下廚烹調，家人共同招待。

4. 按宴會的主辦目的劃分，宴會可分為慶賀宴會、迎賓宴和商務宴

慶賀宴是指一切具有紀念、慶典、祝賀等意義的宴會，如婚宴、生日宴、喬遷喜宴、開業慶典宴、慶功宴等。這種宴會主題突出、風格鮮明、氣氛熱烈、場面講究隆重。

迎賓宴是為迎接遠方來的賓客而舉行的宴會。這種宴會以主賓為中心，喜雅靜，重敘談，講面子。

商務宴是為了一定的商務目的而舉行的宴會。這種宴會往往「醉翁之意不在酒」，服務員服務時要注意觀察場面、選擇時機，隨時為賓主創造商務洽談的有利條件。

5. 按經營活動的內容劃分，宴會可分為以宴會為主的宴會活動、以會議為主的宴會活動和以娛樂為主的經營活動

以宴會為主的宴會活動包括各種規格、形式的中西餐宴會、酒會等；以會議為主的宴會活動包括各種規格、形式的國際性、地區性會議，各種形式的學術會議、商品展銷會等；以娛樂為主的經營活動包括舞會、文藝演出、時裝表演等。

（五）宴會發展趨勢

宴會是人類社會發展到一定階段的產物，隨著一個國家經濟、政治、文化的發展而發展，隨著人們觀念的變化而變化，隨著社會進步而進步。

1. 宴會的文化趨勢

宴會作為一種高級的社交活動，往往是一個國家或民族文化素質的高度體現。著名經濟學家於光遠先生認為：經濟發展的深層次是文化，文化是根，經濟是葉，根深才能葉茂。宴會經營者也逐漸意識到了這一點。未來的宴會，從宴會廳的布置到臺面設計、菜單設計、餐具配套、音樂安排、燈光設計、服務員服飾、藝術表現，都圍繞宴會的主題，更加注重營造宴會的意境和文化氣息，更加注重宴會與文化藝術的有機結合，給賓客以美的藝術享受。

2. 宴會的節儉化趨勢

中國宴會一直以來受「食不厭精，膾不厭細」為內涵的飲食價值觀的影響，加上各飯店少有營養師，缺乏營養知識，菜單設計只考慮規格、品種、口味等內容，使得宴會重「宴」輕「會」，講鋪排，食品構成失衡、數量過多、浪費驚人且有損健康。隨著現代人物質生活水平的提高，飲食文明程度也逐步提高，人們的價值觀、消費觀、工作方式、生活方式都在逐步發生變化。所以，宴會將向節儉化方向發展，如宴會時間縮短；適度控制宴會菜點數量，

以「夠吃為宜」；粗料精製，低檔菜走進宴會；節儉、快捷、方便、輕鬆的冷餐會將成為宴請的主要方式之一。

3. 宴會的營養化趨勢

隨著生活水準的提高，人們越來越關注自身的健康，因而十分注重營養。宴會的營養化趨勢主要表現在：菜餚的葷素搭配合理，營養均衡；提供無汙染的綠色食品，保證衛生；儘量控制有害物質對身體的影響，如酒精、色素、防腐劑、乾燥劑等

4. 宴會的大眾化趨勢

宴會已是「舊時王謝堂前燕，飛入尋常百姓家」，許多人把飯店作為其舉行婚宴、壽宴、彌月酒、為親朋好友接風洗塵的首選場所。隨著現代人感情交流需求的強化，宴會還將更多、更頻繁地走進普通百姓的生活。

5. 宴會的特色化趨勢

千篇一律的宴會令人乏味而生厭。因此，宴會的形式須因人、因時、因地、因事而制宜，並體現特有的地方風情和民族、文化特色，突出宴請主題和本飯店的個性，出奇制勝。

二、宴會業務經營運轉環節

有關宴會銷售管理的內容詳見本章第二節「宴會的銷售管理」，此處不再詳述。

(一) 宴會產品設計

宴會產品設計就是根據主辦單位的具體要求和本飯店的物質、技術條件等因素，事先對宴會活動進行統籌規劃，並規定實施方案的創作過程。宴會設計主要包括場景設計、菜單設計、臺面設計、服務設計等方面內容。

1. 宴會場景設計

宴會場景設計就是根據宴會的性質、形式和檔次高低、參加宴會的人數，對宴會舉辦場地進行選擇和利用，並對環境進行藝術加工和布置。宴會場景設計的基本要求如下：

(1) 賓客導向意識。「賓客滿意的宴會，才是成功的宴會」，因此，場景設計首先要考慮賓客的需求。賓客的需求具有多樣化、層次性、多變性、流行性、突發性等特點，場景設計首先應滿足大多數賓客的主導需求，然後側重迎合其中少數特殊人物的心理需求。

參加宴會者通常由四種身分的人組成，即主賓、隨從、陪客和主人。主賓是宴會的中心人物，常安排在最顯要的位置就座；隨從是主賓帶來的客人，伴隨主賓，烘雲托月，其地位僅次於主賓；陪客是主人請來陪伴客人的，有半個主人身分，在敬酒、勸菜、攀談、交際、烘托宴會氣氛、協助主人待客等方面，起著積極的作用；主人即宴會的主辦者，宴會要聽從他的調度與安排，以達到他宴請的目的。因此，宴會的場景設計首先要滿足主辦者的要求，並協助主辦者考慮主賓的需求，然後才是其他參宴者的需求。尤其大型宴會，要擬定出應急方案，場景設計要有先見之明，做到有備無患。

(2) 立意新，突出主題。宴會主題就是宴會主辦者的設宴意圖。宴會的場景設計必須根據宴會主辦者的設宴意圖，設計準確的宴會主題。各種擺設、臺型、布置、點綴、燈光、色彩等都需圍繞和襯托主題。其中，宴會廳的主牆面應是整個場景的重心，也是突出主題的重要手段。如婚宴，可設計在主牆面掛「龍鳳呈祥」圖、雙喜字，貼對聯；壽宴則可設計在主牆面掛「麻姑獻壽」圖、「壽」字等烘托氣氛。

飯店也可根據歷史、文化、文學、時事、流行時尚等因素，主動尋找、策劃各種主題宴會。如根據中國古代四大名著策劃的「紅樓宴」、「三國宴」、「西遊宴」、「梁山宴」等；根據古代餐飲文化創設「宋代宮廷宴」、「滿漢全席」等；以亞洲美食和文化精粹為主題而設計的「亞洲之旅」主題宴會等。香港的萬豪、怡東、東方文華等飯店曾先後推出萬里長城、中國宮廷之夜、末代皇帝盛宴等主題宴會。這些主題宴會依據不同消費者的特殊需要而設計和安排，在有限的空間中把精彩的東西方文化呈現在賓客面前，為賓客創造一個新奇的世界，讓賓客在品嚐美酒佳餚的同時欣賞到異彩紛呈的文化。

(3) 科學選擇場景。場景主要是指宴會所在場地的自然環境和餐廳裝飾環境。不同的用餐環境對宴會主題和進餐者的心理具有不同的影響。好的場景可以突出宴會主題，增強賓客在宴飲時的愉悅感受，且方便服務員工作。因此，應針對主題選擇美觀、大方、實用的場景。場景設計首先要利用自然美，讓天地日月、湖光山色、海灘草原作為宴會背景，如海灘宴、船宴、湖畔宴、草地酒會等，讓賓客在自然美景的環抱中享受美食。然後要根據宴會主題和與宴者的審美心理，選擇相應風格的餐廳和裝飾。如正式宴會要設有致辭臺，裝有兩個麥克風，臺前用鮮花圍住，並根據外交部規定決定是否懸掛國旗；國宴則須在宴會廳的正面並列懸掛客方和東道主國國旗，懸掛時按國際慣例以右為上、左為下，客方國國旗掛在右邊，東道主國的國旗掛在左邊。

(4) 合理布置場地。布置宴會場地時，要根據宴會的性質、形式、主辦單位的具體要求、參加活動的人數、宴會廳的形狀和面積等情況來進行科學設計和安排。

設計時，首先要遵循「中心第一，先右後左，高近遠疏」的臺型布置原則。「中心第一」指要突出主桌或主賓區。原則上，主桌應設在最顯眼的地方，以所有來賓都能看到為宜。一般情況下，主桌安排在面對宴會廳正門、背靠有壁畫或加以特殊裝飾布置的主牆面的位置。「先右後左」指按照國際慣例，主人的右席位高於主人的左席位。「高近遠疏」指按被邀請賓客的身分安排座位，身分高的離主桌近，身分低的離主桌遠。同時要注意餐桌間的距離，尤其多桌宴會，要方便賓客進餐、離座敬酒，便於服務員穿行服務。

其次，當一廳之中有多場宴會同時舉行時，為避免互相干擾，可用屏風或活動門相隔，必要時還要設計不同的出入通道。

若舉行冷餐會，則要突出主要的自助餐臺，設計流暢的人流路線，並注意突出冷餐會主題。

(5) 注意環境點綴。為了突出主題，烘托宴會場景的藝術氛圍，設計宴會場景時必須注意對宴會場地進行適當的點綴和裝飾。點綴的方法有：①在宴會廳內放置一些花木或盆景鮮花，使宴會廳綠意盎然；②在牆面或柱子上掛置一些字畫、工藝掛毯刺繡、竹木金屬浮雕、高分子瓷仿畫、攝影作品及其他小飾物，或藉以增強宴會廳的文化藝術氛圍，或造成畫龍點睛、烘托宴會主題的作用；③放置切合主題的古玩、雕刻製品、座屏及其他工藝品，使宴會廳具有高品位、高格調的民族特色；④利用色彩與燈光渲染宴會主題，營造宴會的意境。

案例 7-1

一位來自美國的學者，剛在中國西部遊歷了數日，回國前想在某飯店宴請在京的 160 多位同行及重要貴賓。老先生願意支付很高的餐費，但非常希望飯店將宴會廳裝飾出中國西部風情，因為他實在很留戀新疆的天山和草原的駝鈴。他說：「我個人不能提出具體的宴會方案，因為我不是飯店專家，但我知道貴店在京城餐飲業一向享有盛譽，我相信你們一定能令我滿意。」

客人走後，與客人直接洽談的金小姐及宴會部其他同事開始了精心的策劃，最後終於決定為客人舉辦以「絲綢之路」為主題的晚宴。

兩天后，老先生及其隨從提前來到宴會廳，他們的驚喜無以言表。展現在他們面前的宴會廳宛如一幅中國西部優美的風景畫：從宴會廳的 3 個入口處至宴會 3 張主桌，服務員用黃色絲綢裝飾成蜿蜒的絲綢之路；寬大的宴會廳背板上，藍天白雲下一望無際的草原點綴著可愛的羊群；背板前高大的駱駝昂首迎候著來賓，形象幾可亂真；宴會廳東側，古老的長城碉堡象徵著中國 5000 年文化的滄桑；西側有一幅天山圖的背板，寬大的舞臺上，一對新疆舞蹈演員載歌載舞。16 張宴會餐臺錯落有致地散立於 3 條絲綢之路左右，金黃色的座椅與絲綢顏色一致，高腳水晶杯和銀質餐具整齊地擺放在白色的桌布上，每個餐臺上的藝術插花令人感到宴會設計的高雅。面對文化氛圍濃郁的宴會廳，老先生激動地說：「你們做的一切大大超過了我的期望，你們是最出色的，真令我永生難忘。」

（資料來源：李任芷主編《旅遊飯店經營管理服務案例》）

2. 宴會菜單設計

（1）菜點設計。菜點是宴會的重要組成部分，菜點設計是菜單設計的核心。宴會菜點設計得好壞、菜點質量製作得好壞，是宴會活動最關鍵的一環。

宴會菜點設計主要受四方面因素的影響：①參宴賓客，如賓客的特徵、飲食習慣、飲食禁忌、心理需求、宴會主題、宴會價格等因素；②宴會菜點的特點和要求方面，如菜點數量、菜點搭配、時令季節、菜點營養等因素；③廚房生產方面，如設備條件、技術水平、原料供應等因素；④宴會服務方面，如接待能力、服務方式、上菜次序等因素。充分考慮到上述四個因素，可使設計出的菜點既滿足賓客需求又突出重點，盡顯風格、富於變化，還可保證飯店盈利。

中式宴會菜點的結構有「龍頭、象肚、鳳尾」之說，又像現代交響樂中的序曲、高潮和前奏，一般由餐前冷碟、冷菜、熱菜、湯菜、素菜、席點、主食、水果等組成。冷菜通常造型美麗、小巧玲瓏。熱菜是顯示宴會特色的最精彩部分，包括熱炒和大菜，大菜又有頭菜和熱葷大菜之分，其中的頭菜是整桌菜點中原料最好、質量最精、名氣最大、價格最貴的菜餚，常安排在大菜最前面，統帥全席，是審視宴會食品規格的標準，因此要設計得醒目、盛器要大、裝盤要豐、造型要好；熱葷大菜是大菜中的支柱，宴會常安排2至5道，多由魚蝦、禽畜、蛋奶以及山珍海味組成。席點要注重款式和檔次，講究造型和配器，以增添宴會氣氛，突出辦宴意圖，並調節宴會菜點營養構成。如1999年12月，在上海國際會議中心擺設的宴請參加1999年財富全球論壇的跨國企業代表的120桌宴會，其菜譜為：「風傳蕭寺香」（佛跳牆）、「雲藤雙蟠龍」（鳳梨明蝦）、「際天紫氣來」（中式牛排）、「會府年年會」（烙銀鱈魚）、「財運滿園春」（美點小籠）、「富歲積珠翠」（椰汁米露）和「鞠躬慶聯手」（冰漬鮮果）。

西式宴會中，正式宴會的菜點包括麵包、奶油、開胃頭盤、湯、魚、副菜、主菜（可配沙拉）、甜品、水果等內容，其中主菜是整套菜的靈魂。冷餐會的菜點以冷菜為主、熱菜為輔，菜點品種豐富多樣，一般都在20種以上。

以 25 種菜點為例，冷菜可安排 15 種，占 60%；熱菜 4 種，占 7%；點心 6 種，占 23%。雞尾酒會以飲為主、以吃為輔，菜點相對較少，結構為：雞尾小點（canapes）、冷盤類（coldcut）、熱菜類（hot item）、現場切肉類（carvingitem）、繞場服務小吃（pass around or special addition）、甜點及水果類（pastries & fruitplate）、佐酒小吃（condiments），一般講究菜點精美，但限量供應。

例：某一餐廳設計的西餐正式宴會菜單為：蘇格蘭煙燻鮭魚（Thinly Sliced Scottish Smoked Salmon with Traditional Accompaniments）、原味鴿湯（Essenceof Pigeonand Truffle poached Quail Egg）、檸汁蒸明蝦（Steamed Tiger Prawnin Lemon-Butter Sauce with Broccoli Flan）、美式小牛仔扒酥盒（U.S. Beef Tender loin-Baked in Flaky Puff Pastry with Mushroom and Goose Liver Stuffing Madeira Wine Sauce，Berny Potatoes Vegetable Garnish from the Morning Market）、巧克力蛋糕（Gâteau Opéra — A Rich Chocolate Layer Cake on an Apricot Coulis）、小甜點（Pralines）、咖啡或茶（Coffee or Tea）。

（2）菜名設計。美食配以美名，方顯其名貴。設計宴會的菜名須根據宴會的性質、主題，採用寓意的命名方法，使菜名主題鮮明、寓意深刻、清新雅緻、如詩如畫，讓賓客見之悅目、聽之悅耳、食之齒留餘韻，從而感悟到宴會的主題和飯店匠心獨具的盛情。如白族花宴中的「金針銀線繡梅花」，揚州西園大酒店「紅樓宴」中的「荷塘清趣」、「白雪紅梅」等，婚宴菜單中常見的「花好月圓」、「鴛鴦戲水」、「龍鳳呈祥」、「珠聯璧合」、「百合蓮心」等，壽宴中常見的「壽比南山」、「龜鶴長壽」、「松鶴延年」、「瑤池赴會」、「萬壽無疆」等，都是值得玩味的好菜名，而' 99 財富全球論壇的菜單，將每道菜名的第一個字連起來，就成為「風雲際會，財富鞠躬」。可見烹飪大師們獨具匠心的設計。

（3）菜單裝幀設計。與單點餐廳菜單不同，宴會菜單既要體現情、禮、儀、樂的傳統，又需是一份供賓客收藏的留念菜單，其裝幀設計必須十分考究，主要包括選擇製作材料，安排菜單內容，設計菜單的形狀、大小、色彩、款式、字體及印刷等內容。

菜單多用經久耐用的重磅覆膜紙、精美的銅版紙或亞光銅版紙印刷製作。菜單內容按上菜次序排列，一般不印價格。菜單的字體可靈活運用，字體大小以適於主要賓客閱讀為宜，如中式宴會可用飄逸的毛筆正楷字，壽宴可選用古樸的隸書、行草，正式宴會菜單則須用端莊的字體。菜單的形狀、款式、大小、色彩等，則應體現別緻、新穎、適度的原則，可選用工藝扇、工藝磁盤、微型石雕等。

例：上海錦江集團接待 APEC 會議的宴會菜單別具一格。將英文菜單雕刻在玻璃工藝品上，與中國畫軸連在一起，畫軸拉開又是一幅中國書法菜單，每道菜第一個字連接成為「相互依存，共同繁榮」，這是 APEC 會議的主題，令貴賓嘆為觀止。江澤民特意把具有深厚中國文化底蘊的宴會菜單作為禮品贈送給各國賓客。

（資料來源：陳金標主編《宴會設計》，中國輕工業出版社出版）

3. 宴會臺面設計

宴會臺面設計又稱餐桌布置藝術，它是根據宴會主題、形式、主辦單位的要求、接待規格、用餐人數、習慣禁忌、特別需求、時令季節，結合宴會廳的形狀、結構、面積、空間、採光、設備等情況，設計宴會餐桌排列組合的整體形狀和布局。宴會臺面設計主要包括臺型設計、宴會坐次設計和臺面擺臺設計等內容。

(1) 臺型設計。設計臺型時，首先要對服務區域進行整體規劃，即確定主桌或主賓席區及來賓席區位置、餐桌與餐椅布置要求，設置工作臺，安排主席臺或表演臺，必要時考慮會議臺型與宴會臺型的區域分隔，統籌兼顧。

中餐宴會一般使用直徑為 180 公分的圓桌和配套的玻璃轉盤，並配以與宴會廳色調相諧的餐椅，通常一桌 10 把。中餐宴會常見的臺型有「呂」字形（兩桌宴會）、「品」字形（三桌宴會）、「◇」菱形（四桌宴會）、「立」字形（五桌宴會）、金字塔形或梅花形（六桌宴會）；大型宴會多用「主」

字形排列，需在宴會開始前將事先畫好的宴會廳場景布置示意圖張貼於宴會廳正門口顯眼的地方，便於來賓對號入座。

西餐宴會一般使用可以拼接的長臺、半圓臺和扇面臺。餐臺的大小和臺型拼法，根據宴請的性質、參宴人數、宴會廳的形狀和大小、服務的組織和主辦方的要求來進行，並做到尺寸對稱、出入方便、圖案新穎、布局和諧。西餐宴會常見的餐桌排列有「一」字形、「口」字形、「回」字形、馬蹄形、「T」字形、「E」字形及分散形等。

會議的臺型可根據會議的主題、主辦方的要求、參加會議的人數和會議廳的大小和形狀設計為教室形、劇場形、長方臺形、「口」字形、「一」字形等。會議的主席臺要位置顯著，會議需用到的設施設備如講臺、麥克風、簽字臺、幻燈機、投影儀、寫字板等需設計好位置。

(2) 宴會坐次設計。宴會的坐次設計就是根據宴會的性質、主辦單位或主人的特殊要求，根據參宴賓客的身分，確定其相應的座位。坐次安排須符合禮儀規格，尊重風俗習慣，便於席間服務。

①中餐宴會的坐次安排。以 10 人一桌的正式宴會為例：餐桌一般置於廳堂正面，主人的座位通常設於圓桌正面的中心位置，面向宴會廳正門，副主人與主人相對而坐；主人的右左兩側分別為主賓和第二賓的坐次；副主人的右左兩側分別為第三、第四賓的坐次；主賓、第三賓的右側分別為主、客兩方翻譯的坐次，如圖 7-1 (A) 。有時，主人的左側是第三賓，副主人的左側為第四賓的坐次，其他座位為陪同席，如圖 7-1 (B) 。

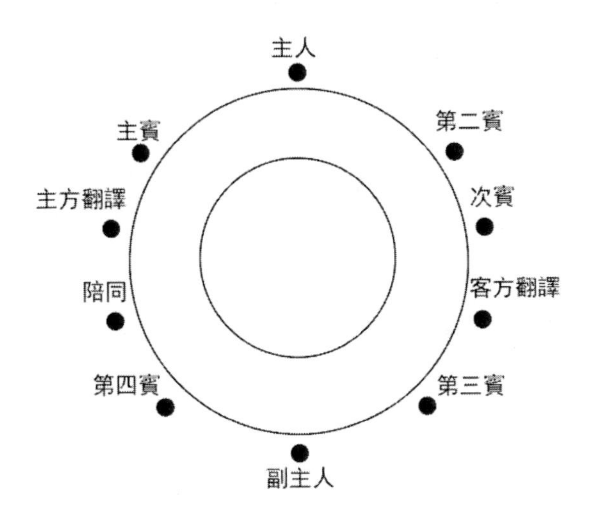

圖 7-1（A）10 人一桌中餐宴會坐次排列

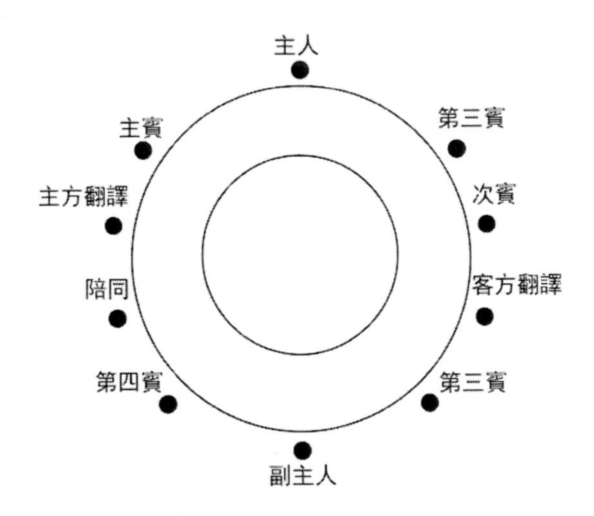

圖 7-1（B）10 人一桌中餐宴會坐次排列

但在舉行一些民間傳統宴會（如婚宴、壽宴）時，中餐宴會坐次安排必須遵循中國傳統的禮儀和風俗習慣，其一般原則為「高位自上而下，自右而左，男左女右」，見圖 7-2。

多桌宴會坐次安排的重點是確定各桌的主人位。以主桌主人位為基準點，各桌主人位的安排有「順向」和「相向」兩種方法，分別見圖 7-3A、7-3B。

坐次的具體安排通常由坐次卡體現。坐次卡是指根據飯店整體形象而設計出的，寫有賓客姓名的長方形臺卡。一般由主辦單位負責或主人在宴會開始前根據坐次安排放置在相應的座位上。大型宴會一般預先將賓客坐次影印在請柬上，以便賓客抵達時能迅速找到自己的座位。

②西餐宴會的坐次安排。西餐宴會坐次一般根據宴會性質、人數、男女賓客、職務高低以及是英式還是法式來確定。家庭式宴會只有主客之分，安排坐次時，只需考慮男女穿插入座、夫婦穿插入座，以便於交談，擴大交際，如圖 7-4。

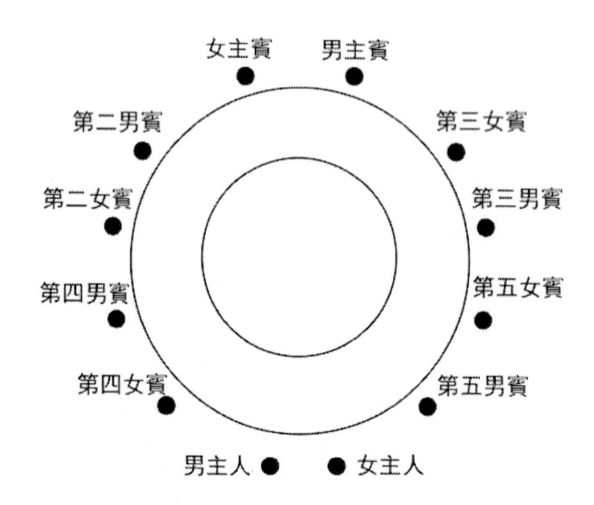

圖 7-2（1）

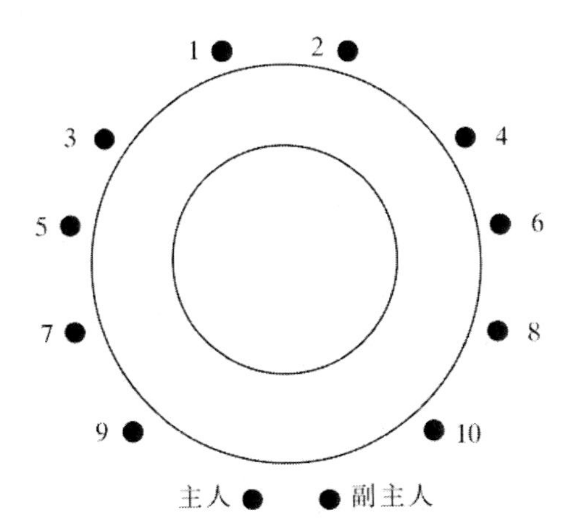

注：主人、副主人並肩坐末座
高位自上而下，自右而左

圖 7-2（2）

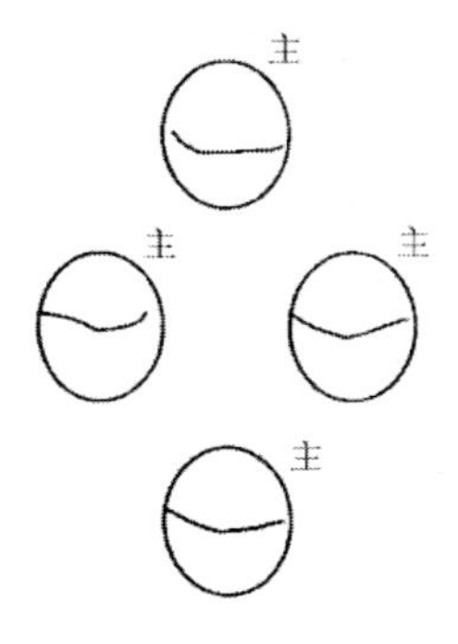

圖 7-3A

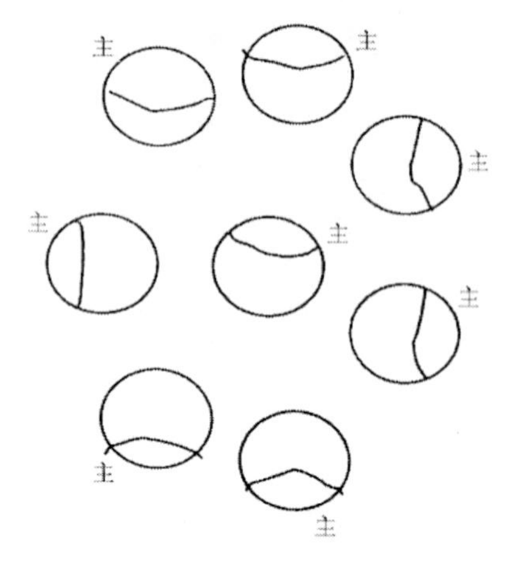

圖 7-3B

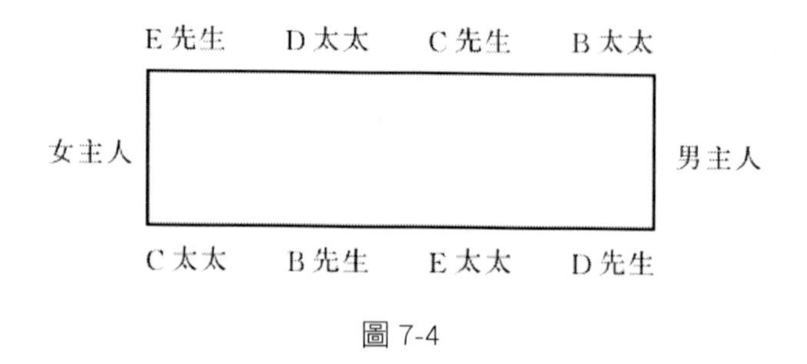

圖 7-4

若是外交、貿易或工作性質的宴會，氣氛較正規、嚴肅，安排坐次時，需考慮參宴雙方首要人物人數、雙方首要人物是否帶夫人、雙方是否各自帶有翻譯、主客穿插入座等因素，如圖 7-5。大型宴會需要分桌時，餐桌主次按「高近低遠，右高左低」的原則而定；每桌都有若干主人，且每桌主人位置要與主桌的主人位置方向相同，如圖 7-6。

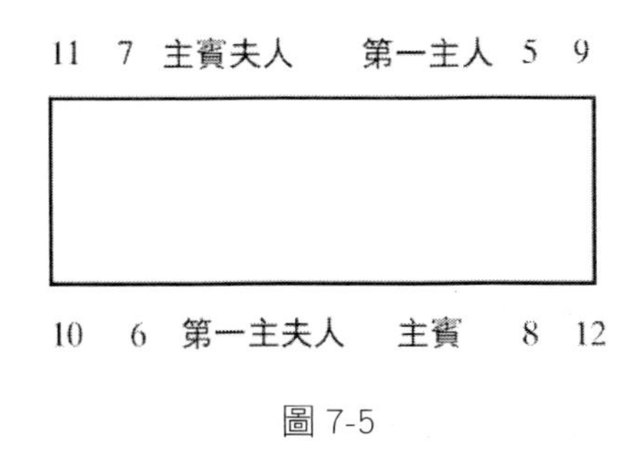

圖 7-5

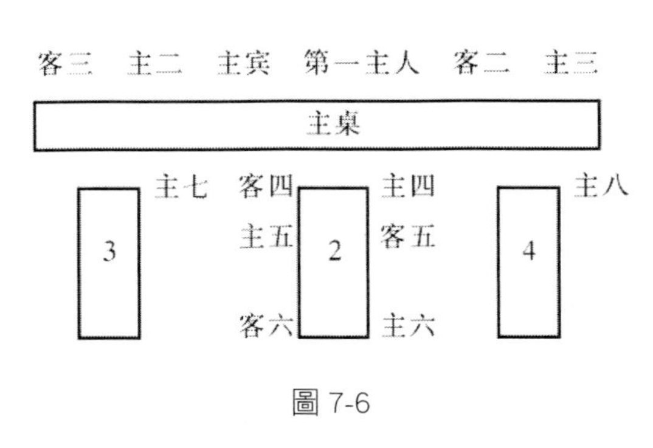

圖 7-6

(3) 臺面擺臺設計。宴會臺面設計的效果不僅決定宴會的氣氛，而且體現宴會設計者的水平及整個宴會的服務質量。宴會臺面設計主要包括桌布的選用、餐具的選擇與布置、餐巾的選擇和餐巾花造型、餐桌上的鮮花造型及其他飾物布置（如椅套）等內容。若是冷餐會則還包括自助餐臺設計（見第五章第四節）。

飯店一般選用印花、刺繡、編織的各種顏色的桌布，但以與餐廳整體設計和宴會主題和諧為宜；還可透過桌布、轉臺、臺裙等不同的顏色、形狀和組合來襯托臺面效果，或以特製的臺面中心（如歲寒三友、松鶴延年、春回大地等圖案）反映臺面的主題。餐具的選擇和布置須根據宴會的性質和檔次、服務方式和內容、菜點的數量和色彩等來進行。

選擇餐巾時，應注意其顏色和質地與桌布、餐具及宴會主題協調；餐巾花型要適合宴會的性質、主題、規模和時令季節等，並適合賓客的身分、宗教信仰、風俗習慣及喜好，同時突出主人位。餐桌的鮮花應選擇插花，如玫瑰、月季、康乃馨、百合、馬蹄蓮、晚香玉、荷花、香雪蘭等；或植株低矮、叢生、密集多花的盆花，如仙客來、長壽花、紫羅蘭、鬱金香等，並根據賓客禁忌、宴會主題、季節變化予以調整。

宴會的臺面布局要對稱和諧、美觀大方，既方便賓客就餐，又利於服務操作。中餐宴會擺臺順序為：鋪桌布→放轉盤→圍臺裙→餐椅定位→骨碟定位→擺翅碗、瓷羹和味碟→擺羹筷座、銀羹、筷子及牙籤→擺酒水杯（水杯、紅酒杯和烈性酒杯）→擺公用餐具（分羹、分筷和湯勺）→擺煙盅、火柴（或不擺）→擺餐巾花→擺宴會菜單、席次卡→擺花瓶或插花。中餐宴會的臺面布局及個人餐位擺放示意如圖 7-7。

西餐宴會擺臺按「鋪桌布→擺蠟燭臺→餐椅定位→擺裝飾盤（墊盤、裝飾盤）→擺主菜刀、魚刀、湯匙和頭盤刀→擺主菜叉、魚叉和頭盤叉→擺水果刀、叉和甜品匙→擺麵包盤、奶油刀和奶油碟→擺酒杯（水杯、紅葡萄酒杯和白葡萄酒杯）→擺餐巾花→擺椒鹽瓶、糖盅、煙盅、花瓶、菜單、坐次卡等」順序進行。

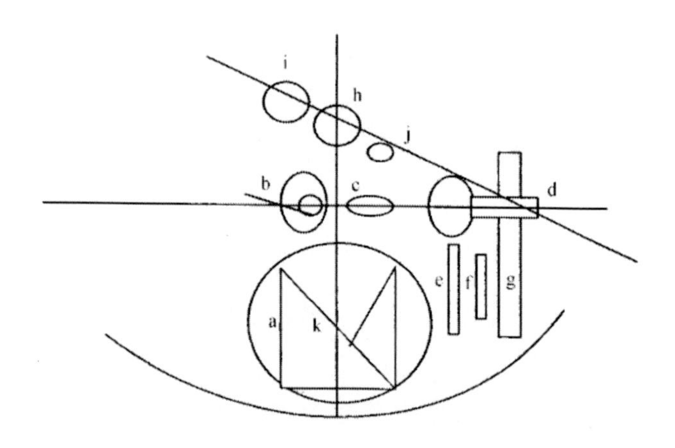

圖 7-7（A）中餐宴會擺臺個人餐位擺放示意圖

a. 骨碟 b. 翅碗及瓷羹 c. 味碟 d. 羹筷座 e. 銀羹 f. 牙籤 g. 筷子 h. 紅酒杯 I. 水杯 j. 烈性酒杯 k. 餐巾

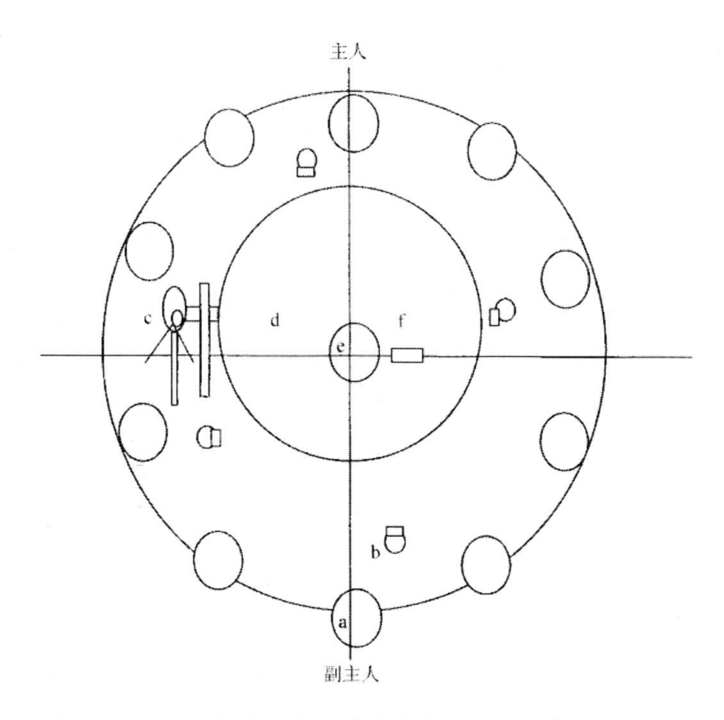

圖 7-7（B）中餐宴會擺臺臺面布局示意圖

a. 骨碟 b. 煙盅及火柴 c. 公用筷、勺、羹及座 d. 轉盤 e. 花瓶 f. 席次卡

西餐宴會的臺面布局及個人餐位擺放如圖 7-8 所示。

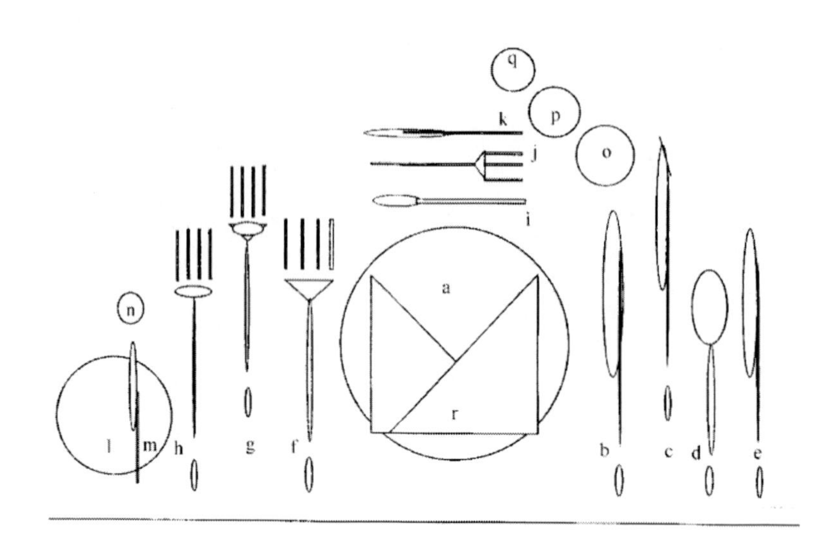

圖 7-8（A）西餐宴會擺臺個人餐位擺放示意圖

a. 裝飾盤 b. 正餐刀 c. 魚刀 d. 湯匙 e. 頭盤刀 f. 正餐叉 g. 魚叉 h. 頭盤叉 i. 甜品匙 j. 甜品叉 k. 水果刀 l. 麵包盤 m. 奶油刀 n. 奶油碟 o. 水杯 p. 紅酒杯 q. 白酒杯 r. 餐巾

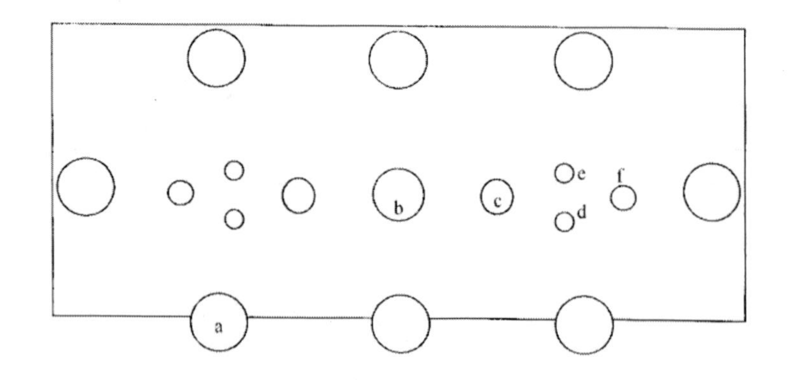

圖 7-8（B）西餐宴會臺面布局示意圖

a. 裝飾盤 b. 花瓶 c. 蠟燭臺 d. 胡椒瓶 e. 鹽瓶 f. 煙盅

4. 宴會服務設計

服務是整個宴會不可或缺的重要環節。宴會服務設計主要包括服務程序與服務標準的設計、服務方式的設計、席間音樂和活動的設計以及突發事件處理的設計。

(1) 服務程序和標準的設計。宴會的服務程序和標準的設計，就是設計宴會服務的先後順序及時間安排，並確定每一具體環節的服務要求。宴會服務程序可分為宴會前準備、迎賓服務、就餐服務和宴會收尾工作等四個基本環節。宴請性質、規格檔次不同，服務標準也不同。如宴會與會議、中餐宴會與西餐宴會的服務標準不同，國宴、便宴與家宴的服務標準各異。一般來講，宴請活動的規格檔次越高，服務要求也就越高。

(2) 服務方式的設計。宴會的服務方式取決於宴請的性質和規格檔次，同時又反映宴會的規格、烘托宴會的氣氛，它既包括服務人員的站姿、走姿，又包括上菜方式、服務的具體動作。宴會服務方式的基本要求是優美得體、新穎別緻、符合禮儀。如 1986 年 10 月 18 日廣東省政府在白天鵝賓館舉行的歡迎英國女王伊麗莎白二世的宴會中，在上「金紅化皮乳豬」這道菜時，採用了「侍女」提宮燈前導，二位轎伕身著唐朝服裝抬著裝有「金紅化皮乳豬」的轎子，後跟兩排服務員手托乳豬進場的方式，收到了出奇的效果。

(3) 席間樂和活動的設計。宴會的席間樂和活動取決於宴會的性質、主題，主辦單位的要求，宴會廳設施設備的性能及整個宴會過程的安排。宴會的席間樂和活動的形式主要有席間音樂、表演活動、自娛自樂等。

席間音樂是宴會必不可少的助興工具。美味佳釀和優雅舒適的環境配上優美動聽的音樂，會烘托和昇華宴會的氣氛，給與宴者帶來超值的美的享受。選擇宴會席間樂，首先要與宴會的主題相符，如國宴上樂隊演奏的兩國國歌，婚宴上的《婚禮進行曲》，生日宴會上的《祝你生日快樂》，中餐宴會上的民族音樂《塞上曲》、《梅花三弄》、《百鳥朝鳳》等，西餐宴會上的西方古典音樂如莫札特的鋼琴曲、蕭邦的小夜曲等；其次，要與宴會的進程相一致，如迎賓時的《迎賓曲》、開席時的《祝酒歌》、席間的《步步高》和送客時的《歡送進行曲》；再次，要符合與宴者的欣賞水平；最後，還要與宴會的環境相協調，注意民族特色和地方特色。

表演活動即根據主辦單位的需要，設計一臺文藝表演、時裝表演或音樂演奏等。文藝節目可以豐富多彩，如地方戲、小品、相聲、快板、演唱、評書等，可配以小型樂隊伴奏，演唱時可伴舞。時裝表演對宴會廳的場地、燈光、音響及布置有較高的要求。音樂演奏可針對賓客的欣賞水平和宴會主題，選擇演奏世界名曲，西方音樂中的輕音樂、爵士樂、古典音樂和中國的民樂，樂器包括鋼琴、小提琴、薩克斯管、手風琴、豎琴、琵琶、二胡、古箏等。表演活動關鍵要做到活潑、輕鬆、豐富多彩、和諧連貫，既有觀賞性又有娛樂性，同時注意舞臺、燈光、音響的設計和控制，且不能影響宴會的主要活動，如進餐、致辭等。

宴會席間，還可根據主辦者的要求開展各種娛樂活動，如採用自娛自樂的方式——卡拉 OK、有獎競猜遊戲、與宴者即興表演、跳舞等。其設計的關鍵是場地和燈光、音響、設備要配套，並兼顧服務員及服務過程的協調性。

（二）宴會前的組織準備

宴會廳及其他相關部門（如廚房、綠化部、工程部等）的服務員，在接到宴會預訂部的宴會通知單後，應根據各項具體要求，在宴會開始前進行一系列相應的準備工作，如廚房準備宴會所需原材料並加工製作；綠化部準備宴會用的花草盆栽並進行相應裝飾布置；工程部準備舞臺、燈光、音響及其他設施設備並進行相應的布置安裝；宴會廳服務員做好宴會開始前的服務準備工作。

宴會前的組織準備主要包括掌握情況、人員分工、場地布置、物品準備與擺臺、擺放冷盤（中餐宴會）、開宴前的檢查和召開餐前會等各項工作。

1. 掌握情況

接到宴會通知單後，餐廳服務員應做到「八知」、「三瞭解」。

「八知」是：知宴請規模，知宴會標準，知開餐時間，知菜單內容，知賓主情況，知收費辦法，知宴請主題，知主辦地點等。

「三瞭解」是：瞭解賓客風俗習慣，瞭解賓客進餐方式，瞭解賓客特殊需要和愛好。

對於規格較高的宴會，還應掌握宴會的目的和性質，有無席次表、坐次卡，有無音樂或文藝表演，有無司機費用等。

2. 人員分工

人員分工，即根據宴會要求，對迎賓、值臺、傳菜、酒水及衣帽間、貴賓室等職位進行明確分工，提出具體任務和要求，並將責任落實到每個人。大型宴會可將宴會桌次和人員分工情況用圖形標示。

進行人員分工時，要根據每個人的特長安排工作。要注意男女服務員比例要適當；參與服務的人員均需具備熟練的宴會操作技能和臨場應變能力；服務員儀容儀表要美觀、大方，身材勻稱，能始終堅持微笑禮貌服務；值臺服務員身材不能過矮，傳菜服務員須有體力、托盤技能強；各區域負責人要有豐富的工作經驗，精通宴會的全部工作，有處理突發事件的能力；貴賓席、主賓區須選擇有多年宴會工作經驗、技術熟練、動作敏捷、應變能力強的基層管理者或服務人員。

參加服務的人數要根據宴會的規格和規模而定，值臺服務員一般主桌安排至少 2 名，其餘一桌安排 1 名或三桌安排 2 名；傳菜服務員主桌安排 1 名，其餘可二三桌安排 1 名；迎賓、貴賓室、衣帽間等職位的人數則視具體情況而定。

3. 宴會場地布置

布置宴會場地須根據宴會的設計方案精心實施，既要反映宴會的特點，又要使賓客進入宴會廳後感到清新、舒適、美觀。布置臺型時要考慮中、西方國家的不同習慣，如中餐突出主桌，而西餐宴會不突出主桌等。桌椅排列要整齊，並留有賓客行走通道和服務通道。宴會廳的室溫要保持穩定，且與室外氣溫相適應，一般冬季保持在 20 ～ 24℃之間，夏天保持在 22 ～ 26℃之間。酒吧臺、禮品臺（或簽到臺）、貴賓室、工作臺等根據宴會的需要和宴會廳的具體情況靈活安排。

4. 物品準備與擺臺

須根據宴會類型、規格和宴會設計方案提前備足宴會需要的物品，如中餐宴會須準備宴會菜單、酒水、茶葉、菜餚跟配的作料、小毛巾、分菜用具及其他服務用具等。

開宴前根據宴會通知單要求擺好餐臺。

5. 開宴前的檢查

所有準備工作就緒後，宴會管理人員要進行一次全面檢查，內容包括：

（1）餐桌檢查。包括臺型和餐桌擺放是否符合宴會的規格和主辦方的要求，臺面物品是否完好齊全、衛生清潔，席號牌、坐次卡是否已就位等。

（2）衛生檢查。包括個人衛生、餐用具衛生、宴會廳環境衛生、菜餚酒水衛生等。

（3）安全檢查。包括宴會廳各出入口是否通暢，太平門標誌是否清晰，洗手間用品是否齊全，各種滅火器材是否完好、按規定位置擺放且其周圍無障礙物，宴會的用具和餐椅是否牢固可靠，地面是否平整完好、無水跡油汙，宴會用易燃品是否由專人負責並放置安全。

（4）設備檢查。包括電器設備檢查，保證各種燈具、電線、插座、電源、開關等完好；空調設備檢查，保證空調機性能良好，在開宴前 30 分鐘就達到所需溫度並始終保持穩定；音響設備檢查，宴會開始前裝好所需音響設備，調整好擴音器音量並逐個試音以保證音質，將有線設備的電線放置在地毯下面；其他設備檢查，如對工作臺、酒水臺、貴賓室、屏風及其他裝飾布置物品等進行檢查，保證其符合宴會需要並利於營造宴會氣氛。

一旦發現問題，立即組織人力及時解決。

（三）宴會現場控制

宴會過程服務是宴會管理和服務質量的最終體現。為確保宴會成功，宴會廳經理或有關管理人員要做好宴會服務過程的管理工作，控制宴會現場。宴會現場控制的重點是：

1. 控制宴會進程

宴會的現場管理人員必須熟知整個宴會的策劃方案，掌握宴會所需時間，主人講話致辭、領導敬酒、席間表演等各個細節，以便及時安排斟酒上菜等時間，切忌在奏國歌、講話致辭、領導敬酒祝酒時上菜；掌握不同菜點的烹製時間，以便及時與廚房協調，保證按順序上菜並控制好上菜的間隔時間，避免上菜速度過快或過慢，影響宴會氣氛；注意主桌或主賓席與其他餐桌賓客的進餐情況，適當調控兩者的速度，保證整個宴會順利進行。

2. 督導宴會服務

現場管理人員要加強巡視，及時根據宴會的進程和場上的變化調度人員，協調好廚房與餐廳之間、各個服務區域之間及其他各方面的關係和工作進度，知道和糾正服務員的不良或不規範行為，及時彌補服務工作中的不足，保證宴會服務達到規範的要求。

3. 處理突發事件

宴會進行過程中經常會出現一些新情況和新問題，現場管理人員必須當機立斷，迅速處置，讓賓客的要求在最短時間內解決，把突發事件對宴會的影響控制到最小，把飯店的損失降到最少，儘量消除突發事件對飯店形象的負面影響。

案例 7-2

某飯店宴會廳裡正在舉辦規模盛大的記者宴會。席間，一切按計劃進行，忽然，離主桌最遠的一張桌前有位女記者發出尖叫聲，原來是一個實習生把湯灑在了她身上，一身套裝濕淋淋的。宴會廳朱經理、公關主任一面安排服務員收拾倒翻在地毯上的湯碗，一面與另一名女服務員小楊用身體為女記者遮擋著走出了宴會廳。朱經理交代小楊處理後返回了宴會廳。

小楊先安排客人到房間裡淋浴，到客房部暫借了一套乾淨的飯店制服請女客換上，旋即將女客的外衣送到洗衣房快洗，又轉彎抹角問清了女客的內衣尺寸，並讓人以最快的速度到附近的商店去購買。而後小楊便陪同女客到

1 樓餐廳單獨用餐，並代表飯店向她表示真切的歉意，女客很快便恢復了平靜。

因處理及時，3 樓宴會廳裡早已恢復了先前的熱鬧氣氛。此時，飯店外方總經理正好前來敬酒，朱經理把事情的經過向他匯報後，他立即和朱經理來到 1 樓餐廳，鄭重向女客致歉，後來又特地向女客的上司表示歉意。女客反而感到不好意思，她指指身上的飯店制服，幽默地說：「我都成了您飯店的員工了，自己人嘛，還這麼客氣！」

半小時後，洗衣房已把女客的衣服洗淨燙平，公關部祕書早已買來了內衣。女客高高興興換上自己的套裝，還不時向朱經理和小楊道謝。臨出門時，朱經理還為她叫了一輛計程車……

（四）宴會結束工作

宴會的結束工作主要包括結帳、徵求意見、拉椅送客、清理餐廳及召開餐後總結會等內容。

1. 結帳

結帳是宴會結束工作中的重要內容之一。為確保飯店應得收入如期實現和維護飯店的良好形象，結帳要做到準確、及時，既不能多算，也不能少算；多算會導致主辦單位不滿，影響飯店的聲譽，少算則是飯店損失應得收入，增加宴會成本。結帳工作需注意：

（1）宴會臨近尾聲時，宴會管理者應讓負責帳務的服務員準備好宴會帳單。

（2）準確清點宴會實際用酒水、香煙，在宴會帳單上如實反映。

（3）若有加菜，也須將其費用如實加到宴會帳單上。

（4）在結算前要認真核對各種費用，不能缺項，不能算錯金額。

（5）備齊各種原始帳單後，由飯店財務部收銀員統一開出正式收據，宴會結束立即請宴會主辦單位的經辦人結帳。

2. 徵求意見

宴會結束後，宴會管理者應主動徵詢主辦單位對宴會的意見和建議。徵詢意見可以是書面的，如請賓客填寫《賓客意見簿》；也可以是口頭的，如宴會進行過程中或宴會結束後透過電話徵詢賓客對菜餚（尤其貴重菜餚）、服務、宴會組織安排等的看法。一般來說，宴會結束後，要給宴會主辦單位發一封徵求意見和表示感謝的信，一是表示謝意，二是希望今後繼續加強合作。

3. 送客

主人或主辦單位負責人宣布宴會結束時，服務員要提醒賓客帶齊自己的物品。當賓客起身離座時，服務員應主動為其拉椅，並視具體情況和宴會服務要求，目送或送賓客到宴會廳門口，必要時在宴會廳門口列隊歡送。衣帽間服務員根據取衣牌號碼，及時、準確地將衣帽取遞給賓客。

4. 清臺，整理宴會廳

賓客離席時，服務員要檢查臺面是否有未熄滅的煙頭、是否有賓客遺留物品。賓客全部離開後才能清理臺面。清臺時，先整理餐椅，再按餐巾、小毛巾、酒杯、刀叉、瓷器的順序分類收拾、送洗。貴重物品要當場點清。然後撤餐桌、餐椅，做好場地衛生，將宴會廳恢復原樣。宴會管理者在各項結束工作基本完成後要認真進行全面檢查。

5. 宴會後總結

為了及時總結經驗教訓，大型宴會結束後，主管要召開總結會，通告宴會進行的情況和賓客的意見和建議，對突發事件的全面情況和處理給予有效評價，及時表揚工作出色的服務員，重申有關規定和要求，並對今後的服務工作提出期望。會後，要關好門窗，關上電燈，切斷電源。待全部工作檢查完畢，所有服務員方可離開。

案例 7-3

APEC（亞太經合組織）歡迎晚宴，其環境氣氛設計為：

1. 宴會廳的布置

宴會廳裡鋪著紅色織花地毯，窗簾是紫紅色的，加上舞臺以紅色為主，整個環境洋溢著喜慶的氣氛。而桌布、椅套、裝飾鮮花則以白色為主，紅色點綴其間。桌布鑲上一圈紅色的群邊，10 支白玫瑰為主的花盆裡插上一二支紅掌、紅雞冠花，再配上一支紫色洋蘭，顯得高貴典雅。

現代化的電腦燈效，又襯托出牡丹的國色天香。整個背景既富有民族特色，又頗具現代感。

為適應表演，宴會廳燈光比較暗，而用餐卻要一定亮度，尤其要展現菜餚的特色，為此每桌選用三盞十分精美的銀燭臺燈。燈高 12 公分，底座直徑 7 公分，銅質鍍銀，燈罩由一個葡萄酒杯鑲嵌其中，這都是飯店有關人員根據宴會的燈光效果設計要求臨時定做的。浮在水面的蠟燭既要亮度適中，又要確保燃燒 2 小時，還要無煙味。最後被選中的 300 多支蠟燭燈芯都較粗，燃燒時間確保 3 小時。

2. 餐桌設計與臺面布置

參加會議的各國領導人及配偶就坐的主桌呈半弧形，長約 30 公尺，寬約 1 公尺，正對著文藝演出的舞臺。主桌座椅專門從江蘇定製，是中國的太師椅和西式椅子的結合，四只腳用金套包住，扶手下方也鑲有金邊，中間是用海綿做的軟墊，既具有太師椅的氣派，又有西式椅子的舒適感。

約 3000 平方公尺的宴會廳裡還擺著 99 張圓形餐桌，招待官員和代表。所有餐桌都用紅、黃兩色綢緞裝飾，餐桌中央是白玫瑰和洋蘭燈鮮花。宴會用的圓桌可以坐 14 人，但只坐了 10 人，為的是空出位置，讓貴賓觀賞節目時視線沒有阻礙。

餐具的顏色以銀色為主，金黃色點綴。大到引人注目的冷盤蓋，其銀色的主體上鑲著金黃的小把手，冷盤底托也是銀色，而三只腳為金黃的龍頭；小到筷架、刀叉、毛巾碟和放奶油的碟子都在銀色的主體上燙了金邊，連葡萄酒杯上也燙了金邊，餐具整體協調、大氣。與之相映，淡黃的餐巾鬆鬆地捲著，一個紅色的中國結將其輕輕扣住；筷子套與餐巾同色，也是由布製成。

宴會裝菜點的瓷盤是在景德鎮定製的，白色鑲藍色的牡丹花圖案圍邊，漂亮而又大氣。冷盤的鍍銀蓋子則是按盤子實樣在上海定製。

3. 宴會文藝節目演出

在宴會廳舉行的文藝演出，雲集了中國目前奏樂、聲樂、舞蹈、戲曲、雜技以及少兒藝術團體的優秀人才。舞臺上，由超大型屏幕放大幾十倍的畫面清晰、亮麗，具有很強的視覺衝擊力。

第二節 宴會的銷售管理

宴會是飯店生產的一種包括菜點、酒水、服務、環境氣氛等在內的商品。這種商品能否賣出去、銷售效果如何，很大程度上取決於宴會銷售管理的績效。銷售管理績效顯著，就能使宴會設施設備得到充分利用，增加飯店經濟收入；反之，則會閒置宴會設施設備，降低飯店經濟收入。因此，加強宴會銷售管理，使宴會收益最大化，是宴會部工作的重頭戲。

「把合適的產品銷售給合適的人」，宴會銷售才能成功。因此，宴會銷售要針對宴會客源、採用合適的宴會宣傳資料、運用高超的推銷技巧透過預訂組織安排宴會。

一、宴會客源分析

（一）團體購買型

不同性質的團體，其宴請的目的和需求特點不一樣。

1. 工商企業、事業單位的宴請目的有：公務宴請、週年慶祝、慶祝新產品開發、開業慶典、宴請上級部門或重要合作單位、合作協議簽訂儀式或其他與企業發展密切相關的大事等。

2. 協會和學會的宴請目的有：召開年會、學術討論會及會議用餐，或慶祝某一學術帶頭人的華誕或會員單位之間的某些大事。

3. 政府機關的宴請目的有：節日慶祝活動，舉行各種會議、公務宴請。

4. 大使館的宴請目的有：國慶招待會，各國傳統節日慶祝活動等。

（二）私人購買型

私人購買的典型特點是費用一般個人自理，宴請的主要目的是表示慶賀和紀念。

1. 以慶祝生日為主題的彌月酒宴（滿月宴）、週歲宴、生日宴請等。

2. 以慶祝學業為主題的入學宴請、升學宴請、畢業宴請等。

3. 以慶祝事業為主題的祝賀就職、祝賀高升、祝賀開業、祝賀創業成功、祝賀退休等。

4. 以紀念婚姻為主題的祝賀新婚、祝賀生孩子、結婚紀念及其他婚姻生活中的大事。

5. 以祝賀朋友團聚為主題的校友會、同鄉會、餞行宴等。

6. 祝賀特殊節假日，如元旦、春節、元宵節、國慶節、中秋節、勞動節、兒童節、母親節等。

如上所述，不同類型的客源其宴請目的不同，同一類型的客源也有不同的宴請目的；不同的宴請目的，就會有不同的宴請主題、不同的需求特點，如價格需求、環境需求、服務需求、禮品需求、音樂需求、菜式需求、酒水需求、活動需求、禮儀需求等。

如以紀念為主題的各類宴會，需滿足賓客求紀念的心理，可透過別具一格的環境布置、紀念性的菜點命名和贈送各類有紀念意義的禮品，或免費拍照等方式，給其留下富有意義的紀念；以歡迎為主題的各類宴會尤其是大型宴會，則要在廳堂布置、背景音樂、服務方式、祝酒辭、宴會後活動安排等方面體現東道主的熱情好客；而以慶祝為主題的各類宴會，則可在菜式安排、酒水選擇（香檳酒、紅葡萄酒）、服務方式、文藝活動安排方面盡顯喜慶氣氛。

二、宴會宣傳資料管理

各類宣傳資料應有很強的針對性，並在宴會推出前的幾個月設計並廣泛分發。

（一）宴會宣傳冊

宴會宣傳冊一般由飯店的公關設計部或委託專業設計公司根據宴會的主題進行設計。所用材料的質地、印刷的質量、裝幀都比較精美。它往往陳列在前場的資料架上、客房服務指南的上面、餐廳醒目位置、飯店門口的宣傳架或其他公共場合。

一份好的宴會宣傳冊一般應包括：①宴會的主題，一般印在封面上；②飯店名稱和標識，一般印在封面或封底；③有關的圖片資料：反映宴會主題的典型圖片（放在封面）、宴會廳設施設備、菜點造型、宴會服務場面等；④文字介紹：簡短的宴會菜單介紹、經營項目介紹、宴會主題介紹、廚師烹飪技藝介紹等；⑤預訂電話、飯店地址等，一般印在封底；⑥除以上基本資訊以外，根據宴會主題的其他創意，如色彩的運用、文字的編排、形狀選擇、大小設計、內容安排、圖案運用等，在宣傳冊上介紹本飯店以往接待宴會的成功經驗，可加強消費者購買宴會的信心。

（二）宴會廣告

宴會廣告是宴會宣傳冊內容的簡化和濃縮。宴會廣告往往透過報紙、電視、互聯網、飯店外牆布幔、橫幅、氣球、電梯廣告等載體向公眾傳遞宴會資訊。注意內容宜簡不宜繁，突出主題及消費者關注的賣點即可。例如，天津凱悅飯店以大篇幅在當地報紙上刊登婚宴廣告，根據新婚夫婦的特殊需要提供各種優惠，還刊登接待婚禮的優惠價格、菜餚圖片以及免費提供新婚洞房等特殊優惠，增加了婚宴產品的吸引力。

（三）宴會菜單樣本

宴會菜單樣本是對宴會產品進行介紹和推銷的非正式菜單。飯店要準備幾套不同檔次的宴會菜單樣本。賓客可調換其中的一些菜，也可自己選菜。

宴會菜單樣本應融技術性、藝術性、創造性於一體，最好附上特色菜點的照片，增加消費者的購買慾望。

三、宴會推銷策略

（一）選定推銷對象

即選擇「合適的人」。首先，飯店應根據自身的形象定位選準推銷對象，不能盲目地「漫天撒網」，或一味「屈尊求客」——以低廉的價格吸引客源，以避免白費推銷成本和影響飯店的聲譽和品牌。其次，飯店推銷人員應找準宴會具體購買的經辦者，如企業中的辦公室主任、總經理辦公室祕書、工會主席、婚宴的購買決策者（一般為新娘新郎）等，並與之建立良好的關係。瞭解宴會具體購買者的個人背景及其所在團體的背景，以選擇適宜的推銷方式和推銷資料。

（二）面對面推銷

宴會推銷人員在選擇客源的基礎上，根據掌握到的資訊，選擇合適的推銷時機、方式與選定的目標客源進行接觸，透過介紹宴會產品特色引起對方的注意和興趣，並具體瞭解目標客源的需要和購買動機，再透過靈活運用勸說、展示、報價、讓步等洽談技巧，解決雙方洽談中的具體問題，從而建立起良好的合作關係。必要時，可為其提供一桌讓主辦方有關人員「試吃」。若對方要求提供外賣宴會，推銷員則要根據外賣宴會的地點及飯店自身的條件周全考慮。

（三）建立購買關係

面對面推銷一旦有成效，獲得對方的口頭認可，推銷人員應在盡可能短的時間內與對方建立書面合約關係。建立購買關係後，推銷人員應表示友好之情，不時保持聯繫，並在日後信守承諾，切實為賓客著想。

四、宴會預訂管理

宴會預訂既是宴會推銷過程，又是客源組織過程。只有組織好客源，才能提高設施設備利用率，完成產品交換，最大限度地增加宴會收入。

（一）宴會預訂員的選擇

宴會預訂是一項專業性很強的工作，必須挑選有多年餐飲工作經歷、瞭解市場行情和有關政策、應變能力強、專業知識豐富的人員承擔此項工作。具體來講，宴會預訂員應具備以下知識和技能：

1. 瞭解本飯店各個宴會場所的面積、設施情況並懂得如何變通以適應客戶要求。

2. 清楚本飯店各類菜點的加工過程、口味特點，並能針對季節和人數的變動，提出對菜單作相應調整的建議。

3. 瞭解各個檔次宴會的標準售價、同類飯店的宴會價格情況，並有討價還價的能力。

4. 具備本部門宴會服務人員的專業素質、工作能力等。

5. 瞭解酒水知識，熟悉與具體宴會菜單相配的酒水。

6. 具有一定的社交能力、語言和文字表達能力，能正確填寫各種宴會預訂表格和抄寫宴會菜單，具有一定的外語會話能力。

7. 能解答賓客就宴會安排提出的各種問題。

（二）宴會預訂方式

宴會預訂方式是指客戶為預訂宴會而與飯店宴會預訂員之間洽談聯絡，溝通宴會預訂資訊而採取的方式方法。常見的宴會預訂方式主要有：

1. 電話預訂

這是飯店與客戶聯絡的主要方式。常用於小型宴會預訂、查詢和核實細節。大型宴會需要面談時也可透過電話來約定會面的時間、地點等。

2. 面談預訂

這是一種比較理想有效的預訂方式。宴會預訂員與客戶當面洽談討論宴會所有的細節安排，解決客戶提出的特別要求，講明付款方式，填寫訂單，記錄賓客資訊資料等，以便以後用信函或電話方式與客戶聯絡。

3. 書面預訂

包括信函、傳真等，適用於遠距離、提前較長時間預訂的客戶。所有客戶寄來的信件都必須立即答覆，並附上建議性菜單。書面預訂一般需結合電話或面談預訂方式，最終達成協議。

4. 網路預訂

這種方式手續簡便，且不受時空限制。飯店應指定專人及時管理相關網頁，及時回覆，避免客戶預訂「石沉大海」。

需要注意的是：飯店所有宴請活動的承接雖然可由營銷部（或銷售部）和宴會部負責，但宴請活動的最後確認和宴會廳的安排必須要由宴會部經理批准執行。

（三）宴會預訂程序

宴會預訂程序包括：接受預訂→填寫宴會預訂單→填寫宴會安排日記簿→簽訂宴會合約→收取訂金→跟蹤查詢→正式確認→發布宴會通知單→督促檢查→宴會的取消和變更→建立宴會預訂檔案。

（四）表單在宴會預訂管理中的運用

為了使宴會預訂工作更加有效和有序，避免錯漏，合理利用宴會資源，飯店常常利用表單來進行宴會預訂管理。常用的宴會預訂表單有宴會預訂表、宴會合約書、宴會安排日記簿和宴會更改通知單。

1. 宴會預訂表

宴會預訂表是預訂員在接受賓客預訂時需填寫的表，其格式大致如表 7-1 所示。

表 7-1 宴會預訂表

編號______

宴會名稱 ______

聯繫人姓名 ______ 電話號碼 ______ 地址 ______

公司（單位）名稱 ______

舉辦日期______ 星期 ______ 時間 ______ 時至 ______ 時

宴會形式______ 收費標準______ 元/桌或元/人

付款方式 ______ 其他費用 ______

預訂人數______ 保證人數 ______

餐桌數______ 酒水要求 ______

宴會菜單： 座位設計圖

______

______

一般要求：

菜單______ 名卡______ 座次卡______

會議用具：

投影儀 ______ 幻燈機______ 放映機______ 銀 幕______ 翻圖板 ______

白 板 ______ 講 台______ 鉛筆/鋼筆/記事本______

橫 幅 ______ 錄影設備 ______ 擴音器______ 接待台 ______

娛樂設施：

舞台 ______ 鮮花______ 聚光燈______ 照相機______

卡拉OK機 ______ 麻將桌______ 張

備註 ______

______

訂 金 ______

接洽人 ______ 核准人 ______

日 期 ______ 日 期 ______

處 理 ______

宴會預訂表必須包括的項目有：

（1）宴會活動的日期、時間。

(2) 計劃安排的宴會廳名稱。

(3) 預訂人姓名、聯絡電話、地址、單位名稱。

(4) 宴請活動的類型。

(5) 出席人數。

(6) 菜單項目、酒水要求。

(7) 收費標準及付款方式。

(8) 上述事宜暫定或確認的程度。

(9) 注意事項。

(10) 接受預訂的日期、經辦人姓名。

2. 宴會合約書

宴會合約書是飯店與客戶簽訂的合約，雙方均應嚴格履行合約的各項條款。宴會合約書的一般格式如表 7-2 所示。

表 7-2 宴會合約書一般格式

本合同是由 ____________ 飯店（地址）____________
與____________公司（地址）____________
為舉辦宴會活動所達成的具體條款：
活動日期 ________ 星期 ________ 時間________
活動地點 ________ 菜單計劃 ____________
飲　料________ 娛樂設施 ____________
其　他________ 結帳事項 ____________
預付訂金 ____________
客戶簽名________ 飯店經手人簽字 ________
日期____________
注意事項：
● 宴會活動所有酒水應在餐廳購買。
● 大型宴會預收10%訂金。
● 所有費用在宴會結束時一次付清。
本宴會合同一式五聯，一聯客戶保存、二聯客戶簽名後回收、三聯收銀留存、四聯預訂部留存、五聯宴會部經理留存，經雙方簽字後生效。

3. 宴會安排日記簿

宴會安排日記簿是飯店根據餐飲活動場所設計的、用於記錄預訂情況、供預訂員查核的簿籍。每個預訂員在受理預訂時，首先需問清賓客宴請日期、時間、人數、形式，然後從日記簿上查明各餐廳的狀況，最後在日記簿上填寫有關事項。

宴會安排日記簿一日一頁，主要項目包括宴會日期、時間、客戶電話號碼、與會人數和宴會廳名稱、活動名稱、是確定還是暫定等。單間分隔的宴會廳房的宴會安排日記簿格式如表 7-3。若數個宴會廳可打通構成一個大宴會廳，其宴會安排日記簿格式如表 7-4。

表 7-3 宴會安排日記簿（一）

______年______月______日　星期______

廳房	預訂	確定	時間	宴請形式	人數	聯繫人地點、電話	特別要求
A廳			早				
			中				
			晚				
B廳			早				
			中				
			晚				

表 7-4 宴會安排日記簿（二）

______年______月______日　星期______

A 廳	B 廳	C 廳
早：宴會名稱______人數______ 時間______時至______時 聯繫人______電話______ 公司名稱______收費______ 預訂員______	早：宴會名稱______人數______ 時間______時至______時 聯繫人______電話______ 公司名稱______收費______ 預訂員______	早：宴會名稱______人數______ 時間______時至______時 聯繫人______電話______ 公司名稱______收費______ 預訂員
中：宴會名稱______人數______ 時間______時至______時 聯繫人______電話______ 公司名稱______收費______ 預訂員______	中：宴會名稱______人數______ 時間______時至______時 聯繫人______電話______ 公司名稱______收費______ 預訂員______	中：宴會名稱______人數______ 時間______時至______時 聯繫人______電話______ 公司名稱______收費______ 預訂員
晚：宴會名稱______人數______ 時間______時至______時 聯繫人______電話______ 公司名稱______收費______ 預訂員______	晚：宴會名稱______人數______ 時間______時至______時 聯繫人______電話______ 公司名稱______收費______ 預訂員______	晚：宴會名稱______人數______ 時間______時至______時 聯繫人______電話______ 公司名稱______收費______ 預訂員

注：沒有確定的預訂用鉛筆填寫，確定後改用紅筆記錄。如需要A、B兩個廳打通使用，則用橫線在表上用雙箭頭號 ←→ 連接A與B，以便安排。

4. 宴會通知單

宴會正式確認後，預訂人員對飯店內部各有關部門應發布一份類似公文的宴會通知單，告知各部門在該宴會中所應負責執行的工作。各部門接到宴會通知單後，必須按照通知單上的要求執行工作。宴會通知單的大致內容如表 7-5。

表 7-5 宴會通知單

<table>
<tr><td colspan="5">發文日期：2002 年 8 月 7 日</td><td colspan="2">編號：A0001</td></tr>
<tr><td colspan="5">宴會日期：2002 年 8 月 15 日　星期四</td><td>訂金金額：　元</td><td>收據單號：00571</td></tr>
<tr><td colspan="5">宴會名稱：××× 喜宴</td><td>付款人：×××</td><td>接洽人：×××</td></tr>
<tr><td colspan="5">聯繫人：××× 先生　電話：××××××××
客戶名稱：　傳真：××××××××</td><td colspan="2">付款方式：付現金</td></tr>
<tr><td>時間</td><td>類型</td><td>地點</td><td>保證數</td><td>預估數</td><td rowspan="2">海報內容</td><td rowspan="2">×××× 喜宴</td></tr>
<tr><td>7:00～20:00</td><td>結婚喜宴</td><td>國際宴會廳</td><td>100 桌</td><td>110 桌</td></tr>
<tr><td>西餐廚房</td><td colspan="4">準備婚宴儀式用三層蛋糕</td><td>美工冰雕</td><td>在宴會廳門口贈喜宴冰雕一座</td></tr>
<tr><td>中餐廚房</td><td colspan="4">準備宴會菜餚，菜單如下：
果律大龍蝦　八味美佳碟
八珍燴魚翅　夏果炒鮮貝
紅燴大刺參　吉祥照雙輝
游龍一線天　鮑魚扒津白
萬佛跳金牆　精緻花品點
巴參燉雪蛤　四季鮮水果
1.每桌1580元，外加10%服務費
2.8月15日18:00準時出菜</td><td>宴會服務部</td><td>宴會會場擺設：
1. 8月14日22:00後，花商將進場布置
2. 舞台中央設西式行禮臺，右方設司儀臺，左方蛋糕桌和香檳臺
3. 主桌1桌24人，設銀器、桌裙及椅套
4. 8月15日16:00工作人員在四季廳開會
5. 客人自備香菸、喜糖
6. 附場地布置圖</td></tr>
<tr><td>酒吧</td><td colspan="4">準備酒水飲料</td><td>客服部</td><td>提供豪華套房一間，8月15日入住，8月16日退房</td></tr>
<tr><td>保全部</td><td colspan="4">1. 8月14日20:00後請協助花商將進場布置
2. 客人要求當日飯店派人至現場保護禮金
3. 當日賓客眾多，請派人疏導人流</td><td>工程部</td><td>1. 行禮臺麥克風1支，司儀臺麥克2支
2. 準備配合各項程序播放的音樂</td></tr>
<tr><td>花房</td><td colspan="4">客人自請花商布置會場，請多配合</td><td colspan="2">器材收費：</td></tr>
<tr><td colspan="5">預訂人員：×××</td><td colspan="2">宴會經理：×××</td></tr>
<tr><td>發送部門</td><td colspan="6">□總經理　□餐飲部　□宴會部　□財務部　□工程部　□客房部
□西廚房　□中廚房　□管事部　□餐廳部　□保全部　□採購部
□花房　□美工冰雕　□其他</td></tr>
</table>

5. 宴會更改通知單

宴會預訂單已發往各部門後，如遇客戶提出臨時變動，則宴會部應迅速填寫宴會更改通知單送交有關部門，以便各部門及時進行相應的調整。宴會更改通知單的一般格式如表 7-6 所示。如果某暫定的宴會預訂被取消，預訂人員還要填寫一份取消宴會預訂報告，其格式如表 7-7 所示。

表 7-6 宴會更改通知單

宴會預訂單編號＿＿＿＿＿＿＿＿

發送日期＿＿＿＿＿時間＿＿＿＿＿＿＿

宴會名稱＿＿＿＿＿＿＿＿＿＿＿＿＿＿＿＿＿＿

日期＿＿＿＿＿＿＿＿＿＿＿＿＿＿

部門＿＿＿＿＿ 更改內容＿＿＿＿＿＿＿＿＿＿＿＿＿＿＿＿＿＿

＿＿＿＿＿＿＿＿＿＿＿＿＿＿＿＿＿＿

由＿＿＿＿＿發送

宴會部經理簽名＿＿＿＿＿＿＿＿＿＿

日期＿＿＿＿＿時間＿＿＿＿＿

表 7-7 取消宴會預訂報告

公司名稱＿＿＿＿＿＿＿＿＿＿＿＿ 聯繫人＿＿＿＿＿＿＿＿＿＿

宴會或會議日期＿＿＿＿＿＿＿＿＿＿ 業務類型＿＿＿＿＿＿＿＿＿

預訂的途徑與日期＿＿＿＿＿＿＿＿＿＿＿＿＿＿＿＿＿＿＿＿＿

失去生意的原因＿＿＿＿＿＿＿＿＿＿＿＿＿＿＿＿＿＿＿＿＿＿

挽回生意的報告（簡明扼要的步驟）

＿＿＿＿＿＿＿＿＿＿＿＿＿＿＿＿＿＿＿＿＿＿＿＿＿＿＿＿

進一步採取的措施

＿＿＿＿＿＿＿＿＿＿＿＿＿＿＿＿＿＿＿＿＿＿＿＿＿＿＿＿

宴會部經理簽名＿＿＿＿＿＿＿

日期＿＿＿＿＿＿＿＿＿＿

五、宴會售後管理

國外有關調查資料表明：吸引新顧客所花的成本是保持老顧客所花成本的 5 倍。因此，宴會銷售活動不應以宴請活動的結束為終結，而應繼續加強溝通和聯繫，以便建立長期的友好合作關係，使客戶成為飯店的老顧客。

（一）資訊回饋並致謝

宴會銷售部一般應在宴請活動結束後的一週內，用信函、電傳或電話主動徵詢主辦單位或主辦個人對本次宴請活動的意見和建議，並對其選擇本飯店舉行宴請活動再次表示誠摯的謝意，甚至還可代表飯店送上一份小巧精美的禮物。在對賓客提出的寶貴意見和建議表示感謝的同時，還要及時向有關部門回饋，以期下次做得更好。

（二）跟蹤回訪

銷售人員還應與客戶保持長期的聯繫，比如節假日的一個電話、一個電子郵件或一張明信片，就能傳達飯店的祝福和問候；密切關注有關客戶的重要資訊，客戶個人或所在單位的週年紀念日來臨前的幾個月，就更要加強同客戶的聯繫，以期「水到渠成」，使客戶再次選擇本飯店舉辦宴請活動。

（三）建立宴會檔案

宴會檔案是飯店在宴會經營活動中留下的原始記錄，是經過挑選、整理、保存的文件，是歷史的真憑實據，是飯店的財富。宴會檔案包括宴會預訂資料、宴會執行資料和宴會活動總結資料，每一項資料所記錄內容都應具體詳實。建立宴會檔案有助於提高宴會部的工作效率，改善宴會經營效果，增強宴會部的靈活性和適應性，切實為賓客提供個性化的宴會產品。飯店有必要派專人負責宴會檔案資料的管理工作。

第三節 宴會及大型活動的運轉管理

宴會的運轉管理就是按照既定的內容、程序和標準，組織實施已設計好的宴會產品的過程。宴會服務過程是複雜細緻的，不同類型、不同主題的宴會可能遇到的問題不同，無論事先將產品設計得多麼完美，在實施過程中都可能有偏差。因此，宴會的運轉管理尤其重要。

一、中餐宴會的運轉管理

中餐宴會服務可分為宴會前的組織準備、宴會迎賓工作、宴會就餐服務和結束工作四個基本環節。

（一）宴會前的組織準備

1. 準備工作程序

包括掌握情況→人員分工→宴會場地布置→熟悉菜單→物品準備與擺臺→擺放冷盤→開宴前的檢查→召開餐前例會等程序。

2. 準備工作注意事項

（1）根據宴會通知單上的具體要求進行各項準備工作。

（2）規模較大的宴會，要確定宴會現場總指揮人員。

（3）場地布置要突出主題，臺型布置要突出主桌，燈光、燈飾要適合宴會所需的氣氛，廳內溫度要適宜。

（4）宴會服務員應熟悉上菜順序和宴會菜單，能準確說出每道菜點的名稱、風味特色、配菜和作料、製作方法及典故，並能準確提供服務。

（5）按宴會的規格準備物品和擺臺。擺臺須做到：餐位間距均勻；餐具擺放準確；動作規範麻利，一次到位；物品齊備，布局和諧。

（6）大型宴會開始前 15 分鐘左右擺上冷盤，然後根據情況可預斟紅酒。擺放冷盤要注意色調和葷素搭配合適，並保持間距相等。小型宴會一般不預斟酒水，待賓客入座後才斟。

（二）迎賓工作

1. 迎賓工作程序

包括提前迎候→熱情迎賓→衣帽間服務→休息廳服務→引賓入座→就座服務等程序。

2. 迎賓工作注意事項

（1）根據宴會入場時間，宴會主管人員和迎賓員提前在宴會廳門口迎候賓客，值臺服務員站在各自負責的餐桌旁準備服務。

（2）賓客到達時，要熱情問候並表示歡迎。

（3）為賓客保存衣物時，要主動、細緻，並及時把衣物寄存卡遞送給賓客。

（4）引領賓客到休息廳休息，然後遞上小毛巾並斟茶水。

（5）主人表示可入席時，引領賓客入席，並協助拉椅讓座。

（6）視情況可直接引領賓客到宴席就座。

（三）就餐服務

1. 入席服務

賓客來到席前，值臺服務員要面帶微笑，拉椅幫助賓客入座，注意先賓後主、先女後男。賓客坐定後，要協助賓客鬆餐巾、脫筷套，撤走席號牌、席次卡，撤去冷盤的保鮮膜。

2. 斟酒服務

（1）斟酒時，要先徵求賓客意見，待其選定後再斟倒。先斟飲料，再斟葡萄酒，最後斟烈性酒。

（2）斟酒的順序為主賓、副主賓、主人，然後按順時針方向斟倒。為每位賓客斟酒前，先向其示意。

（3）斟酒不可太滿，葡萄酒一般斟至杯的 1/2，其餘酒水斟至杯的 4/5 為宜。瓶口不可碰杯口。杯內酒水少於 1/3 時，要及時添加。

（4）賓客乾杯或互相敬酒時，應迅速拿酒瓶到臺前準備添加。主人和主賓講話前，要注意觀察每位賓客杯中的酒水是否已準備好。賓、主離席講話時，服務員應備好酒杯斟好酒水供賓客祝酒。

（5）啤酒泡沫較多，斟倒時速度要慢，讓酒液沿杯壁流下以減少泡沫。

3. 上菜、分菜服務

(1) 主人宣布宴會開始時，根據宴會規格，按設計好的宴會服務方式和順序上菜、分菜。上菜前撤走花瓶。

(2) 一般選擇在陪同和翻譯人員之間上菜，也有的在副主人右邊上菜。嚴禁在主人和主賓之間或來賓之間上菜。

(3) 每一道菜主桌要先上二三秒，其他桌隨後上。

(4) 新上的菜要轉到主人和主賓面前。

(5) 有配料的菜，先上配料，再上正菜。

(6) 上菜後要主動報菜名，並簡要介紹菜餚的風味特點、歷史典故，然後根據主人的要求分菜和提供相應的服務。

(7) 上最後一道菜時，一定要告訴賓客菜已上完。

(8) 可用轉臺式分菜、旁桌式分菜、叉勺分菜、各客式分菜，也可將幾種方式結合起來服務。

4. 席間服務

宴會進行中，服務員要勤巡視，及時添加酒水、換骨碟、換煙盅、送撤小毛巾、更換餐具等，並留心觀察賓客的表情及需求，主動提供服務。

(1) 始終保持轉臺的清潔。

(2) 賓客席間離座，應主動拉椅、整理餐巾；賓客回座時，應重新拉椅、鋪餐巾。

(3) 賓客站起祝酒時，應立即上前拉椅，賓客坐下時推椅，以方便賓客站立和入座。

(4) 上甜品水果前，送上熱茶和小毛巾；撤走除茶杯、有酒水的酒杯和牙籤以外的全部餐用具，整理餐桌及轉臺，服務甜品和水果。

(5) 賓客吃完水果後，撤去水果盤，送上小毛巾，然後撤去用甜品和水果的餐具，擺上花瓶，以示宴會結束。

(四) 結束工作

包括結帳→送客→清臺→餐後檢查→餐後總結等程序。

(五) 宴會服務注意事項

1. 服務操作時，注意輕拿輕放，嚴防打碎餐具和碰翻酒瓶、酒杯。

2. 宴會期間，嚴禁兩個服務員在賓客的左右兩邊同時服務。

3. 宴會服務應注意節奏，以主桌賓客進餐速度為標準。

4. 當賓、主致辭，或舉行國宴演奏國歌時，服務員應停止一切操作，迅速退至工作臺兩側肅立，姿勢端正，排列整齊，保持安靜，切忌發出響聲。

5. 席間若有賓客突感身體不適，應立即請醫務室協助並向領導匯報；將食物原樣保存，留待化驗。

案例 7-4

某高級賓館的宴會廳正在舉行慶祝某公司成立的宴會。為了做好這次宴會接待工作，宴會部早就作了精心準備。

宴會開始後，一切按設計程序進行。上菜、報菜名、派菜、遞毛巾、斟酒、撤換菜盤等均有條不紊。在上完某道菜後，該輪到主人和主賓講話了。

可是，主人沒講兩句話，手端烤鴨的服務員向各個餐桌走去，大家的視線都投向了他們。主人見宴會的氣氛因服務員的出現而受到了影響，急忙提議大家再次乾杯，但仍止不住嘈雜聲。他心想：「祝酒時上菜，真是亂來，回頭再找飯店算帳。」

(資料來源：程新造《星級飯店餐飲服務案例選析》)

二、西餐宴會的運轉管理

西餐宴會服務可分為宴會前準備工作、餐前雞尾酒服務、席間服務和結束工作四個基本環節。

（一）宴會前準備工作

1. 準備工作程序

根據宴會通知單上的具體要求開展各項準備工作，其程序為：掌握情況→人員分工→宴會場地布置→物品準備與擺臺→開宴前的檢查→召開餐前例會。

2. 準備工作注意事項

(1) 根據宴請人數、宴會菜單進行臺面布局、餐具擺放，做到布局合理，餐位間距相等，餐具擺放規範和諧，全臺整齊、大方、美觀、舒適。

(2) 根據宴會通知單的要求擺放酒水杯。

(3) 工作臺上要準備足夠的咖啡用具、茶具、冰水壺、托盤、煙盅及服務刀、叉、勺等；備餐間內準備麵包籃、奶油、果醬及各種調味品等；酒吧要準備酒水。

(4) 開餐前 30 分鐘，將水杯斟倒 4/5 的冰水，點燃蠟燭，將奶油放在奶油碟裡，也可將麵包放在麵包籃裡擺上桌。

（二）餐前雞尾酒服務

1. 根據宴會通知單的要求，宴會開始前 30 分鐘或 15 分鐘左右，在宴會廳門口為先到的賓客提供雞尾酒會式的酒水服務。服務時，由服務員托盤端送飲料、雞尾酒，並巡迴請賓客飲用；茶几或小桌上備有蝦片、乾果仁等小吃。

2. 宴會開始前請賓客入宴會廳就座，按「女士優先」的原則幫助賓客拉椅、鋪餐巾。

3. 一組服務員進行開餐前準備時，另一組服務員提供雞尾酒服務。

（三）就餐服務

西餐宴會多採用美式服務，有時也用俄式服務，個別菜餚採用法式服務。下面介紹美式宴會服務。

1. 就餐服務程序（美式）

包括麵包服務→酒水服務→上菜服務→甜品服務→咖啡或茶服務→推銷餐後酒和雪茄→席間服務等程序。

2. 就餐服務注意事項

（1）服務麵包時，應左手提麵包籃，右手用麵包夾在每位賓客的左側為賓客派送。

（2）服務酒水時，服務員應先示酒、讓主人試酒，主人認可後，再按「女主賓、女賓、女主人、男主賓、男賓、男主人」的順序為賓客斟倒，注意斟酒量要合適並適時添加酒水。注意酒水與菜餚的搭配。

（3）按菜單順序上菜。每上一道菜前，應先將上一道菜的餐具全部撤下。

（4）上甜品前撤走除酒杯以外的所有餐具，如主菜餐具、麵包盤、奶油刀、奶油碟、椒鹽瓶等，清理臺面，擺好甜品叉、勺，然後服務甜品。

（5）服務咖啡或茶前，先擺好糖盅、奶盅。斟倒咖啡或茶時，先上咖啡杯具（杯、碟和匙）或茶具（杯、碟和匙），再用咖啡壺為賓客斟倒。

（6）有些高檔宴會在宴會最後將餐後酒車推至餐桌前，徵詢主人是否用白蘭地、餐後甜酒或雪茄煙。

（7）宴會進行中，要勤為賓客添酒水、換煙盅，主動替賓客點煙，主動詢問賓客是否加奶油、麵包。

（8）賓客離座時，要拉椅、整理餐巾；賓客回座時，協助賓客入座。

（9）服務時，始終遵循「女士優先」的原則。

（10）注意為每位賓客同步上菜。

（四）結束工作

包括結帳→送客→清臺→整理餐廳等程序。宴會結束後，應將宴會廳恢復原樣。

案例 7-5

墨西哥總統福克斯為款待參加 APEC 會議的領導人舉行晚宴。首先是雞尾酒會，提供白、紅葡萄酒、墨西哥特有的龍舌蘭或用龍舌蘭酒調製的各種雞尾酒，並備有幾種非常有特色的墨西哥風味小吃，如雞肉卷（玉米麵餅卷雞肉）、托斯塔達（玉米小脆餅上加蔬菜絲、奶酪和辣椒汁的一種食品）、克薩迪拉斯（一種用油炸的玉米餅加奶酪或南瓜花等蔬菜，類似餃子形狀的食品）等。正式宴會開始，第一道菜是棕櫚嫩芽湯；第二道主菜是韋臘克魯斯風味的瓦奇南科魚（一種海魚，外表為紅色，把魚做熟後，澆上用番茄、蔥頭等炒成的汁，為墨西哥韋臘克魯斯州的一道名菜）；第三道甜點，澆巧克力汁加椰子絲、芒果丁的冰淇淋。

三、冷餐酒會和雞尾酒會的運轉管理

冷餐酒會是由雞尾酒會發展演變而來，二者在許多方面相似，但在適用的場合和時間、就餐方式、環境裝飾與布局、服務準備工作量及禮儀講究方面都不同。

（一）冷餐酒會服務

冷餐酒會是以自助餐的形式舉行的宴會，接待對象為宴會賓客。冷餐酒會的規模宏大、布置華麗、氣氛熱烈、菜餚豐盛、環境高雅，服務前的準備工作量大，而宴會進行中的服務則較簡單，與自助餐的服務方式大同小異。

1. 準備工作

根據宴會通知單上的參加人數、酒會形式、臺型設計、菜餚品種、布置主題等開展各項準備工作。準備工作程序及內容主要包括：掌握情況→人員分工→布置會場→自助餐臺布置→菜餚陳列→餐前檢查→召開餐前例會。準備工作的注意事項有：

(1) 由於冷餐酒會進行中主要有自助餐臺、酒水臺、值臺等三大職位，因此在人員分工時，要根據員工特長分配其相應的工作。

(2) 冷餐酒會有鮮明的設宴主題，要根據宴會主題、賓客人數、菜餚的道數、是立式還是坐式並結合宴會廳的形狀和大小來布置會場和裝飾環境，餐桌布置還要突出主桌或主賓區並留有通道。主桌一般要設坐次卡，其他桌用席次卡區別。

(3) 自助餐臺的布置和菜點陳列應根據通知單上所列的菜點品種和賓客的取食習慣來進行，注意整齊美觀、取用方便。菜餚前還要擺放中英文對照的菜名牌。

(4) 若是坐式冷餐酒會，則應在賓客就餐的餐桌上按規範擺放好頭盤刀、叉、正餐刀、叉、湯匙、甜品叉、匙、麵包盤、奶油刀、餐巾、椒鹽瓶、席次卡、花瓶、燭臺、湯盅等。

2. 迎賓工作

在冷餐酒會開始前 30 分鐘或 15 分鐘，一般在宴會廳門外為先到的賓客提供雞尾酒、飲料和簡單小吃，酒會快開始時才請賓客進入宴會廳。服務員應禮貌迎賓並熱情引領賓客至宴會廳。

3. 就餐服務

坐式冷餐酒會需為賓客提供入座服務。主桌賓客按坐次就座，其他桌賓客可自由選擇或根據請柬要求入座。服務員要為賓客斟冰水，並詢問是否要飲料。待賓客全部入座後，賓、主致辭、祝酒並宣布酒會正式開始，賓客排隊選取食品回到座位享用。

就餐過程中，服務員要各就各位，做好自己的工作：

(1) 自助餐臺的服務員要始終保持餐臺的整潔並備有充足的餐具，冷菜要冷、熱菜要熱，並協助賓客取菜。值臺的廚師要負責向賓客介紹、推薦並協助賓客取用菜餚，為賓客切割烤肉，及時添加菜餚，樂於回答賓客的提問。

(2) 酒水臺的服務員要始終保證有足夠數量的已斟倒好的酒水，分類陳列，並始終保持酒水臺整潔，必要時為賓客托送酒水。

(3) 席間，值臺服務員要隨時接受賓客點用飲料，不忘告知賓客須額外付費，並負責將所點飲料送到餐桌或賓客手中；要勤巡視服務區域，及時撤走空盤、空杯，撤換煙盅，為賓客點煙等。

4. 結束工作

冷餐酒會的結束工作也包括結帳、送客、清臺和整理餐廳四項基本內容，此外要注意：

(1) 冷餐酒會一般按人數計費，另點酒水另計費。在結帳前要先核實人數、清點酒水，據實結帳。

(2) 若主辦方不為賓客另點的酒水付款，則須將賓客另點的酒水另開帳單結帳。

(3) 剩餘的菜點在保證質量的前提下盡可能回收利用，以節約成本。

(二) 雞尾酒會服務

雞尾酒會以供應各種酒水為主，也提供簡單的風味小吃、點心和少量的熱菜。雞尾酒會一般不設座，只準備臨時酒吧，在餐廳四周設小圓桌，桌上放置餐巾紙、煙盅、牙籤等物品。

1. 準備工作

根據宴會通知單的具體要求和場地特點，安排臺型、桌椅，準備所需的各種設備，如致辭臺、立式麥克風、橫幅等。準備工作主要包括掌握情況、人員分工及酒吧、餐桌、自助餐臺布置布局等。

酒吧臺要準備：

(1) 參加人數的3倍數量的酒杯，其中必須包括紅葡萄酒杯、白葡萄酒杯、白蘭地杯、果汁杯、啤酒杯、高杯（海波杯）、利口杯、雪莉杯、雞尾酒杯等。

（2）準備各種規定的酒水、冰塊、調酒用具，清點和記錄所備酒水的數量，酒會開始前還要請主人清點，清點結果記錄在酒會領料單上。

自助餐臺要準備：

（1）足夠數量的餐盤、刀叉，並陳列於餐臺的一端或兩端。

（2）餐臺中間陳列小吃、菜餚。

（3）規格高的雞尾酒會還準備肉車為賓客切割牛柳、火腿等。陳列要整齊、美觀，方便賓客取用。

餐桌餐椅的準備：

（1）在餐廳或場地四周擺放小圓桌。

（2）桌上擺放花瓶、餐巾紙、煙盅、牙籤盒等物品。

（3）靠牆或在適當位置放少量椅子。餐桌餐椅的擺放布局要與酒水臺、自助餐臺相輔相成，整體美觀和諧、使用方便。

雞尾酒會還常用刻上主辦單位及其產品或標識的冰雕作為裝飾，突出主辦方的意思。

進行人員分工時，要根據酒會的規模配備人員，一般 10 ～ 15 位賓客配備 1 名服務員；調製雞尾酒、托送酒水、自助餐臺、繞場服務菜點和切割烤肉分別由專人服務。

2. 服務工作

雞尾酒會進行中的服務工作主要包括酒水服務、菜餚服務和吧臺服務。

（1）酒水服務：服務員用托盤托送斟好酒的杯子，始終在賓客中穿梭巡迴，由賓客自行選用或另點雞尾酒。服務員還負責回收空杯、空盤，重新布置小桌。

（2）菜餚服務：服務員要保證數量足夠的餐具；介紹菜點並幫助賓客取食；添加點心、菜餚；必要時用托盤托送繞場服務類菜點；負責清理小桌上的空盤及髒物等。

(3) 吧臺服務：酒吧服務員應根據酒會進行的情況安排各項工作，如補充酒杯、清理吧臺、協助酒水服務員裝盤等；按照標準保證酒水供應；協助調酒師做好雞尾酒的供應工作；協助其他酒吧的工作。

始終保持雞尾酒會的場地整潔也很重要。

3. 結束工作

雞尾酒會的結束工作也包括結帳、送客、清臺、整理餐廳等內容，但由於雞尾酒會的標準餐有時不含酒水，因此在結帳時要注意：

(1) 若主辦單位要求賓客可隨意點用酒水而由服務員計帳，最後由主辦單位一次付清，則服務員在為賓客點酒時要及時準確記錄，酒會結束時還需請主人再次清點剩餘的酒水數量，以確定酒水的實際使用數量，清點結果記錄在酒會退料表上，然後據實結帳。

(2) 若主辦單位只負責酒會標準餐內的酒水，而超出標準餐的酒水由賓客自付，那麼，賓客另點酒水時，服務員務必告知賓客須自行付款，賓客認可後才立即開單、取酒、服務並及時結帳。

四、其他大型活動的運轉管理

(一) 會議服務

近年來，由於境外商務、公務旅遊客源的持續穩定增長，各種貿易洽談、國際展覽、國際會議持續不斷，會議份額不斷增長。據國際大會和會議協會（ICCA）統計，每年全世界舉辦的參加國超過 4 個，與會外賓人數超過 50 人的各種國際會議有 49 萬個，會議總開銷超過 2800 億美元。飯店也越來越重視會議客源，甚至把會議客源列為自己的主要目標市場去開發。

要贏得會議組織者的青睞，飯店除了要具備功能齊全的會議設備設施、便利的交通設施和條件、優美安全的店內外環境、完善的娛樂設施等條件外，嚴密的會議組織、優質的會議服務是必不可少的。

1. 會議前準備工作

(1) 服務員要掌握會議的主辦單位、參加人數、召開時間、出席對象等情況及其具體要求。

(2) 根據宴會通知單(或專門的會議通知單)和主辦者的要求,事先懸掛會標、橫幅或條幅等。

(3) 根據參加人數擺好桌椅,按規定布置好講臺、主席臺,安置好麥克風,在會議廳門口處適當位置放置簽到臺,鋪好桌布,備好籤到本、筆及有關資料(主辦者要求需在會前分發給與會者的);休息室準備好沙發、茶几、座椅、綠色植物等,並在茶几上放好煙盅。

(4) 會議桌上適當放置煙盅,會議記錄用文件夾、信箋和筆,每人一份,擺放整齊。若需幻燈機、錄影機、黑板、電腦、投影儀等設備時,服務員要與工程部聯繫,一起做好準備工作。

(5) 需提供飲料或茶水時,服務員應事先備好相應的杯具。一般在會議開始前將杯具擺在桌上,並在工作臺備足開水。一般國際會議則是在桌上擺好冰鎮飲料,如礦泉水、冰水等。

(6) 會議開始前,要按會議通知單要求檢查擴音設備、空調設備、照明設備,保證性能完好。

(7) 派專人負責會議過程中視聽設備的使用和一般維修。

(8) 要有一名專職會議聯絡人與會議組織者保持密切聯繫,並向會議組織者提供飯店會議聯絡人的電話號碼,以保證滿足會議期間的額外需要。

(9) 若是簽字儀式,則要根據人數和訂單的要求,結合會議廳的具體情況,確定簽字臺的大小和位置,在臺上鋪臺呢、圍臺裙,擺相應的筆墨;擺放相應數量的座椅;臺後要留出適當的空間;必要時要按照國際慣例在簽字臺後的牆面掛國旗;在會議廳適當位置設置酒吧,備好酒杯、托盤、餐巾紙、酒水(如香檳酒)等。

2. 入場迎賓工作

(1) 服務員應站在會議室門口迎候賓客，對老年體弱者攙扶進門，幫助賓客掛好衣帽。

(2) 協助賓客入座後，送上小毛巾，由一名服務員由裡往外倒茶水。

(3) 瞭解會議工作人員所坐的位置，以便有事聯繫。

3. 會議過程服務

(1) 堅守職位，注意觀察和控制會議室的門，保持會議室周圍安靜，保證會議安全。

(2) 若需在會議中添加茶水，則一般 20 ～ 30 分鐘添加一次，且服務動作要輕，不能幹擾會議的進行。適時送小毛巾、換煙盅。

(3) 要由主人負責主席臺服務。

(4) 服務員若無必須馬上要辦的事，不能隨便進出會場，要保持會場安靜。

(5) 會議中途休息時，要為賓客提供休息室服務，並及時整理會議室。

(6) 若是簽字儀式服務，一旦賓客簽字完畢，服務員要立即用托盤將酒水送到所有賓客面前。主要賓客應由專人負責。祝酒服務要敏捷、穩妥、快速。待賓客乾杯後，要立即用托盤將空酒杯撤走。

4. 會議結束工作

(1) 會議結束時要及時打開會議室的門，在門口歡送賓客。

(2) 向會議組織者徵求意見和要求，並辦理結帳手續。

(3) 檢查會議廳內有無賓客遺留物品，若有，要立即送還或及時上交。

(4) 進行安全檢查，關閉電器開關。

(5) 收拾會議桌，與工程部員工一起清理會場，將會議廳恢復原樣。

(二) 外賣服務

許多飯店為了擴大影響、提高聲譽、拓展市場、增加經濟效益，還為賓客提供宴會外賣服務。外賣服務（Outside Catering）是指飯店派員工到賓客駐地或指定地點為其提供宴請服務。由於外賣服務對飯店的餐飲生產技術、服務組織、設施設備、現場布置、安全保衛等工作都提出了更高的要求，因此其宴會收費較高，一般是宴會價格加上 25% 的服務費（在飯店內的服務費一般為 15%）。不同形式的宴會還有不同的最低人數限制和最低價位要求。常見的外賣服務形式有冷餐酒會、雞尾酒會、中西餐宴會等。

中國的宴會外賣服務起源於宋代，當時的餐飲市場上出現了專門料理有關筵席、婚喪慶吊飲食的組織——「四司六局」。其四司為帳設司、廚司、茶酒司和臺盤司；六局為果子局、蜜煎局、菜蔬局、油燭局、香藥局和排辦局，他們分工合作，任憑呼喚，承攬筵席的一切事務。到了清代，宴會外賣服務成為一些飯館的經營項目，稱為「出堂服務」，即派廚師出堂，上門為客人操辦筵席。現在各地都有上門提供餐飲服務的職業廚師，飯店也紛紛推出此項餐飲服務。

1. 外賣服務的一般程序

（1）接受預訂

因準備工作較多，飯店一般需要客戶至少提前 2 ～ 3 週和飯店聯繫宴會外賣服務。宴會預訂員受理宴會外賣服務的預訂時，態度要積極，應詳細瞭解宴會舉辦地點的情況和賓客的具體要求，並陪同客戶親臨現場調查，判斷可行性，確定設計方案，填寫「宴會外賣預訂單」，簽訂「宴會合約書」。

北京王府飯店宴會部副經理葉琳說：「在與客戶確認了宴會地點和宴會時間以後，我們要陪同客戶到現場勘探一番：服務區設在哪裡，每張桌子的位置，燈光條件，菜單上是否允許提供熱菜，周圍是否有噪音干擾，是否有其他遊人打擾，客人進入宴會場所的道路是否清潔，是否需要另外運來乾淨的衛生間等等，都要一一落實。」

（2）組織準備工作

◆廚房：廚房要根據預訂菜單提前準備菜餚食品，注意熱菜保溫、冷菜保冷，無論遠近，都要保證菜餚的質量。

◆服務組織部：宴會菜單設計完成後，廚房、宴會服務部等應開列本次宴會外賣所需的一切設施設備、家具、餐具、用具等物品的明細清單（包括所有用具、用品的名稱、規格、數量、準備者、檢查者和使用日期），並按規定領用或準備。宴請活動當天，派人提前到達賓客駐地或指定地點布置場地。若賓客選擇的宴會舉辦地點為露天或郊外，應事先與當地保安部門聯繫，確保賓客安全和活動正常進行。

◆交通：車隊應根據宴會外賣通知單準備足夠的車輛運送家具、物品、菜餚、酒水及人員到現場工作，要求準時、安全。必要時租用搬家公司車輛搬運家具、物品。

◆人員分工：合理安排人員，明確分工，明確任務和職責，人員精幹、工作效率高，並保證不低於店內的服務質量。

（3）宴請服務

◆全體工作人員應提前到達駐地，做好一切準備工作。

◆根據宴請活動的形式，按規範為賓客提供盡善盡美的服務。

◆宴會外賣的管理人員應始終在現場組織、指揮、檢查和控制服務質量，督導工作，及時處理突發事件，保證宴請活動的順利進行。

（4）結帳收尾工作

◆宴會外賣的管理者在宴會結束後，立即核算出總帳單，並請主辦者按預訂的付款方式結帳。

◆全體參與宴會外賣活動的人員應通力合作，以最快的速度收拾現場所有的飯店用具，並將其分類清點，保證用品一件不少。如有損耗，需及時填寫損耗報告單並寫明原因。

◆回到飯店後，應將物品送交宴會部，髒餐具送至洗碗間，布草送洗衣房，其他物品送歸原處。

2. 外賣服務注意事項

◆宴會外賣時間一般選在春、夏、秋三季，選擇天氣晴朗的日子。

◆晚宴要提供所有燈光布置服務，並由電工專門負責。

◆菜品一般以不易變質的食品原料及菜式為主，如生蠔或生魚片等就不太適合在夏季採用。

◆有專門的人員負責安全保衛。

◆宴請現場須安排醫護人員。

◆服務水準要保證不低於店內舉行的宴會。

◆宴會結束後要將舉辦場地恢復原樣，不損壞任何原物，不留下任何垃圾。

案例 7-6

北京長城飯店曾在白洋淀溫泉城為賓客提供宴會外賣服務，賓客有上千位。飯店開著冷藏車、保溫車、大卡車、大客車運送食品飲料及各種物品，出動了宴會服務員、酒吧服務員、電工、保衛員、醫務人員。運送到白洋淀的食品飲料及物品數量為：各種肉類 1290 千克，蔬菜 500 千克，雞蛋 150 千克，水果 150 千克，各式蛋糕 4000 個，飲料 13 種共 120 箱（2800 多瓶），餐具共 8040 多套，顯示了飯店宴會部的實力。

本章小結

與單點餐廳相比，由於宴會部有諸多優勢，飯店管理者越來越重視宴會服務與管理。他們重視宴會營銷，精心設計宴會產品，重視豐富宴會文化內涵，挖掘古菜譜，不斷推陳出新，迎合大眾對宴會文化性、節儉性、營養性、特色性及大眾性的需求趨勢。他們針對不同的客源採取不同的推銷策略，注重宴會銷售全過程的系統管理，他們深知「贏得新客戶所花的成本遠高於保持老客戶所花的成本」的事實，從而非常注重建立與客戶的長期友好合作關係。他們建立針對不同宴會的一整套系統完善、詳盡細緻的宴會管理制度、宴會服務程序和標準以及宴會應急措施，並用於宴會服務與管理各項工作中。他們不僅盡可能滿足客戶的各種需求，還重視引導大眾的宴會消費觀念，引導飲食文化，提升宴會品質。在菜餚品種方面，他們不斷創新，或粗料精製，或以茶、百花入饌，提供綠色食品、健康食品、美容食品等，極大地豐富了飲食市場。在服務方面，他們依據既定的程序和標準，並集思廣益，不斷改進，並充分發揮一線員工的創造性，為每位參宴賓客提供適時、適地、合情、合景的服務，力求使每一位賓客都滿意。

思考與練習

1. 宴會在餐飲經營中有何重要作用？宴會經營和單點餐廳經營有何不同？

2. 如何針對宴會的不同類型進行產品設計？

3. 宴會臺型設計有哪些種類？試以中餐和西餐正式宴會為例，談談進行臺型設計時須注意哪些問題？並分別繪出 5 種臺型設計圖。

4. 宴會預訂前應做好哪些準備工作？預訂人員應如何受理預訂？怎樣才算是一名優秀的宴會預訂員？

5. 宴會服務組織準備工作包括哪些內容？做好準備工作對宴會的圓滿舉行有何意義？

6. 簡述中餐宴會、西餐宴會、冷餐酒會、雞尾酒會服務程序的異同。

7. 宴會外賣與店內宴會有何區別？進行宴會外賣時還要注意些什麼？

8. 如何成功舉辦一次大型會議？

9. 在進行宴會產品設計時，應統籌兼顧哪些方面問題？

10. 若本章案例 7-2、7-4 發生在你所在的飯店，作為宴會廳經理的你將吸取哪些經驗教訓、採取哪些措施以避免發生類似事件？

11. 某飯店將在 6 月 25 日承辦某高校為 2500 名畢業生舉行的晚宴，人均消費 50 元。你剛好是該飯店的宴會部經理，你將怎樣設計這次宴會？怎樣組織這次宴會服務？宴會服務過程中要特別注意什麼問題？

第 8 章 餐飲服務管理

導讀

本章我們所要學習的餐飲服務管理，主要包括餐飲服務軟、硬環境氛圍的設定，餐飲服務方式的選用和確定，餐飲服務質量管理的概念、特點、內容及提高服務質量的主要措施。這些基本知識和原理，是我們從事餐飲服務工作，尤其是餐飲經營管理工作必須熟悉和掌握的知識。

學習目標

瞭解餐飲服務環境、餐飲服務質量等概念

懂得餐飲服務環境設定對餐飲經營的影響

掌握餐飲服務軟、硬環境設定內容

掌握中、西式服務方式及選用

掌握餐飲服務質量管理的內容和措施

第一節 餐飲服務環境的設定

餐飲服務環境即就餐環境，是指餐飲企業向顧客提供服務的場所及其周邊環境。它一方麵包括了餐廳建築物及其設備設施構成的餐飲服務的硬環境，具體包括餐廳所處的周邊環境、餐廳內外裝修及裝潢，內部營業廳及相關物品等凡是餐飲服務所應具備的設備設施；另一方面還包括了許多無形的要素，即透過服務所營造的具有一定氛圍的餐飲服務軟環境，具體包括餐飲企業的人際環境、文化環境及清潔衛生環境等。餐飲服務環境是影響服務質量的重要因素，無論是硬環境還是軟環境，都要烘托出一種就餐的氣氛，以便突出餐廳的宗旨和特色，招徠賓客。

一、餐飲服務硬環境氣氛的設定

餐飲服務硬環境氣氛是透過餐飲場所的位置、外觀、景緻、內部裝潢設計格局、空間處理、家具陳設及溫濕控制設備等方面的設計而營造出來的。

（一）門面裝修與周邊環境

餐飲企業的門面裝修包括建築物外觀、名稱和招牌等。透過門面裝修外部裝潢應使顧客對餐飲企業的檔次形成初步印象。周邊環境也是餐飲服務內涵的組成部分，其好壞不僅會影響企業對顧客吸引力的大小，而且會影響餐飲企業的形象。

1. 建築物外觀設計

人們在有意或無意之間習慣於感受餐廳或酒吧的建築外觀，並由此產生聯想，泛化到其內部的品質。餐飲企業店面裝飾的實質就是為企業做宣傳廣告。對於第一次認識某餐飲企業的顧客來說，吸引顧客的地方是其外形設計和門面裝飾。外觀設計首先要與周圍環境和諧統一，融為一體，形成舒適諧調、相得益彰的建築氣氛。其次，建築物的外觀應與餐飲企業的檔次一致，以使顧客對服務質量形成合理的期望值。例如：東方賓館的東方軒餐廳入口處是中國古典式拱門，向顧客表明這是一個中餐廳，大門兩旁的仿古董瓷器和門口的精美壁畫則向顧客暗示這是一個高檔餐廳。第三，根據餐飲企業經營內容、形式和特色確定外觀裝飾的表現形式。第四，注意地區特色、民族特色，同時還應有時代感。

2. 招牌製作

製作餐飲企業招牌應把企業的名稱、標誌、標準色及其組合與周圍環境尤其是建築物風格有機地結合起來。招牌是十分重要的宣傳工具，在外部裝潢上往往造成畫龍點睛的作用。企業標誌要突出企業形象、企業特徵，使其與企業的經營觀念、企業行為等有機結合起來。

如哪裡有肯德基哪裡就有「白鬍子老頭像」，再如：無論在紐約還是在世界各國的大中城市，隨處可見被稱為「金色拱頂」的麥當勞快餐店的霓虹燈招牌。標誌招牌等作為導向要大而醒目，夜晚要有燈光照明。

3. 周邊環境

周邊環境是不易引起人們重視的背景條件，但是，一旦周圍環境不具備或令人不快，馬上會引起人們的注意。比如，顧客一般不會選擇在雜亂無章的拆遷區，房屋髒亂、外牆皮剝落的建築群中去就餐。再如：餐廳如果靠近垃圾集中轉運地，其周圍蚊蠅亂飛，即使內部裝潢再高檔、再豪華，顧客也會對汙蝕環境產生反感……所以，設置餐飲經營場所，應選擇周邊建築物整齊、新穎、別緻、潔淨、綠化好，同時，要能突出餐廳的可見度。餐廳出入門面應與交通便捷處相連，要設有與服務接待能力相當的泊車場。

（二）餐廳室內設計與裝潢

1. 室內設計與裝潢

餐廳室內的設計與裝潢包括水平界面的地面、頂棚和垂直界面的牆面，使水平與垂面對組成有機整體。

①頂棚（又稱天棚、天花板）。是室內空間的重要組成部分，其裝潢最富有變化、引人注目。裝飾天棚要注意：首先要與人的心理需求和環境感受相協調，使人感到輕鬆舒適。要求高度合理，色調、明暗、質地、形式等遵循上輕下重的原則；裝修材料和裝飾品的使用應充分考慮其光學、聲學、熱學及消防安全等方面的因素；裝修裝飾應簡約明快，整體和局部相結合，不得破壞建築物固有的電線以及空調、通風、消防等線路和管道。

餐廳頂棚裝修和裝飾的常見方法有：平整式、凹凸式、懸吊式、井格式、結構式和透明玻璃頂等。此外，還可在頂棚裝飾一些不影響格調和照明的帷幔、氣球、綵帶等裝飾物品。

②餐廳內牆。牆面是室內空間界面豎直方向的面，和人的視線垂直，是人眼和人體最易接觸的部位。沒有經過裝飾的牆面會令人產生不協調之感，被現代心理學家稱為「空白的恐怖」。裝修的整體要求是堅固耐用，易於清潔、防火防潮、隔熱保溫、隔音、採光等。裝修方式上可採用乳膠漆、酪素塗料等塗刷或用牆紙、牆布、皮革、絲絨、大理石、面磚等材料貼面。在裝

飾方面通常採用假牆、假柱、假窗，或繪製壁畫、布置背景、掛飾繪畫書法作品等。

③餐廳地面。餐廳、酒吧地面常見的形式有地毯或木質、大理石、花崗岩、面磚等地面。在裝修時，所選用的裝修材料、質感和圖案等應與整個環境相協調，並與頂棚、牆面和家具、藝術裝飾品等相呼應。地面裝修要注意防火防潮、防滑隔音、保溫。

總之，進行室內設計與裝潢要嚴把功能的實用性、投入的經濟性和審美的情趣性等原則，兼顧環境意識、整體意識和個性化的原則。

2. 餐廳的色彩設計

當客人進入餐廳，首先進入視野的是具有很強表現力的色彩，無論是餐廳空間的整體色調或是色彩的組合，要給人以舒適、和諧、完美的感覺。餐廳色彩包括牆面、地面、天棚、桌椅、裝飾燈光以及餐具的色彩，這些色彩的整體組合對餐飲經營效果具有十分重要的影響。

色彩是營造餐飲場所活動氣氛的重要因素，不同的色彩對客人的心理和行為有著不同的影響。紅、橙、黃色使人聯想起陽光、火焰，給人以溫暖的感覺，表現出熱情奔放，因此多用於寒帶地區的餐廳或一般地區餐廳的冬季裝飾色；綠色、藍色使人聯想到大海、天空，給人以寬廣、自由之感。而白色，使人聯想起冰天雪地，給人以冷清感。綠色、藍色、白色等冷色調，多用於熱帶地區餐飲場所的裝飾，其效果較好。

在確定餐廳裝飾色彩和色調時，一定要知道餐飲場所的經營功能和所要表達的餐飲氣氛，同時要尊重習俗，注意民族忌諱。如：日本人忌諱綠色，而歐美人則把黑、白色作為高貴的象徵。

3. 光線

光線系統決定餐廳的格調。餐廳使用的光線有兩大類，即自然光和照明燈光，照明燈光又分為三類：基本照明、特別照明和裝飾照明。不同光線有不同的作用，不同類型的餐飲場所，需要不同效果和方式的光線照明設計。

①基本照明。是指在天花板、牆壁、柱子等適當位置上配置的以照明光為主的照明設備，如燭光、白熾燈和日光燈等。它不僅可以彌補店內自然光線的不足，而且還可以造成調節環境、烘托氣氛的作用。如以紅色、橙色為主的白熾燈，能使菜餚產生愈加新鮮的效果，使賓客食慾大振。

②特別照明。它是為補充、加強餐廳某一區域的光源而特別設置的照明設備，如餐廳的演歌臺和食品展示櫃等。這種照明是餐廳製造特彆氣氛必不可少的照明設備。特別照明的配置往往作為定向光源直接照射特定區域，不僅有助於顧客觀看和欣賞，而且滿足顧客選擇、比較的心理需求。

③裝飾照明。主要用於餐廳門面及特定區域的燈光裝飾，多採用綵燈、霓虹燈、落地射燈。透過運用裝飾燈光線的虛實、控制的範圍、照明的角度和方向，利用燈具本身的質感、造型、陳設排列及營造光線的秩序、節奏，予以強化餐廳室內外環境的整體風格，突出環境氛圍。如萬聖節餐飲活動，西餐廳可以布置怪異的鬼臉南瓜燈。

總之，光線照明的設計應做到實用性、技術性和藝術性的完美結合，光線的強弱以明亮而不耀眼、柔和而不昏暗為主。

4. 溫度、濕度、氣味和音響

①溫度。顧客因職業、性別、年齡不同而對餐廳的溫度有不同的要求。通常，婦女喜歡的溫度略高於男性；孩子所選擇的溫度低於成人。人們在不同的季節對溫度又有不同的要求，夏天要涼爽，冬天要溫暖。因此，餐廳要注意調控溫度，一般冬、春季的溫度應保持在 18℃～ 20℃；夏、秋季的溫度保持在 22℃～ 24℃。餐飲場所的溫度控制，能影響賓客的就餐時間和消費水平。

②濕度。是指餐飲空間中的含水量，過乾、過濕都會使賓客坐立不安，產生煩躁。只有適當的濕度，才能符合人體生理要求，才能給顧客一個輕鬆舒適的空間，減緩客人的流動。

③氣味。顧客對氣味的記憶要比視覺和聽覺記憶更加深刻。因此，餐廳應突出菜香、酒香，控制和消除不良氣味，利用餐飲產品的馨香氣味來達到營造良好就餐氣氛的效果。

④音響。是指餐廳裡的噪音和背景音樂。噪音主要來自戶外的嘈雜聲、顧客的流動聲、餐具的碰擊聲等。這些噪音極易引起賓客煩躁，除在設計時採取必要的隔音系統外，應提倡文明操作和服務，把噪音降低到最小程度。餐廳的背景音樂以播放輕音樂為主，樂曲的音量以不影響顧客說話，又不致被噪音淹沒為度。娛樂型的餐廳和酒吧，氣氛活躍熱烈、輕鬆自由，勁歌熱舞聲、賓客的歡笑嬉鬧聲、調酒師雪克壺有節奏的搖盪聲等彙集在一起創造了個性化的聲場氛圍。

（三）餐廳空間設計布局

1. 通道設計和活動線路安排

通道是指餐廳的流動空間，包括餐廳的出入口，餐廳內賓客和員工行走的通道，餐廳和廚房的連接通道，安全消防通道等。順暢、安全、便利是通道設計的原則。所以，通道應儘量選取直線，寬度要比服務人員工作手推車寬。對於消防通道，不但要求順暢、便於疏通，而且要有醒目的安全通道標誌。

餐廳活動線路是指賓客、員工、菜點飲品和服務設備等在餐飲空間的流向和路線。賓客的活動線路應以從餐廳大門到座位之間的通道暢通無阻為基本要求，一般採用直線通道，避免曲折和環繞。員工活動線路的安排，應針對員工餐飲服務和銷售的具體特點，以提高服務效率，避免與賓客相互碰撞為基本要求。

2. 餐位的設計和安排

餐桌、餐椅的設計和安排直接影響著餐飲經營場所的氣氛和餐飲營運面積的有效利用率。餐椅的類型、質感、色調和裝飾，構成了餐椅的觀賞性功能。性能優良、舒適的餐椅還必須符合人體所需的尺寸和標準。兩個最重要的尺寸是臀部至腿彎的長度和腿彎的高度。另外，靠背的支撐必須在人體上部的著力部位。

設計配置餐臺應與餐廳形狀、面積、經營風格及服務方式相適應。常用的餐臺形狀有圓形、方形和長條形。按每位賓客進餐時所占的圓弧弦長，圓形餐臺可分為弦長 60 公分的一般型、弦長 70 公分的舒適型、弦長 85 公分的豪華型。方形餐臺常用於西餐廳、咖啡廳和酒吧，供 2 ～ 4 人就餐使用。長條形餐臺用途廣泛，不僅被西餐廳廣泛採用，同時也可作為會議、自助餐臺型設計組合的基本臺型，並可臨時布置成工作臺使用。

餐臺和餐椅之間的距離一是在餐椅椅面和餐臺臺面之間，應給予大腿部的活動留有足夠的空間；二是用餐過程中餐椅相對於餐臺的不同位置移動，在餐位布局時必須留有足夠的空間。餐廳坐席的配置通常有縱形、橫形、縱橫混合形、異形等。

3. 餐飲娛樂區設計

娛樂與餐飲經營相結合不僅具有悠久的歷史，而且越來越受到人們的青睞。在中國，這種形式可追溯到唐代。唐玄宗喜愛音樂，吃飯多用歌舞助興。民間引用這種形式為食客助興，形成了一種休閒餐飲形式。在西方，這種餐娛結合的形式至少也有幾百年的歷史，到 1959 年美國一餐飲企業將劇場搬進餐廳，形成餐飲劇場，客人品嚐可口食品的同時欣賞美妙的歌舞表演，該餐飲企業的收入直線上升。現在，娛樂形式與餐飲經營相結合的方式較多，常見的有：小型樂隊演奏、民樂演奏、歌舞表演、時裝表演、卡拉 OK 等等。在條件許可的餐廳設立娛樂區是促進餐飲銷售的有效舉措。

設計娛樂區要考慮下列因素：首先，娛樂形式要同餐廳的經營風格、環境布置及目標客源一致；其次，娛樂形式與餐廳的硬體設施相配套；第三，娛樂形式與餐飲經營要平衡發展，即處理好兩者關係，要以娛樂帶動餐飲，娛樂與餐飲結合的最終目的是帶動餐飲經營，創造經濟效益。

二、餐飲服務軟環境氛圍的設定

餐飲服務軟環境氛圍包括餐飲企業所營造的和諧、友好的人際環境；舒適、雅緻、美觀的文化環境和潔淨、令人心情舒暢的清潔衛生環境。好的軟環境氛圍會讓員工感到工作愉快、精神飽滿，會使顧客覺得在此就餐是物質和精神的雙重享受。

（一）餐飲服務的人際環境

餐飲企業的服務環境是由企業的管理人員、服務人員和客人之間的相互關係所構成的。營造友好、和諧、理解、互助、協調的就餐氛圍是餐飲經營的保證，是企業獲得良好經濟效益的基礎。餐飲企業的管理，傳統管理是以物為中心，忽視對人的心理和行為規律的研究；現代管理則以人為中心，研究人的心理和行為的規律，根據人們的個性特徵和興趣合理安排工作，用激勵的方法，激發他們的積極性，形成內在的動力。優質服務需要由管理者對員工親切、關心的微笑，轉化為員工對顧客真誠、熱情的微笑。有了服務員工的愉快，才會有顧客的愉快。管理者既要尊重顧客，也要尊重員工，設法使員工、顧客覺得在本企業工作或當本餐廳的顧客是一種驕傲。

管理人員不能把員工單純看成是餐飲企業的服務員，他們更重要的是餐飲產品的銷售員。服務員要建立、培養、加強與顧客的關係，在提供優質服務的過程中贏得顧客的信任。其實，許多顧客都希望成為向其提供服務的企業的「關係顧客」。顧客希望得到最親切的關懷，渴望與服務提供者的關係更加親密，更加私人化。為顧客服務，就是要從顧客的要求出發，把他們的意向反映到生產和銷售服務上來。

顧客也是餐飲生產活動的參與者。首先，由於餐飲企業生產與消費的同時性的特點決定了顧客與生產過程是分不開的，即生產與顧客消費的接近關係；其次，由於顧客能頻繁地接觸餐廳，這種高度的互動關係由於顧客的參與而營造了餐廳的氣氛，同時也對需求時間及服務發揮相當大的影響力；第三，顧客與顧客之間的關係及消費傾向，也能對其他人的消費行為產生影響。

尤其是在消費過程中，顧客與顧客之間的互動影響很大，如某顧客所點的菜、飲料都可能受到其他客人的影響。

（二）餐飲企業的文化環境

餐飲企業文化是一種企業範圍的意識現象。文化環境體現著餐飲企業經營的特色，是餐飲環境氛圍的昇華，是餐飲檔次提高的主要依據。如何能使顧客在享受美味的同時，感受到餐廳特有的飲食文化氛圍，這是每一個餐飲經營者都應認真思考的問題。餐飲企業所能滿足顧客的不是簡單的物質產品，而是享受性產品，客人的要求更大程度上不是物質上的，而是心理上的。這種享受性的產品發展到高層次就是文化性，也就是我們常說的「企業氣息」。有的餐飲企業造價很高，裝修很豪華，但進去感覺像個食堂，這裡就有一個文化性的問題。

餐廳的建築造型、功能布局、設計裝飾、環境烘托、燈飾小品等有形氣氛的設計，應選擇一定的文化主題，才能真正體現、渲染熱烈的進餐氣氛，創造一種店景文化。不同主題的餐廳在裝潢設計、布置裝飾時的側重點不同，必須認真分析研究其菜點飲品、服務方式、氣氛營造這三個方面的主次地位，從而決定餐飲場所的裝潢設計方法、內容和形式。

如北京硬石餐廳，高敞的天棚上是一幅巨大的圓形穹頂壁畫，內容是古今樂人站在北京名勝前高歌作樂，與餐廳音樂的主題相融在一起。整個餐廳的設計裝潢給人一種大劇院式的氛圍，其服務員身著印有 HardRockcafé 標誌的 T 恤和牛仔褲，極有青春氣息。文化主題內容廣泛，涉及不同時期、國家和地域的歷史人物、文化藝術、風土人情、宗教信仰、生活方式等。

飲食產品本身就具有文化內涵。從菜品來講，它的起源、烹製、風味都有一定的文化背景。餐飲經營者可以透過對這些菜品文化背景的研究，結合史料記載，運用現代烹飪技術推出具有民族特色或異國風情的豐富多樣的菜品。同時，把各類「文化菜餚」適時地講解給用餐顧客，讓客人瞭解菜品的文化價值，使客人在物質和精神上都得到滿足。

（三）清潔、衛生環境

餐飲服務首先要保證飲食衛生，包括環境衛生、菜餚衛生、服務人員衣著和個人衛生等。

清潔衛生是顧客外出用餐的基本期望，也是餐企業競爭的焦點。美國飯店協會對外出就餐顧客進行的調查表明，顧客對餐飲企業各種服務的重要性認識中，不論是哪一類型的餐飲企業，清潔和飯菜的質量是人們最關心的因素。一個餐飲企業的經營者不注意衛生管理方面的投資，就意味著他們拿企業的命運和公眾的生命開玩笑。實際上，現代餐飲業中凡經營成功的企業在衛生管理方面都進行了較大投入，並十分重視在餐飲操作和服務過程中的衛生管理。比如，餐飲場所的洗手間如果乾淨整潔，備有香皂和小毛巾，而且放有綠化植物，以及抒情的背景音樂，使人方便之餘頓感心曠神怡。明亮的鏡子、乾淨的垃圾桶、別緻的香皂、化妝紙等細膩的安排，將會使顧客感到該店的「服務周到」。

第二節 餐飲服務方式的選用和確定

常見的餐廳服務方式有兩大類，即中餐服務和西餐服務，每一大類中又包含了不同的服務方式。下面進行具體介紹。

一、常用中餐服務方式

中國飲食文化所包含的不僅僅是與西餐迥異的珍饈佳餚，它更是反映了中華民族傳統文化特色和特有的禮儀風情、款客之道。中餐在歷史發展過程中，形成了自己獨特的服務方式。常見的有：共餐式服務、轉盤式服務和分餐式服務。

（一）共餐式服務

共餐式就餐方式是指就餐者圍坐餐桌，用自己的筷子或用公筷、公匙到菜盤（盆）中夾取自己喜愛的菜餚。適用於中餐單點服務。

共餐式服務要點：

1. 擺臺：根據用餐人數和餐桌大小，擺放餐位餐具的同時，另擺放 1～2 副（個）公筷（公匙）。

2. 問位開茶。

3. 上菜。服務員應選擇適當的位置上菜、報菜名。對某些特色菜，服務員要介紹菜餚特色及食用注意事項。擺放菜餚時，注意葷素和顏色的交叉搭配。若菜餚顏色、味型反差明顯，應更換公筷、公匙以免因使用同一餐具而串味串色。

4. 整雞、整鴨、整魚等菜餚，應協助客人分切成易於筷子夾取的形狀。

5. 臺面上的菜餚放不下時，應徵求客人意見，對臺面進行整理，撤、並剩菜不多的盤子，切勿將菜盤疊架起來。

6. 注意隨時為客人斟茶、添酒，更換煙缸或骨碟。

7. 所有菜餚上完後應告訴客人，最後祝客人用餐愉快。

（二）轉盤式服務

轉盤式是在一個大圓桌面上安放一個直徑為 90 公分左右的轉盤，將菜餚放置在轉盤上，供就餐者夾取的就餐服務形式。

轉盤式服務是一種普遍使用的餐桌服務方式，適用於大圓臺的多人用餐服務。其服務方法和程序是：

1. 擺臺

①鋪上與餐桌大小適宜的桌布；

②將轉盤的圓形滑軌放在桌面中央，然後把乾淨的轉盤放在上面，檢查轉盤是否旋轉靈活。

③根據轉盤式便餐或宴會的要求擺臺。

2. 轉盤式便餐服務（與共餐式服務要求基本一致）

3. 轉盤式宴會服務

①賓客被迎賓員引到席前時，值臺員面帶微笑，拉椅幫助客人入座。待客人坐定後，幫助賓客落餐巾、鬆筷套。

②在適當位置上菜。為客人斟酒、分菜。

③席間要勤巡視、勤斟酒、勤換煙缸和骨碟。

（三）分餐式服務

分餐式服務是吸收了眾多西餐服務方式的優點，並與中餐服務相結合的一種服務方式，因此又稱為「中餐西吃」的服務方式。主要適用於官方的、較正式的高檔宴會服務。

分餐式服務又分為邊桌式服務和派菜式服務兩種。

1. 邊桌式服務

邊桌式服務是在宴會餐桌旁設一個固定的或可手推的活動服務邊桌，其目的就是實施桌邊分菜服務。其服務程序是：

①示菜。跑菜員將菜餚用托盤送到餐桌旁，由值臺服務員將其放在餐桌上，並向客人介紹菜餚特色。

②分菜。示菜後再將菜餚放在服務邊桌上，迅速分菜。做到分菜均勻、乾淨俐落。

③兩名服務員配合，一名分菜，另一名將餐桌上前一道菜用過的髒盤撤下，然後上分好菜的餐盤。從主賓開始，按順時針方向從客人右側將餐盤置於每位客人面前。

④將菜盤中剩餘的菜餚整理好，放回到餐桌上，供就餐者需要時添加。

2. 派菜式服務

派菜式服務同西餐的俄式服務極為相似，其服務程序如下：

①上餐盤。在每位客人面前放上潔淨的餐盤。

②示菜。將菜餚送上餐桌，報菜名，同時介紹菜餚特色。

③派菜。將菜餚放到鋪了乾淨墊巾的小圓托盤上，左手托盤，右手拿服務匙或叉分菜，做到分菜迅速、乾淨俐落、不出聲響。

④派菜順序。從客人右側依照主賓、主人，然後按順時針方向繞桌將菜餚派入餐盤中。

⑤最後將剩餘的菜餚整理好，放回餐桌上，供客人需要時添加。

二、常用西餐服務方式

西餐服務源於歐洲貴族家庭和王宮，現已被廣泛運用於餐館和飯店。常見的西餐服務方式有法式、俄式、美式、英式以及大陸式和自助餐服務等。這裡著重介紹法、美、俄三種西餐服務方式。

（一）法式服務（French Style Service）

法式服務即從分餐車上為客人準備菜式的服務形式。法式服務源於歐洲貴族家庭及王室。20 世紀初西查·里茲將其用於豪華飯店，故也被稱為「里茲服務」。這是一種最周到、最講禮節的服務方式，但其服務費用高、服務節奏較慢，主要適用於特色餐廳的高檔西餐單點用餐。

法式服務方式由兩名服務員共同為一桌賓客服務，一名為主，另一名為輔。前者主要負責接受賓客點菜，客前分割裝盤或客前烹製，斟酒、上飲料、結帳等工作；後者主要負責傳遞單據、物品、擺臺、上菜、收臺等工作。

法式服務技巧如下：

①法式服務事實上即是在分餐車上完成食物加工的最後一道工序，所以，做好分餐車的有關準備工作十分重要。

②把預先在廚房準備的放在分餐碟中的食物拿到客人餐桌邊展示給客人看，然後拿回到分餐車上，當著客人面進行烹製表演或切割裝盤。分菜時一般右手持勺，左手持叉。

③將分餐碟中的主菜放在餐碟的前部，蔬菜放在後部圍著主菜。汁醬可以在分餐車上先淋在食物上，也可在餐桌上服務。

④服務員助手用右手從賓客右側上菜、斟酒或上飲料，從賓客左側上麵包和奶油。

（二）美式服務（American Style Service）

美式服務是將在廚房內已經準備好的食物預先放在餐碟內，由服務員直接將餐碟上到餐桌上的服務形式，所以又稱「盤子服務」。美式服務起源於美國的餐館，是一種最基本、最簡單快速而廉價的西餐服務方式，它要求員工有熟練的托盤技巧。

美式服務技巧如下：

①托盤。托盤的方式取決於要托碟子的個數。專業服務要求托餐時不得超過四個餐碟（傳統的專業托盤通常是兩個或三個餐碟的托法）。為了避免在托碟過程中燙傷手或手腕，往往將服務巾鋪在左手掌及前臂上。

②右上右撤。「右上右撤」即從客人的右邊上菜。用右手取餐碟上菜時，使用折疊的服務巾墊在手指與餐碟接觸處，撤盤也是從客人的右邊進行。現代美式服務右上右撤的規則已被世界上大多數餐廳及培訓院校所採用。

③逆時針服務。一般情況下，上菜是從主人右邊第一位客人開始，然後以逆時針方向依次服務，不分性別，最後服務主人。

（三）俄式服務（Russian Style Service）

俄式服務是一種優美典雅，十分講究禮節，服務效率較高，能使每位賓客享受到體貼服務的方式。其最大特點是，使用大量的銀器增添餐桌氣氛。俄式服務起源於俄國沙皇宮廷及貴族，現歐洲各國的大多數豪華飯店採用這一受歡迎的服務方式。

俄式服務通常是由一名服務員為一桌賓客服務。客人點的所有菜餚均在廚房加工完成，菜餚送至餐廳時同時配上銀質大淺盤（熱菜配上加過溫的熱餐盤）。其服務技巧是：

①上空盤。上菜前，先上空餐盤。按照熱菜上熱盤，冷菜上冷盤的要求從客人的右側按順時針方向繞臺將空盤擺放在就餐者面前。

②派菜。值臺服務員用左手托起廚房裝好菜餚的大銀盤，右手拿服務叉或匙，從客人的左側按逆時針方向分菜（這樣可避免退行）。

③斟酒、上飲料和撤盤都在賓客右側操作。

第三節 餐飲服務質量管理

一、餐飲服務質量概述

服務質量是餐飲工作的生命線。任何餐飲企業都要以服務質量求生存，以服務質量求信譽，以服務質量占市場，以服務質量贏效益。餐飲經營活動主要表現在兩個方面：一是為賓客提供食品、飲料等有形產品；二是在提供上述有形產品的同時，為賓客提供面對面的餐飲服務，餐飲產品的銷售過程就是服務人員的服務過程，餐飲服務與銷售同步進行的特點決定了服務質量的高低直接影響著銷售的好壞。

（一）服務質量的概念

服務質量，是指服務滿足賓客服務需求的特性的總和。這裡所指的「服務」，包含了為顧客所提供的有形產品和無形產品；而「服務需求」是指被服務者——顧客的需求，它包含了明確需求和隱含需求。「明確需求」是指行規規定的質量要求，即明確做出的規定；「隱含需求」則是指社會和賓客對服務產品的期望，指那些公認的、不言而喻的、不必做出明確規定的「需求」。總之，顧客的需求既有物質方面的，也有精神方面的，具體表現在顧客對食品飲料的價格、質量、衛生和服務等方面的需求上。

（二）餐飲服務質量的特點

餐飲服務從整體上講是有形的實物產品和無形的服務活動，服務活動在一定時空條件下構成了一個集合體。它能夠向賓客提供某種使用價值或滿足客人的某種需求，並著重滿足客人實物產品基本功能外的心理與精神要求。

由於餐飲業在經營上的特殊性，所以餐飲服務質量具有以下幾個特點：

1. 綜合性

餐飲服務是一個精細複雜的過程，而服務質量則是餐飲管理水平的綜合反映。餐飲服務質量有賴於各項餐飲計劃、業務控制、設備維修與保養、物資供應、勞動組合、餐飲服務人員的素質、財務等方面的保證與協同配合。

2. 短暫性

餐飲服務中的大部分飲品、食品是現生產、現銷售，生產與消費幾乎同時進行。短暫的時間限制對餐飲管理及餐飲工作人員的素質是一個考驗，能否在短暫的時限內很好地完成一系列工作任務，也是對服務質量的一種檢驗。

3. 關聯性

從飲食產品生產的後場服務到為賓客提供餐飲產品的前場服務有許多環節，而每個環節的好壞關係到服務質量的優劣。在這許多工序中所有工作人員只有通力合作、協調配合並充分發揮集體的才智與力量，才能夠保證實現優質服務。

4. 一致性

一致性是指餐飲服務質量與餐飲產品質量應一致。質量標準是透過制定服務規程這個形式來表現的，因此服務標準和服務質量是一致的。即產品質量、規格標準、產品價格與服務態度、服務技巧、服務效率均保持一致。

二、餐飲服務質量管理的內容

（一）對客服務質量的基本要求

1. 端莊的儀容儀表、文明禮貌的服務

儀容儀表是指人的外在形象，包括人的姿態、表情、衣著和修飾等方面的內容。優雅的表情，得體的動作與姿態，恰當的衣著、裝扮，這些不僅反映了服務人員的修養和內在品德，也體現了飯店的精神面貌，是餐飲服務質量的外在表現。

文明禮貌的服務體現了餐飲的時代風格，是服務質量的展現和特徵。禮貌是人與人之間在接觸交往中相互表示敬重和友好的行為規範，是指人們待人處事時的容貌、表情、言語、動作謙恭的具體表現。禮節則是指人們在日常生活和交際場合中，相互問候、致意、祝願、慰問以及給予必要的協助與照料的慣用形式，是禮貌的具體表現。要求餐廳服務應做到：儀表端莊、儀容整潔、面帶微笑、親切和諧、著裝統一、舉止大方、彬彬有禮、尊重客人，服務用語要體現服務員的良好服務意識與文化修養。

2. 主動熱情的服務態度

良好的服務態度是服務工作的基礎。餐飲的銷售過程從迎客到開餐，直至送走賓客，自始至終一直伴隨著服務員的服務性勞動。服務員在為客人提供勞動性服務的過程中，同時承擔著推銷餐飲產品的職責。因此，服務員要用良好的服務態度去取得顧客的信任與好感，建立起友善的關係。這就必須有主動熱情的服務態度，才能表現出耐心、周到的服務和精心細緻的操作。餐飲服務中對客人所特有的主觀意向和心理狀態，反映著行業所需要的尊重客人，誠摯友好的潛在意識，並透過提供的服務表現出來。這是提高餐廳服務質量的基礎，也是「賓客至上」經營宗旨的體現，更是餐廳服務質量水平的外在表現。良好的服務態度取決於服務員是否有主動性、積極性和主人翁責任感。

3. 熟練的服務技能

服務技能、技巧是服務水平的基本保證和重要標誌。如果服務人員沒有過硬的基本功，服務技能水平不高，那麼，即使服務態度再好、微笑得再甜美，顧客也會禮貌地加以拒絕，更談不上有優質的服務了。因此，提供具有一定標準的、規範的操作服務才是顧客所需要的。要針對不同職位員工進行培訓，使服務員掌握服務標準、服務程序、操作規程，並能夠熟練準確地運用各種服務技能。

服務技能的掌握是一個由簡單到複雜，經過長期磨練逐步完善的過程。

4. 快捷的服務效率

服務效率是服務工作的時間觀念，是服務員為顧客提供某種服務的時限。它不但反映了服務水平，而且反映了管理水平和服務員的素質。

對消費心理的統計表明，對就餐顧客來說，等候是最感到頭痛的事情。所以，為確保服務效率，餐飲經營管理者必須對菜餚烹製時間、規程，「翻臺」作業時間，顧客候餐時間等作出明確的規定，並納入服務規程中，作為員工培訓的指南和操作的標準。減少客人的候餐時間，相應地也就提高了餐廳座位的周轉率，從而達到客主雙方滿意的效果。

5. 清潔衛生

餐飲部門的清潔衛生管理既是服務質量管理的重要內容，也是賓客選擇就餐場所的重要因素。這裡所指的清潔衛生包括餐廳環境衛生、服務人員的個人衛生及廚房操作衛生。對於餐廳內外環境、微小氣候、各服務職位和服務員個人衛生等應該制定衛生標準和達標要求，並認真實施和監督，使清潔衛生工作做到制度化、標準化和經常化。

（二）餐飲服務質量控制

1. 控制的基礎

要進行有效的餐飲服務質量控制，必須具備三個基本條件：

(1) 制定服務規程。服務規程是餐飲服務所應達到的規格、程序和標準。是餐飲工作人員應當遵守的準則和服務工作的內部法規。

制定服務規程時，首先，必須根據消費者生活水平和對服務需求的特點來制定；其次，要根據服務的環節和順序，確定每個環節服務人員的動作、語言、姿態、質量、時間，以及對用具、手續、意外處理、臨時措施的要求等。同時，每套規程在開始和結束處，應有與相鄰服務過程互相聯繫、相互銜接的規定。要用服務規程來統一各項服務工作，以達到服務質量的標準化、服務過程的程序化和服務方式的規範化。

(2) 收集質量資訊。餐飲管理人員應該知道服務的結果並進行評估，即賓客對餐飲服務是否滿意，有何意見和建議，從而採取改進服務、提高質量的措施。同時，透過巡視、定量抽查、統計報表、聽取顧客意見等方式廣泛收集服務質量資訊，以便更加明確服務的目標和制定科學合理的服務規程。

(3) 員工培訓與激勵。企業之間競爭的實質是人才的競爭和員工素質的競爭。當企業員工的素質下降，多數人會把原因歸咎於不景氣的「大環境」。實際不然，飯店應該透過良好的訓練和有效的激勵機制，發揮出人的潛能性、積極性和創造性，這樣才能不斷提高員工素質。沒有經過良好培訓的員工很難提供高質量的服務，同樣，即使經過良好訓練的員工，如果沒有必要的精神激勵和適當的物質刺激，也很難保證有工作積極性和主動性。餐飲企業要透過培訓，不斷提高員工業務技術、豐富業務知識，透過建立有效的激勵機制，使員工奮發向上，把提高自身的素質變為自覺的行為。

2. 控制方法

根據餐飲服務的三個階段——準備階段、執行階段和結束階段，餐飲服務質量的控制按時間順序相應地分為預先控制，現場控制和回饋控制三個階段。

(1) 預先控制——第一階段。所謂預先控制，就是為使服務結果達到預定的目標，在開餐前所做的一切管理上的努力。預先控制的目的是防止開餐服務中所使用的各種資源在質和量上產生偏差。

預先控制的主要內容有：

①人力資源的預先控制。合理安排班次及人員數量，使服務員以飽滿的熱情進入工作狀態。

②物資資源的預先控制。開餐前，必須按規格擺放好餐臺，準備餐車、托盤、菜單、點菜單、開瓶工具及工作車小物件等。另外，還必須備足相當數量的「翻臺」用品，如桌布、餐巾、餐紙、刀叉、火柴、牙籤、煙灰缸等物品。

③衛生質量的預先控制。開餐前半小時從牆、天花板、燈具、通風口、地毯到餐具、轉臺、臺料、桌布、餐椅、餐臺擺設等餐廳衛生做最後一遍檢查。若發現有不符合要求之處，迅速返工。

(2) 現場控制——第二階段。現場控制是指監督現場正在進行的餐飲服務，使其程序化、規範化，並迅速妥善地處理意外事件。

餐飲服務質量現場控制的主要內容涉及服務程序、上菜時機、意外事件及開餐期間的人力等方面。

①服務程序的控制。開餐期間，餐廳主管應始終在第一線監督、指揮服務員按標準程序服務，發現偏差，及時糾正。

②上菜時機的控制。按照菜單程式，掌握好上菜時機。做到既不要賓客等候太久，也不能將所有菜餚一下全上齊。尤其是大型宴會，每道菜的上菜時機應由餐廳主管，甚至餐飲部經理親自掌握。

③意外事件的控制。在面對面的餐飲服務過程中，經常會出現一些意外事件。一旦引起客人不滿或投訴，主管一定要迅速採取彌補措施，以防止事態擴大，影響其他賓客的用餐情緒。如果是由服務員方面原因引起的投訴，主管除向賓客道歉外，還可在菜餚飲品上給予一定的補償。發現有醉酒或將要醉酒的賓客，應告誡服務員停止添加酒精性飲料；對已經醉酒的賓客，要設法讓其早點離開，以維持餐廳的氣氛。

④人力控制。開餐期間，雖然實行分區看臺負責制，服務員應在固定區域服務（一般可按照每個服務員每小時能接待 20 名散客的工作量來安排服務區域），但是，也應根據客情變化進行再次分工。如果某一區域的賓客突然來得太多，就應從另外區域抽調員工支援，等情況正常後再將其調回原服務區域。

用餐高潮過去後，應讓一部分員工先去休息，留部分人工作，到了一定時間再交換，以提高工作效率。這種方法對於營業時間長的咖啡廳特別適用。

（3）回饋控制——第三階段。所謂回饋控制，就是透過質量資訊的回饋，找出服務工作在準備階段和執行階段的不足，採取措施，加強預先控制和現場控制，提高服務質量，使賓客更加滿意。

質量資訊回饋由內部系統和外部系統構成。內部系統是指資訊來自服務員和經理等有關人員。因此，在每餐結束後，應召開簡短的總結會，總結經驗及教訓。資訊回饋的外部系統是指來自就餐賓客的資訊，為了及時獲得賓客的意見，餐桌上可放置賓客意見表，也可在賓客用餐後主動徵求客人意見。

賓客透過大廳、旅行社等回饋回來的投訴屬於強回饋，應給予高度重視，保證以後不再發生類似的質量偏差。建立和健全兩個資訊回饋系統，餐飲服務質量才能不斷提高，才能更好地滿足賓客的需求。

（三）加強質量的監督檢查

1. 現場巡視與指導

餐飲經營的特點是使餐飲服務質量透過現場服務體現出來。所以，對餐飲服務質量的監督、控制，以及對提高服務質量加以指導，都要在工作現場進行。上海某飯店為部門經理配備了計步器，目的就是要他們走出辦公室，深入現場。巡視工作現場已成為一種管理方式、管理風格，被稱為「走動式管理」。

2. 質量監督檢查

現場巡視和指導並不等於有組織地對服務質量進行檢查、評估。設立質檢機構，專司日常質量檢查之責已越來越普遍。質檢人員對員工的儀容儀表、工作狀態、店規店紀的執行情況及對客服務的質量進行評價，糾正各種違反規定的做法，甚至對違紀員工進行處分。餐飲服務質量內容可以歸納為「服務規格」、「就餐環境」、「儀表內容」、「工作紀律」四個大項，將這些項目按順序制定詳細的檢查表，既可作為餐廳常規管理的細則，又可以將其量化，作為餐廳之間、班組之間、個人之間進行競賽評比、考核的依據。

三、提高餐飲服務質量的主要措施

（一）質量管理分析

對餐飲服務質量管理進行分析的目的是找出存在的質量問題，以便採取有效措施加以解決。常用的分析方法主要有 ABC 分析法、圓形百分比分析圖法和因果分析圖法。

1.ABC 分析法

影響餐飲服務質量的因素很多，但在諸多因素中，總有一個或幾個是主要問題，其他則是次要問題。ABC 分折法就是從這些質量問題中找出主要問題的有效方法。

ABC 分析法的四個步驟：

①確定分析對象，如原始記錄內容中的服務員工記錄，顧客意見記錄，質量檢查記錄，顧客投訴記錄等如實反映質量問題的數據。

②根據質量問題分類畫出排例圖。

③透過各類問題所占比例找出主要問題。

④將分析結果總結出的問題分別採取措施加以解決。

案例

某飯店利用調查表向賓客進行服務質量問題的意見徵詢，共發出 150 張表，收回 120 張，其中，反映服務態度較差的 55 張，服務員外語水平差的 36 張，餐飲菜餚質量差的 24 張，飯店設備差的 4 張，失竊的 1 張。

分析以上情況，作巴雷特曲線圖，如圖 8-1。此圖是一個直角坐標圖，它的左縱坐標為頻數，即某質量問題出現次數，用絕對數表示；右縱坐標為頻率，常用百分數表示。橫坐標表示影響質量的各種因素，按頻數的高低從左到右依次畫出長柱排列圖，然後將各因素頻率逐項相加並用曲線表示。

在圖 8-1 中，累計頻率在 75.8% 以內的為 A 類因素，即是亟待解決的主要質量問題。

2. 圓形百分比分析圖法

例如，某餐廳在一週內隨機調查了 100 位賓客的餐飲服務意見，根據統計得出了圖 8-2 的圓形百分比分析圖。

由圖分析可知，本餐廳當前需要重點解決的服務質量問題是增加服務項目和提高服務技能。

3. 因果分析圖法

用 ABC 分析法可以找出服務中存在的主要質量問題。可是，這些問題產生的原因有哪些呢？因果分析圖就是對質量問題產生的原因進行分析的方法。

影響服務質量的原因較多，一般把眾多的原因歸結為五大因素。即：人（Man）、設施（Machine）、材料（Material）、方法（Method）和環境（Environment），稱為 4M1E 因素。

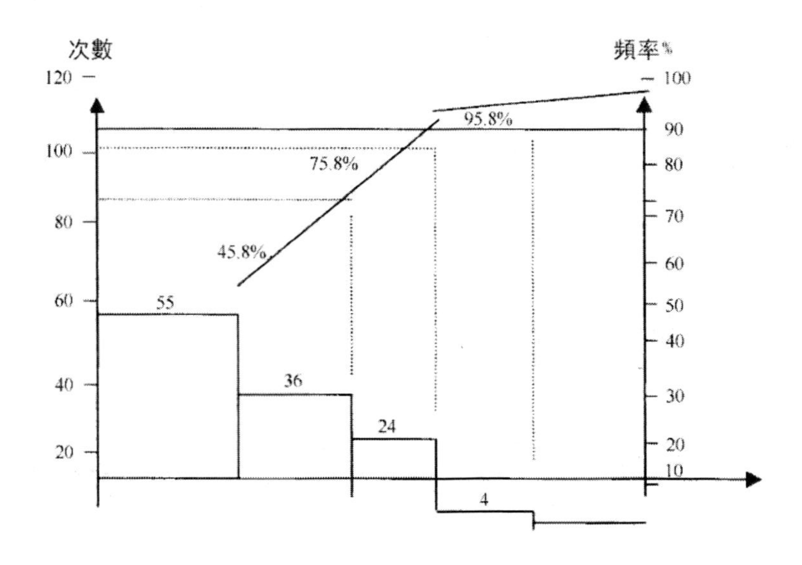

圖 8-1 巴雷特曲線圖

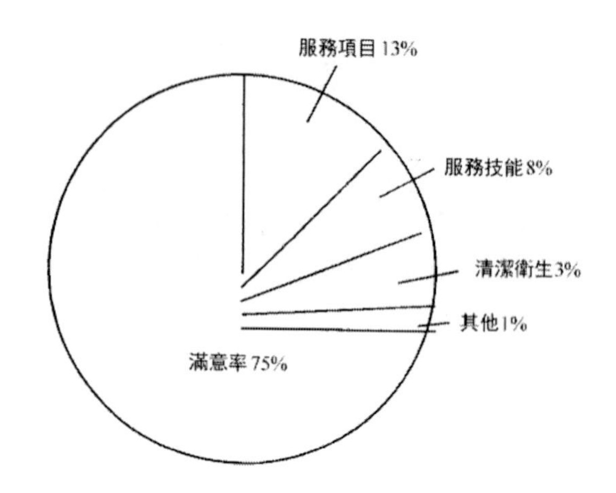

圖 8-2 圓形百分比分析圖

①人。人是最關鍵的因素，首先，餐飲服務工作與顧客的健康、心理等密切相關，這是顧客十分關心的；其次，餐飲服務工作是面對人的工作，與顧客需求相聯繫。因此，作為服務者的員工，對餐飲服務質量的優劣起著關鍵性的作用。

②設施。設施是飯店向顧客提供優質服務的物質基礎。設施的配備與完好程度直接影響到顧客的滿意度。

③材料。是指餐飲服務工作的所有材料，包括有形的物質材料（如食品材料）和無形的材料（如各種資訊）。顯然，這些材料對賓客需求滿意程度有直接影響。

④方法。服務方法既是規律的又是靈活的，它包括服務方式、服務程序、服務技巧以及管理的各種方法等。服務方法是影響餐飲質量的一個重要因素。

⑤環境。服務環境直接影響到顧客的需求滿意度。環境差，使功能性、經濟性、文明性等不能正確發揮，使安全性、時間性不易保障，使舒適性大為遜色。

因果分析是透過箭頭線，將質量問題與原因之間的關係表示出來，如圖 8-3。

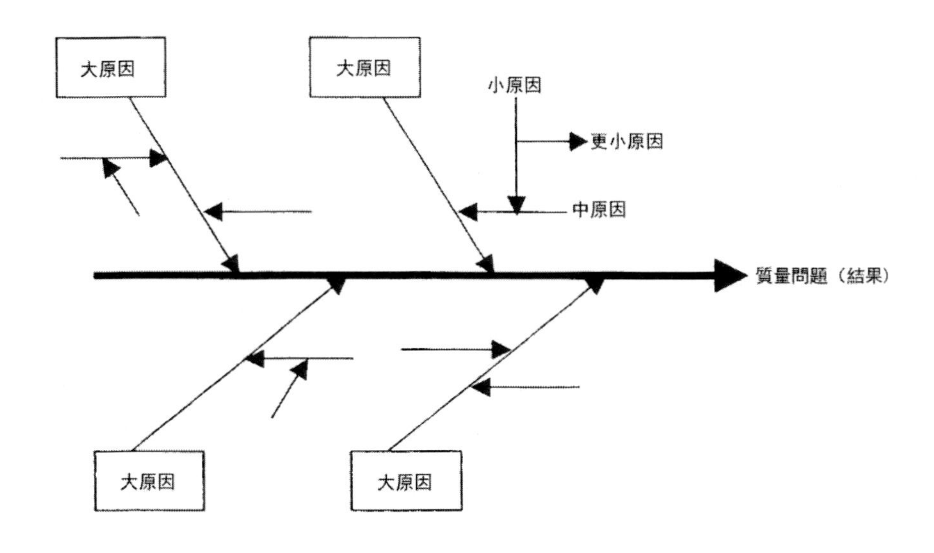

圖 8-3 因果分析圖

分析步驟：①找出質量問題，確定要分析的問題。②發動員工共同尋找產生質量問題的原因。③將找出的原因進行整理後，按原因大小畫在圖上。

在進行分析時，要深入調查，請各方面人員參加，以聽取不同意見。對原因的分析應細到能採取具體解決措施為止。

（二）服務質量管理方法

提高餐飲服務質量需要一套完善的質量管理方法。在現代飯店的質量管理活動中，通常採用 PDCA 循環法對質量進行管理。

1.PDCA 循環法的含義

所謂 PDCA 循環法，是指服務質量管理活動按照計劃（Plan）、實施（Do）、檢查（Check）和處理（Act）四個階段來開展，並循環進行。

2. 運用 PDCA 循環解決質量問題

運用 PDCA 循環解決質量問題，分成四個階段八個步驟進行。

①計劃階段。這一階段的工作是制定質量管理目標，包含四個步驟：

步驟一：分析質量現狀，找出存在的問題。運用 ABC 分析法，找出主要問題。

步驟二：運用因果分析法，分析產生質量問題的原因。

步驟三：從分析出的原因中找出關鍵的原因。

步驟四：對所提出的主要質量問題，制定解決質量問題要達到的目標和計劃，提出解決質量問題的具體措施和方法。

②實施階段。這一階段的工作是嚴格按照已定的目標和計劃，認真付諸實施。

步驟五：按已定的目標、計劃和措施執行。

③檢查階段。這一階段的工作是對計劃實施後產生的效果進行檢查。

步驟六：再運用 ABC 分析法，將分析結果與步驟一中發現的質量問題進行對比，以檢查在步驟四中提出的提高和改進質量的各種措施和方法的效果。

④處理階段。這一階段，要把成功的經驗形成標準，並總結失敗的教訓。

步驟七：對已解決的質量問題提出鞏固措施，並使之標準化，以防止類似問題再次出現。對未取得成效的質量問題，也要總結經驗教訓，提出新的改進措施。

步驟八：提出在步驟一中出現而尚未解決的其他質量問題，並將這些問題轉入下一個循環中去求得解決，從而與下一循環的步驟一銜接起來。

值得說明的是，PDCA 循環法的四階段的八個步驟，必須按順序進行，既不能缺少，也不能顛倒。

本章小結

餐飲服務管理應包括餐飲服務軟、硬環境氛圍的設定和營造，餐飲服務方式的選用和確定，更應注重餐飲服務質量的管理，要有提高服務質量的措施，要運用科學的質量管理方法。

思考與練習

1. 門面裝修與周邊環境和餐廳氣氛的設定有何關係？
2. 怎樣設計餐廳的色彩和光線？
3. 如何調節和控制餐廳的溫度、濕度、氣味和音響？
4. 中餐服務中的分餐式服務適用於何種用餐場合？
5. 西餐服務中的俄式服務技巧有哪些？
6. 什麼是餐飲服務質量？
7. 對顧客服務質量的基本要求是什麼？
8. 餐飲服務質量控制要抓哪些基礎工作？

第 9 章 飯店餐飲銷售管理

導讀

飯店餐飲銷售管理涉及的面很廣，主要有價格制定、經營活動中的主要銷售決策、銷售中的出品與銷售指標控制等內容。餐飲產品的價格制定是餐飲銷售管理的核心內容。餐飲產品的價格體現了餐飲企業的檔次、規格，反映了餐飲企業的市場定位和經營指導思想及經營策略。餐飲產品的價格合理與否，直接影響到企業的市場形象和上座率，這些又反過來決定了企業的經營業績和效益。

學習目標

懂得餐飲產品價格制定的原理

掌握餐飲產品價格制定的常用方法、主要銷售決策形式

熟練運用店內外餐飲促銷方法

熟悉餐飲銷售控制過程與方法

第一節 餐飲產品的價格制定

一、餐飲產品的定價原理、定價目標、定價策略

（一）定價原理

價格是商品價值的貨幣表現形式。價格的高低受商品所含價值量的大小及市場供求關係的制約。我們通常將餐飲產品的價格結構分解成如下形式：

餐飲產品的價格＝原料成本（含主料、輔料、調料）+費用（固定費用、變動費用）＋稅金＋利潤

習慣上，人們又將價格結構中的費用、稅金、利潤三者之和稱為毛利，這樣，價格結構可以簡化為：

餐飲產品價格＝ 原料成本＋毛利

1. 以價值為基礎，使價格盡可能接近價值。餐飲產品的價格結構中，原料部分的成本所占比重很大，因而是商品價值主要部分的貨幣表現，但它不是商品價值的全部。作為全部商品價值的貨幣表現的價格，除了原料成本之外，還有生產費用、流通費用、稅金和利潤。企業要持續擴大再生產，在商品售出以後，不僅要使原料成本得到補償，還要補償生產費用、流通費用，向國家繳納稅金和取得一定的利潤。這樣，在制定價格時就要在生產成本等的基礎上，加上流通費用和稅金、利潤，從而形成價格的最高經濟界限。

2. 考慮市場供求狀況對價格的影響。價格與供求的關係十分密切。在一定條件下，市場價格對商品供求起著調節作用。商品價格的高低，會引起商品供應量與需求量的增減；反過來，商品的需求情況也調節著市場價格的高低，引起商品價格的漲落。

3. 使價格符合國家的價格法規與政策，實行合理的商品差價。這些差價在餐飲產品的定價過程中主要表現在法規與政策差價、量差價等方面。

（二）定價目標

餐飲定價目標應與企業經營的整體目標相協調，餐飲產品價格的制定必須以定價目標為指導思想。

1. 以企業的經營利潤作為定價目標

餐飲定價往往要以經營利潤作為目標。管理人員根據利潤目標，預測經營期內將涉及的經營成本和費用，然後計算出完成利潤目標必須達到的收入指標。

要求達到的收入指標＝ 目標利潤＋ 食品飲料的原料成本 ＋ 經營費用＋營業稅

例如，某餐廳要求達到的年利潤為 20 萬元，根據以前的會計統計，餐飲原料成本占營業收入的 45% 左右，營業稅占 5%，部門經營費用占 30%，餐飲部分攤的企業管理費用占 5%。預計明年這些項目占營業收入的比例相差不大，那麼明年餐飲營業的收入指標為：

$$TR = 200000\text{元} + 45\%\,TR + 50\%\,TR + 30\%\,TR + 5\%\,TR$$

$$TR = \frac{200000\text{元}}{1 - 45\% - 5\% - 30\% - 5\%} = 1333333\text{元}$$

註：TR 為餐廳要求達到的收入指標

決定銷售收入的大小有兩個關鍵指標：一是座位周轉率，一是客人平均消費額。透過預測餐廳的座位周轉率，就能預測出客人的平均消費額指標：

$$\text{客人平均消費額指標} = \frac{\text{計劃期餐飲收入指標}}{\text{座位數} \times \text{座位周轉率} \times \text{每日餐數} \times \text{期內天數}}$$

如果上述餐廳具有 100 個餐座，預計每餐座的周轉率為 1.1，每天供應晚餐和午餐，則客人的平均消費額指標為：

$$\text{客人平均消費額指標} = \frac{1333333\text{元}}{100 \times 1.1 \times 2 \times 365} = 16.60\text{元}$$

根據目標利潤計算出的客人平均消費額指標，還應與顧客的需求和顧客願意支付的價格水平相協調。在確定目標客人平均消費額指標後，就可根據各類菜品占營業收入的百分比確定各類菜的大概價格範圍。

2. 注重銷售的定價目標

在有些情況下，管理人員出於經營需要，在定價時追求增加客源和菜品的銷售數量。例如有些餐廳所處的地點過於僻靜，或餐廳的知名度較低，管理人員為吸引客源，增強菜單的吸引力，往往在一段時間內將價格定得低些，使顧客喜歡光顧而使餐廳的知名度提高。有些餐廳在遇到激烈競爭時，為了擴大或保持市場占有率，甚至為了控制市場，也有以確定低價來增加客源的。這些企業雖然會因低價而生意興隆，但可能會得不到應得的利潤，甚至不能產生利潤。

3. 刺激其他消費的定價目標

有些餐廳為實現企業的整體經營目標，會以增加客房或其他產品的客源作為餐飲定價的目標。在許多飯店中，餐飲部在定價時往往考慮企業的整體利益，以較低的餐飲價格來吸引會議、旅遊團體以及公務客人，以此提高客房出租率，使企業的整體利潤提高。

4. 以生存為定價目標

在市場不景氣或競爭激烈的情況下，有些餐飲企業為了生存，在定價時只求保本，待市場需求回升或餐廳出名後再提升價格。當餐飲收入與固定成本、變動成本和營業稅之和相等時，企業能求得保本，保本點的餐飲收入等於固定成本除以貢獻率（即 1 －變動成本率－營業稅率）。保本點的客人平均消費額等於固定成本除以貢獻率和客人數之乘積：

$$\text{保本點客人平均消費額} = \frac{\text{固定成本}}{\text{客人數} \times (1 - \text{變動成本率} - \text{營業稅率})}$$

例如，某餐廳每月固定成本預計為 120000 元，餐飲變動成本率為 40%，營業稅率為 5%，該餐廳具有 200 個座位，每天供應午、晚兩餐，預計每餐座位周轉率能達到 1.5，該餐廳若要保本生存，客人平均消費額要達到：

$$\frac{120000}{200 \times 1.5 \times 2 \times 30 \times (1 - 40\% - 5\%)} = 12.12 \text{ 元}$$

（三）定價策略

價格表現在許多方面，如價格水平的高低、價格的靈活度、價格的優惠等。確定價格可防止機械地採用競爭者價格，或採用只計算成本、費用加利潤的定價方法，而使管理人員能有效地控制價格。

1. 公開牌價

公開牌價（List Price）是印在菜單上或貼在招牌價目表上的公開銷售價格。

一些企業採用相對不變的公開牌價，也有些企業沒有固定的公開牌價。相對不變的公開牌價是在一段期間內保持不變的公開銷售價。企業對一般顧客按其基本價銷售，但可根據不同的場合或不同的推銷需要進行加價或降價。相對不變的公開牌價為管理提供方便，為銷售提供準則，也可減少與顧客的矛盾。所以大多數餐飲企業採用公開牌價。有些餐廳沒有固定菜單，它們根據市場供應的品種，即時編制菜單，價格隨原料市場價格的變動而變動，因而不採用固定公開牌價。大多數餐廳對一般菜品採用固定公開牌價，但對隨市場供應而附加的時令菜及根據顧客特殊需要而開設的套菜不列公開牌價。有的特殊套餐，如宴會餐、團體餐、會議餐還可與客戶一起商定價格。

公開牌價上一般標明確切的最終價格。有些企業為了迎合某些顧客追求優惠的心理，在公開牌價上標明價格已經打了一定折扣。

由於許多顧客不瞭解產品真正值多少錢，他們只關心折扣的高低，看到優惠價就會購買，實際上有時優惠價還高於競爭者價。對於這種假優惠牌價，有許多爭執和看法，在高檔餐廳中還會有損企業的形象。

2. 價格水平

價格水平可從客人的平均消費額總結出來。前面提到，客人平均消費額的高低受定價目標的制約。在追求目標利潤、注重銷售、刺激消費和求生存的定價目標指引下，企業會確定不同的價格水平。同時，企業還要根據本餐廳的產品質量和競爭狀況決定其價格水平是高於、接近於、還是低於競爭者的價格水平。

在完全競爭的情況下，企業確定的價格高於或低於市場價都是不明智的。競爭越激烈，企業對價格的控製程度越小，價格越必須接近競爭者。企業需要爭奪市場、擴大市場占有率時，往往願意推行低於競爭者的價格。企業需要突出產品質量、樹立高檔餐廳的形象時，又往往將價格水平定得高於競爭者。

3. 價格靈活度

餐飲管理的另一種價格策略是價格的靈活度究竟該多大？應該採用固定價格還是靈活價格？

（1）固定價格。固定價格是在相同銷售條件下，對一定數量的產品採取相同的銷售價格。很多飯店採用固定價格政策，在一般情況下不討價還價。在飯店，由於餐飲產品涉及的變動成本大，收入的增加對邊際成本的增長作用很大，因而餐飲產品價格調節餘地小，其價格通常比客房價格固定性大。

採取固定價格定價比較容易，管理比較方便，並容易建立良好的企業信譽。但要注意固定價格不能限制得過死。過死的固定價格等於給競爭者通報價格，而且不易適應外界市場需求和競爭局勢的變化。

（2）靈活價格。靈活價格是相同產品、相同數量對不同顧客和在不同場合採取不同的價格。對不同顧客所採取的價格是高是低，取決於顧客的價格協商能力以及企業與客戶的關係。

靈活價格在小型特別是個體經營的餐館中運用較多，在產品尚未標準化，菜單尚未固定下來時運用較多。有時餐廳為招徠大型宴會、團體用餐，管理人員會與客戶協商價格。有些飯店還對長住戶或常客用餐給予特殊價格。

靈活價格的優越性是，可以根據競爭狀況和顧客需求調節價格，不會為價格高而失去客源。精明的管理人員會對願意支付高價的顧客收取高價，而對不願支付高價的顧客收取較低的價格。靈活價格的缺點是，當顧客發現其他顧客比他支付的價格低時，會產生不滿情緒，或促使更多的顧客前來協商價格，最終給企業銷售增加困難並使企業失去良好的信譽。

4. 新產品價格

對新開張的餐廳或新開發的菜系、菜品，要決定採取市場暴利價格、市場滲透價格還是短期優惠價格。

（1）市場暴利價格。當餐廳開發新產品時，將價格定得高高的，以牟取暴利。當別的餐廳也推出同樣產品而顧客開始拒絕高價時再降價。市場暴利價格往往在經歷一段時間後要逐步降價。它通常適用於企業開發新產品的投資量大，產品獨特性大，競爭者難以模仿，產品的目標顧客對價格敏感度小等場合。採取這種價格能在短期內獲取盡可能大的利潤，以盡快回收投資。但是，由於這種價格能使企業獲取暴利，因而會很快吸引競爭者，產生激烈的競爭，從而導致價格下降。

(2) 市場滲透價格。這一價格是自新產品一開發就將產品價格定得低低的。目的是使新產品迅速地被消費者接受，企業能迅速打開和擴大市場，儘早在市場上取得領先地位。企業由於獲利低而能有效地防止競爭者擠入市場，使自己長期占領市場。市場滲透政策用於產品競爭性大且容易模仿，而目標顧客需求的價格彈性大的新產品。

(3) 短期優惠價格。許多餐廳在新開張或開發新產品時，暫時降低價格使餐廳或新產品迅速投入市場，為顧客所瞭解。短期優惠價格與上述市場滲透價格不同，它是在產品的引進階段完成後就提高價格。

5. 折扣和優惠

運用價格折扣是餐飲推銷的一種重要手段。對公開牌價打一定折扣在餐飲行業運用甚廣。

(1) 團體用餐優惠。為促進銷售，餐飲企業常常對大批量就餐的客人進行價格折扣，比如會議就餐、旅遊團隊就餐等。會議和團隊就餐通常以每人包價收費，在這個包價中提供各色菜餚。

例如，某飯店根據會議的檔次，確定了三等價格：

	每人每天包價	早餐	午餐	晚餐
經濟菜會議餐	30 元	4 元	12 元	14 元
標準菜會議餐	40 元	6 元	16 元	18 元
特別菜會議餐	50 元	10 元	18 元	22 元

又如，某飯店根據旅遊團隊的檔次和人數確定如下價格：

旅行社團隊用餐價格		標準菜				特別菜			
		每人每天價格	早餐	中餐	晚餐	每人每天價格	早餐	中餐	晚餐
	10人以上團隊	70 元	14 元	28 元	28 元	100 元	20 元	40 元	40 元
	2～9 人團隊	80 元	16 元	32 元	32 元	128 元	28 元	50 元	50 元
	個人	100 元	20 元	40 元	40 元	148 元	38 元	55 元	55 元

(2) 累積數量折扣。有的飯店為鼓勵長住戶和常客經常在店內就餐，以折扣價格鼓勵客人在店內就餐。一般而言，長住戶在店內就餐的需求只是一種日常生存性需求，而不是享受性需求，因此他們不願在餐廳中花費很多的錢和時間。飯店如能提供價格折扣，就能有效地吸引他們在店內就餐。南京一家飯店以每天 30 元的折扣包價向長住戶提供做工簡單、經濟實惠的飯菜。一些餐廳為鼓勵常客常來餐廳舉辦宴會，對常客的宴會價格進行打折。折扣率的大小通常取決於客戶光顧餐廳的次數。

也有的餐廳其午餐營業時間在中午 1：00 ～ 2：00 達到最高峰，為使客人提前就餐以減少高峰時段的壓力，增加總客源，對 12：45 前結帳的就餐客人實行價格折扣。

二、餐飲產品定價方法

(一) 聲望定價法

聲望定價法，指餐飲企業利用本企業在社會上的良好聲譽或者本企業的某些著名廚師在社會上的威望和影響而實施的定價法。北京全聚德的烤鴨、上海小紹興的三黃雞的售價，顯然比同地區的其他飯店的同名品種的價格要高，其售價明顯是以企業或個人的良好社會形象為基礎的，這些良好的社會形象又是以企業產品的優良質量和不懈宣傳為依託的。因此，企業在利用聲譽進行定價的同時，還要注意透過不斷的努力來維護、保持良好的形象。

(二) 不同時間、季節定價法

不同時間、季節定價是指餐飲企業依據餐飲產品生產原料生長的自然規律，在不同的節氣，使用不同的烹飪原料，制定不同的產品價格。江南水鄉的清水大閘蟹唯有在西北風漸起的金秋十月享用，才是最佳的，此時的螃蟹自然是身價百倍了；不同時間、季節定價的另一層含義是指企業可以利用平時和週末、工作日和節假日之間的差異，選用不同的價格。也可以在一天之中的不同營業時段採用不同的價格，如酒吧可在每日下午 18：00 之前推出半價銷售的「快樂時光」活動。

（三）毛利率定價法

這是一種利用毛利在售價結構中所占的比率計算價格的方法。這種方法在餐飲企業中使用最為廣泛，餐飲產品的基本價格都是採用這種方法計算出來的。

1. 毛利率的核定

（1）毛利率的概念。餐飲產品的毛利率是產品毛利與產品銷售價格或者產品毛利與產品成本之間的比率。

毛利與售價之間的比率，稱為銷售毛利率，亦稱內扣毛利率。公式表達如下：

$$\text{銷售毛利率（內扣毛利率）}=\frac{\text{毛利}}{\text{銷售價格}}$$

毛利與產品原料成本之間的比率，稱為成本毛利率，亦稱外加毛利率。公式表達如下：

$$\text{成本毛利率（外加毛利率）}=\frac{\text{毛利}}{\text{原料成本}}$$

毛利率不僅反映著餐飲產品的毛利水平，還直接決定著企業的盈虧，關係著消費者的利益。在餐飲產品原料成本和相關費用不變的情況下，毛利率越高，銷售價格就越高，利潤也越高；反之，毛利率越低，銷售價格越低，利潤也越低。

因為毛利率有銷售毛利率（內扣毛利率）和成本毛利率（外加毛利率）兩種計算方法，所以引用毛利率這個概念時，必須說明是內扣還是外加毛利率，以免引起誤解。在行業中，除了另有說明的外，毛利率一般指的是銷售毛利率（內扣毛利率）。本書在談到毛利率時，也是指銷售毛利率（內扣毛利率）。

（2）毛利率的核定

①毛利率的類別。毛利率的大小是由飯店根據企業的市場定位、經營範圍和國家物價部門的有關法規，綜合平衡之後確定的。在實際工作中，毛利率有三類：一是某個具體的餐飲產品的毛利率，它反映的是某個產品的毛利率水平；二是分類毛利率，它是餐飲企業各經營類別的毛利率水平，如按原料分，有海產品菜餚的毛利率、米麵製品的毛利率。也可以按經營類別分類，如普通單點菜餚的毛利率、高檔宴會的毛利率等；三是綜合毛利率，又稱平均毛利率，它反映的是整個飯店餐飲產品的毛利率水平。

②各種毛利率的核定

a. 單個產品毛利率的核定。應根據飯店的經營政策和市場需求情況，確定每一具體餐飲產品的毛利率。

b. 分類毛利率的核定。它是按某一類經營業務或菜餚、點心的銷售價格和毛利來計算的。是餐飲企業制定產品價格的依據。要核定分類毛利率，先要對本企業經營的產品進行分類，如將米面製品分為主食品、一般帶餡製品、精製點心（油炸、油酥製品、精麵、精米）等。

分類毛利率的核定原則：

——糧食主製品（米飯、饅頭等）低於其他糧食製品（麵條、包子、煎餅、油條等）；

——素菜低於串葷，串葷低於淨葷，淨葷低於名菜（飯店行業有時例外）；

——操作費工、產值較小的產品，毛利率稍高些；

——耗用原料較貴、精工細作的品種高於大眾化產品；

——酒席高於一般菜餚；

——時菜、名菜、名點高於酒席；

——涉外飯店的餐飲產品高於非涉外飯店的餐飲產品；

——高星級飯店的餐飲產品高於低星級飯店餐飲產品。

c. 綜合毛利率的核定。綜合毛利率是考核飯店餐飲經營方向和經營狀況好壞的綜合指標。它是按餐飲企業在一定時期內的銷售總額和毛利總額（毛利總額＝銷售總額－原料成本總額）來計算的。其公式如下：

$$綜合毛利率=\frac{毛利總額}{銷售成本}$$

d. 單個產品毛利率、分類毛利率、綜合毛利率三者間的關係。相同類別的單個產品毛利率構成分類毛利率，各經營品種的毛利率（分類毛利率）構成綜合毛利率的基礎，而綜合毛利率是企業各經營品種的總反映。

表 9-1 某飯店餐飲綜合毛利率核算

經營類別	分類毛利率	占餐飲總收入百分比	組成綜合毛利率數
經濟等宴會	50%	5%	2.5%
標準等宴會	55%	10%	5.5%
特等宴會	60%	5%	3%
會議（內賓）	40%	10%	4%
長住客餐點	40%	5%	2%
單　點	50%	40%	20%
用餐飲料	40%	10%	4%
酒吧飲料	70%	15%	10.5%
綜合毛利率			51.5%

$$綜合毛利率=\sum 各類菜餚毛利率 \times 各類菜餚占總餐飲收入百分比$$

2. 餐飲產品價格計算

由於毛利率有內扣毛利率和外加毛利率之分，所以計算價格就有內扣毛利率法和外加毛利率法之分。

(1) 內扣毛利率法。簡稱內扣法，是用飯店規定的內扣毛利率和產品成本計算價格的方法。其計算公式如下：

$$\text{產品售價} = \frac{\text{產品原料成本}}{1 - \text{內扣毛利率}}$$

例如，清蒸鱖魚一份，用料規格是:新鮮鱖魚淨料 500 克，24.00 元;筍片、黑木耳等輔料 2.00 元，調料 1.00 元，內扣毛利率為 50%，試求該菜餚的售價。

解：用上述公式計算：

$$\text{產品售價} = \frac{24+2+1}{1-50\%} = 54.00(\text{元})$$

(2) 外加毛利率法。簡稱外加法，是以產品成本為基數，按規定的外加毛利率來計算價格的方法。其計算公式如下：

$$\text{產品售價} = \text{產品原料成本} \times (1 + \text{外加毛利率})$$

例如，仍以上例進行計算，原料成本數不變，外加毛利率定為 100%。

解：代入計算公式：

$$\text{產品售價} = (24+2+1) \times (1+100\%) = 54.00(\text{元})$$

上面兩例說明，當內扣毛利率為 50% 時，其對應的外加毛處率恰好是 100%。由此可看出內扣毛利率與外加毛利率的對應關係。

(3) 內扣毛利率與外加毛利率的互為換算。內扣毛利率是以售價額為基數的，而外加毛利率是以成本額為基數的。如果同一售價、同一成本，則外加毛利率大於內扣毛利率，在這種情況下，用內扣毛利率和外加毛利率分別計算，其毛利額應相等。

內扣毛利率法與外加毛利率法各有優點。從分析財務結果看，內扣毛利率優於外加毛利率。因為財務活動中的各項指標，如費用率、稅金率、利潤率等都是以售價為基礎計算的，和內扣毛利率一致，便於比較、計算。它們之間的關係可用下式表示：

$$\text{內扣毛利率} = \text{費用率} + \text{稅金率} + \text{利潤率}$$

但如用外加毛利率計算，上式則不能成立，這對分析、檢查或編制計劃、報表都不方便。

從計算售價看，外加法比內扣法簡單。因為外加法使用加法與乘法，而內扣法使用減法與除法。

內扣毛利率與外加毛利率的換算如下：

$$\text{內扣毛利率} = \frac{\text{外加毛利率}}{1 + \text{外加毛利率}}$$

$$\text{外加毛利率} = \frac{\text{內扣毛利率}}{1 - \text{內扣毛利率}}$$

第二節 餐飲經營銷售決策

飯店餐飲部門在作經營銷售決策時，要以企業能獲得盡可能多的營業收入而經營成本最少為前提。

一、餐廳營業時段的確定

（一）確定最佳營業時段所需要的數據

餐廳在早上什麼時候開業，晚上什麼時候停業，要以餐廳獲利最大作為決策依據。確定最佳營業時間，必須以經營數據作為決策工具。在試開業時要統計下述數據：

（1）各時段銷售額。進行科學化管理的餐廳需要統計各時段的銷售額作為經營決策的依據。各時段的銷售數據可用於營業時間決策、清淡時段推銷活動決策和人工安排決策等。該數據可由餐廳收銀員收集。

（2）食品飲料成本率。從月經營情況表中彙總可得出平均成本率。

（3）開業需增加的固定開支。這部分固定費用不包括餐廳固定資產的折舊等，餐廳即使不開業，這種費用也已經存在，這種成本是沉入成本。這裡僅計算若在清淡時間開業需要增加的（不隨銷售數量變化而變化的）固定開支。例如增加的電燈、空調、煤氣的能源費及其他費用等。

（4）其他變動費用率。除食品飲料成本外，還有些費用會隨銷售量的增加而增加，如桌布的洗滌費、餐巾紙費等等，透過實際費用統計，計算變動費用率。

（5）營業稅率。

根據上述數據能夠算出餐廳開業要求達到的最低銷售額。

（二）營業要求的最低銷售額求解方式

若餐廳在早上較早、晚上較晚時間內達到該銷售額，餐廳開業比不開業更為合理：

$$開業要求的最低銷售額=\frac{開業需增加的固定費用}{1-食品飲料成本-其他變動費用率-營業稅率}$$

例如，某餐廳在晚 9：00 ～ 10：00 期內開業需增加人工費 120 元，增加其他固定開支 80 元，食品飲料成本率為 35%，其他變動成本率為 10%，營業稅率 5%。餐廳開業最低應達到的銷售額為：

$$\frac{120元+80元}{1-35\%-10\%-5\%}=400元$$

如果餐廳僅從經濟角度考慮，在該段時間內達不到 400 元銷售額的話，關門比開門更為合適些。

（三）延長營業時間的其他原因

一些餐廳在早、晚清淡時間內雖然客源少，從經濟角度考慮，開業可能不合理，但考慮到下述因素會延長開業時間：

(1) 延長營業時間是餐廳或飯店招徠客源的一種推銷手段，使餐廳及其附屬的飯店樹立一種經營時間長、能方便顧客的良好形象，使顧客願意到飯店來住宿或到餐廳來就餐。

(2) 為正式營業做準備。在清早和晚上客源很少時可以作一些營業準備工作。例如疊餐巾、擺臺、整理帳務，晚上晚一點停業，可以作一些清掃衛生工作。有些企業既要節約費用，又要為顧客留下關門晚的好印象，在正式停業前作停業準備和打掃。但是做這些工作時要注意，在後場準備結業、在前場打掃衛生等於催促客人快走，會引起客人反感。如果餐廳晚 10：00 關門，9：45 就打掃衛生，顧客會很快得出結論：該餐廳 9：45 關門，這樣會造成從 9：30 開始就無客光顧了。

(3) 延長營業時間是應付競爭的一種措施。有許多餐館為戰勝競爭者，即使賠錢，也要將營業時間延長一些，以此爭奪客源。

(4) 新餐廳早開業、晚停業可增加可見度、提高企業的知名度。

(5) 有的咖啡廳或快餐廳在下午 2：00 ～ 6：00 之間生意清淡，也許達不到最低營業的銷售額，但關門不方便，在這段清淡時間，做一些推銷活動會增加些客源，餐廳可能會達到營業最低銷售額。但是這種促銷活動一定要有時間限制，如果促銷時間過早或過晚都會影響盈利。

二、餐廳營業清淡時間價格折扣決策

根據價格的需求彈性理論，降低價格通常會提高銷售數量。許多企業試圖利用降價來提高利潤。如為了提高座位周轉率，在生意清淡時進行價格折扣。在作價格折扣決策時，必須研究價格折扣對盈利的影響。

（一）短期價格折扣法

有的餐飲點在生意清淡的時段推出「快樂時光」（Happy Hour）的推銷活動，例如推銷雞尾酒時採取「買一送一」的優惠政策，或者以發展就餐俱樂部的形式對會員採取「一份價格買二份」政策。這種折扣政策是否有效，必須對降價前後的毛利進行比較，透過比較可算出降價後的銷量達到折價前的多少倍這項折扣決策才算合理。

例如，某飯店的酒吧考慮在生意清淡的時段利用「快樂時光」推出「買一送一」的雞尾酒推銷活動。雞尾酒每杯原價為 18.00 元，飲料成本率是 25%，降價後銷售量為降價前的倍數為：

$$\text{折價後銷量需達到折價前的倍數} = \frac{\text{折價前每份餐品（飲料）的毛利率}}{\text{折價後每份餐品（飲料）的毛利率}}$$

$$\frac{18.00\text{ 元} - 18.00\text{ 元} \times 25\%}{18.00\text{ 元} \times 50\% - 18.00\text{ 元} \times 25\%} = 3\text{ 倍}$$

如果折價後的銷售量超過降價前的 3 倍，也就是增加 200% 的話，這項推銷政策是有效的。

（二）長期價格折扣法

在短時間內作推銷，計算增加的銷售量時只要考慮毛利額即可。但在較長的經營時間內作推銷，還要考慮償付固定成本、企業獲得的利潤以及平均降價率。例如某餐廳在每週一到週五下午的 3：00 ～ 6：00 的「快樂時光」中推行「買一送一」的折扣活動，這項推銷雖然在該段時間內的折扣為 50%，但就整個經營時間來說，平均折扣不是 50% 而是 20%。這項推銷政策是否有效取決於折價後的銷售額能否達到下述水平：

$$\text{折價後需達到的銷售額} = \frac{\text{企業要求獲得的利潤額} + \text{固定成本}}{1 - \left\{\dfrac{\text{折價前變動成本率}}{1 - \text{擬定的折價率}}\right\}}$$

例如，某餐廳準備週一到週五下午 3：00 ～ 6：00 進行「買一送一」的推銷活動。餐廳每月的固定成本額是 20 萬元，餐廳要求獲得月利潤為 10 萬元，折價前的變動成本率是 60%，由於每週只有 5 天折價，每天只有 3 小時折價，所以平均折扣率只有 20% 左右。在折價前企業要完成 10 萬元的利潤，需達到的月銷售額為：

$$\text{折價前要求達到的銷售額} = \frac{100000\text{ 元} + 200000\text{ 元}}{1 - 60\%} = 750000\text{ 元}$$

若要獲得同樣利潤，折價後需達到的月銷售額為：

$$\text{折價後需達到的銷售額} = \frac{100000\text{ 元} + 200000\text{ 元}}{1 - \frac{60\%}{1 - 20\%}} = 1200000\text{ 元}$$

註：上式是要獲得同樣的利潤，折價後需達到的月銷售額

外出就餐享用的往往是一種享受性產品，而不是一般的必需品，故價格下降通常會引起銷售量的增加，但並不是每項折價政策都能提高經濟效果。管理人員必須詳細記錄折價前後的就餐人數和銷售額等數據，比較實際銷售額能否達到上述應達到的水平。如果不能達到，就應立即採取措施改進或取消這項推銷活動。

三、餐飲產品促銷時的價格決策（虧損先導推銷決策）

虧損先導（Loss Leader）產品，是企業經過選擇將那些價格定得很低的、用來做誘餌吸引客人光顧餐廳的產品。

（一）次級推銷效應

分析這些產品折價推銷的效果，不能只分析這一產品折價前後的盈利性，還必須分析它們的「次級推銷效應」（Secondary Sales Effect）。

「次級推銷效應」就是某產品的推銷對其他產品的銷售帶來的影響。顧客透過誘餌產品折價的機會進入餐廳時，通常還會購買其他產品。特別是餐飲產品之間具有互補性。一種產品的銷售往往會刺激另一種產品的銷售。例如西餐主菜菜品折價，會增加葡萄酒、開胃品、甜品的銷售量。前面提到「快樂時光」或就餐俱樂部的飲料折價政策，還會增加餐廳顧客並使其他產品的銷售額增加。

假如某餐廳為增加客源，向前來就餐的客人免費提供一杯葡萄酒。這項推銷活動會使餐廳的食品收入提高，預計它對餐廳會產生下述影響：

（1）由於免費推銷葡萄酒，這部分葡萄酒的銷售不產生收入。

（2）預計客人會增加一倍，從原先的 200 位增至 400 位，每位客人的平均消費額為 55 元，則銷售額將從 11000 元增加到 22000 元。

（3）由於客人增加一倍，所用飲料的成本總額也增加一倍，即從 800 元增至 1600 元。食品成本總額也增加一倍，即從 4070 元增至 8140 元。

（4）服務人數需增加，人工費增加 400 元。

這項推銷活動對餐廳的收入和利潤產生的整體影響見表 9-2。

表 9-2 葡萄酒推銷的次級推銷效應

	食品	食品	飲料	飲料	總計	總計
	推銷前	推銷後	推銷前	推銷後	推銷前	推銷後
銷售額	200位客人，平均消費額55元，共得銷售額11000元	400位客人，平均消費額55元，共得銷售額22000元	2000 元	0	13000 元	22000 元
變動成本（食品飲料 成本）	成本率37%，成本額4070元	成本率37%，成本額8140元	成 本 率40%，成本額 800 元	成本額 1600 元	4870 元	9740 元
毛　利	6930 元	13860 元	1200 元	－1600 元	8130 元	12260 元
工資費用					2500 元	2900 元
淨 收 益					5630 元	9360 元

綜上所述，一個產品的推銷對其他產品銷售所產生的影響（收益），必須減去本產品損失的利益，它的純利益可用下面的公式來表示：

其他產品增加的客人數 × 客人平均消費額 ×（1－ 其他產品變動成本率 ）－
增加的人工費及其他費用 － 虧損先導損失的收入 － 虧損先導增加的成本

以上表的數據計算，葡萄酒推銷所增加的淨收益如下：

（400 － 200）×55×（1 － 37%）-（2900 － 2500） － 2000 －（2000×40%）＝ 3730（元）

從上例可見，虧損先導的推銷雖然減少了飲料收入，但使餐飲純收益增加 3730 元。但進行虧損先導推銷必須做好銷售預測和可行性研究，有可能的話作試推銷。

（二）做「虧損先導推銷」活動時需收集的數據

（1）虧損先導的推銷給其他產品增加的顧客數和銷售額。

（2）虧損先導推銷所增加的成本（包括虧損先導增加的成本及其他產品所增加的成本）。

（3）虧損先導推銷所損失的收入。

（4）推出虧損先導銷售所增加的其他費用（如人工費、燃料費等）。

（5）計算虧損先導推銷所獲得的淨收益。

第三節 店內外餐飲促銷實務

一、店內餐飲促銷活動

店內促銷活動是以招徠客人和娛樂為目的而進行的具有話題性且能吸引客人參加的一種促銷方法。餐廳原本是提供食品、飲料的場所，而現在它正朝著多功能化的方向發展。

舉辦店內促銷活動必須掌握幾項原則：第一，話題性。舉辦的活動要具有新聞性，能夠產生話題，引起大眾傳播媒介的興趣，從而吸引客人；第二，新潮性。也就是要有現代感，玩花樣非但起不到推銷的作用，還可能影響餐廳的聲譽；第三，新奇性、戲劇性。人們普遍有好奇的心理，一個世界最大的漢堡會吸引許多人觀賞、品嚐，一根世界上最長的麵條也具有同樣的推銷效果；第四，即興性和非日常性。既然是促銷活動，一般只能在短期內產生效果，否則就毫無話題性、新奇性可言了；第五，單純性。這一原則常常被人們忽略，有時一件極富創意的促銷活動，卻由於過分拘泥於細節而變得複雜，失去了效果。第六，參與性。舉辦的活動應儘量吸引客人參與，歌星獨唱、鋼琴演奏遠不如卡拉 OK 的參與性高，後者也更能調節氣氛。

下面介紹幾種店內促銷的方法：

（一）組織俱樂部促銷

各種餐廳、酒吧可以吸引不同的俱樂部成員，飯店是俱樂部活動的理想場所。餐飲部門一方面可以自己組織一些俱樂部，如：常客俱樂部、美食家俱樂部、常駐外商俱樂部等等，讓他們享有一些特別的優惠；另一方面也可以和當地的一些俱樂部、協會聯繫，提供場所，供這些協會活動。如當地的企業家協會、藝術家協會等等。飯店可發給他們會員卡、貴賓卡贈送一些娛樂活動和服務的門票，實行賒帳優惠和優先接待優惠等等。酒吧還可以免費替他們保管瓶裝酒。飯店透過組織這樣的活動，既可以吸引更多的客人，又可以擴大自己的影響，成為當地新聞的中心，造成間接的推銷作用。

（二）節日推銷

推銷要抓住各種機會甚至創造機會吸引客人購買，以增加銷量。各種節日是難得的推銷時機，餐飲部門一般每年都要做自己的推銷計劃，尤其是節日推銷計劃，使節日的推銷活動生動活潑、有創意，取得較好的推銷效果。下面介紹一些主要節日的推銷特點：

1. 春節。這是中華民族的傳統節日，也是讓外賓領略中華民族文化的節日。利用這個節日可推銷中國傳統的餃子宴、湯圓宴，特別推廣年糕、餃子等等。同時舉辦守歲、喝春酒、謝神、戲曲表演等活動，豐富春節的生活，用生肖象徵動物拜年來渲染氣氛。

2. 元宵節。農曆正月十五，可在店內外組織客人看花燈、猜燈謎、舞獅子、踩高蹺、划旱船、扭秧歌等，參加民族傳統慶祝活動，可特別推銷各式元宵。

3.「七夕」。農曆七月初七，是牛郎織女鵲橋相會的日子，是中國的情人節。外國人過慣了自己的情人節，如果我們將「七夕」渲染一下，印刷一些「七夕」外文故事和鵲橋相會的圖片送給客人，再在餐廳紮座鵲橋，讓男女賓客分別從兩個門進入餐廳，在鵲橋上相會、攝影，再到餐廳享用特別晚餐，將別有一番情趣。

4. 中秋節。月到中秋分外明，這天晚上，可在庭院或室內組織人們焚香拜月，臨軒賞月，增加古箏、簫和民樂演奏，推出精美月餅自助餐，品嚐鮮菱、藕餅等時令佳餚和親人團聚套餐等。

另外，中國的傳統節日還有很多，如清明節、端午節、重陽節等等，只要精心設計、認真挖掘，就能做出有創意的推銷活動。

5. 聖誕節。12 月 25 日是西方第一大節日——聖誕節，人們著盛裝，互贈禮品，盡情享受節日美餐。在飯店裡，一般都布置聖誕樹和小鹿，有聖誕老人贈送禮品，是餐飲部門進行推銷的大好時機，一般都以聖誕自助餐、套餐的形式招徠客人，推出聖誕特選菜餚：火雞、聖誕蛋糕、李子布丁、碎肉餅等，組織各種慶祝活動，唱聖誕歌，舉辦化裝舞會、抽獎活動等。聖誕活動可持續幾天，餐飲部門還可用外賣的形式推銷聖誕餐，擴大銷量。

6. 復活節。每年春分月圓後的第一個星期日舉行。復活節期間，可繪製彩蛋出售或贈送，推銷復活節巧克力蛋、蛋糕，推廣復活節套餐，舉行木偶戲表演和當地工藝品展銷等活動。

7. 情人節。2 月 14 日是西方一個較浪漫的節日。餐廳可推出情人節套餐，推銷「心」形高級巧克力，展銷各式情人節糕餅。酒吧也可特製情人雞尾酒，一根雙頭心形吸管可增添許多樂趣。餐廳還可提供賣花服務，鮮花當是一筆可觀的收入。同時，可舉辦情人節舞會或化裝舞會，舉行各種文藝活動、抒情音樂會等。

（三）內部宣傳品推銷

在店內餐飲推銷中，使用各種宣傳品、印刷品和小禮品、店內廣告進行推銷是必不可少的。常見的內部宣傳品有：

1. 定期活動節目單。飯店或者餐廳將本週、本月的各種餐飲活動、文娛活動印刷後放在餐廳門口或電梯口、總臺發送，傳遞資訊。製作這種節目單時要注意：一是印刷質量要與飯店的等級一致，不能太差；二是一旦確定了的活動，不能更改和變動。在節目單上一定要寫清時間、地點、飯店或餐廳的電話號碼，印上餐廳的標記，以強化推銷效果。

2. 餐廳門口的告示牌。招貼諸如菜餚特選、特別套餐、節日菜單和增加的新的服務項目等。製作告示牌同樣要和餐廳的形象一致，經專業人員之手。另外，用詞要人性化，如「本店下午十點打烊，明天上午八點再見」，比「營業結束」的牌子來得更親切。同樣，「本店轉播世界盃足球賽實況」的告示，遠沒有「歡迎觀賞大螢幕世界盃足球賽實況轉播，餐飲不加價」的推銷效果佳。

3. 菜單的推銷。固定菜單的推銷作用是毋庸置疑的，很難想像沒有菜單客人將如何點菜。除固定菜單外，還有其他類的推銷菜單，如：

①特選菜單——特別推銷一些時令菜、每週特選和新創品種等，可以豐富固定菜單，也使常客有新鮮感；②兒童菜單——供應符合兒童口味和數量的菜餚；③情侶菜單——供應雙份套餐，菜名較浪漫，菜餚也比較符合年輕人的口味；④中年人菜單——根據中年人體力消耗的特點，提供滿足他們需求的熱量的食品；⑤美容菜單——將飲食與美容相結合，穿插一些藥膳等食品，吸引講究美容的這部分客人。這種菜單往往被客人帶走的較多，應印上餐廳的地址、訂座電話號碼等等，以便推銷。另外，房內用餐菜單和宴會菜單等都具有同樣的推銷作用。

4. 帳篷式臺卡。用於推銷某種雞尾酒、酒水、甜品等等，印刷比較精美，也應印上店徽、地址、電話號碼等資料。

5. 電梯內的餐飲廣告。電梯的三面通常被用來做餐廳、酒吧和娛樂場所的廣告，這對住店客人是一個很好的推銷方法。陌生人一道站在電梯內較尷尬，電梯廣告對其更有吸引，也能更好地取得效果（目前許多高檔飯店已不太在電梯內做店內促銷宣傳）。

6. 小禮品推銷。餐廳常常在一些特別的節日和活動時間、甚至在日常經營中送一些小禮品給用餐客人，這些小禮品要精心設計，根據不同的對象分別贈送，其效果會更為理想。常見的小禮品有：生肖卡、特製的口布、印有餐廳廣告和菜單的摺扇、小盒茶葉、卡通片、巧克力、鮮花、口布餐環、精製的筷子等等，值得注意的是，小禮品要和餐廳的形象、檔次一致，要能造成好的、積極的推銷宣傳效果。

二、店外餐飲促銷活動

（一）外賣促銷活動（OutsideCatering）

外賣是指在飯店餐飲消費場所之外進行的餐飲銷售、服務活動，它是餐飲銷售在外延上的擴大。它不占用飯店的場地，可以提高銷售量，擴大餐飲營業收入，在旺季可以解決就餐場地不足的矛盾，在淡季可增加銷售機會，使生意相對平穩。

1. 外賣推銷活動的組織

外賣部通常屬於宴會部。由宴會部負責推銷和預訂，交由外賣部落實安排。外賣部擁有專門的外賣貨車和司機、雜工，負責搬運家具、餐具。在外賣車身上要印上外賣廣告，噴漆成醒目的顏色，以引起人們的注意。

2. 外賣推銷的對象

①外國派駐的使館和領事館等官方機構，這在首都和一些大型口岸城市較多。

②外國的商業機構、辦事處，他們頻繁的商業往來會給飯店帶來許多生意，在他們的住所舉辦宴會比較隨便、隱蔽。

③「三資企業」大都有年慶、酬謝員工的活動，每逢店慶、新產品研製成功、單項工程落成等都會舉行一些活動來慶祝，這些企業往往有一定規模，場地條件好，是外賣的好買主。

④金融機構舉辦的活動也較多，尤其是銀行的年會等都有銷售機會。

⑤在提倡廉政建設的今天，政府機構和國有企業到飯店大吃大喝是一種浪費現象，但如果在本單位舉辦適當規模的酒會、餐會，既花錢少，又可造成聯歡作用，也不違背廉政政策。

⑥大學院校適合於舉辦一些酒會、自助餐等，通常在開學、畢業、結業等時候舉行。

⑦ 隨著大眾生活水平的提高和住宅條件的改善，家庭外賣筵席在大城市和口岸地區、沿海部分先富裕起來的地區也同樣有一定的市場。

3. 外賣的推銷方法

外賣同樣要借助宣傳媒介，包括利用廣告、郵寄宣傳品、人員上門推銷和新聞媒介宣傳等手段傳播外賣資訊。推銷者要做好詳細的本地企業名錄收集工作，分類記入檔案，尋找推銷的機會。另外，良好的公共關係，頻繁地與顧客接觸都能造成推銷的作用。

（二）針對兒童的推銷活動

根據專家設計，兒童是影響就餐決策的重要因素。許多家庭到餐廳就餐常常是兒童要求的結果。兒童常去的餐廳是咖啡廳和快餐店，因為這些餐廳往往設有專門為兒童服務的項目。針對兒童的推銷有以下幾個要點：

1. 提供兒童菜單和兒童份額的餐食。多給一些對兒童的特別關照會使家長倍感親切而經常光顧。

2. 提供為兒童服務的設施。為兒童在餐廳創造歡樂的氣氛，提供兒童座椅、兒童圍兜和兒童餐具，一視同仁地接待小客人。

3. 贈送兒童小禮物。禮物對兒童的影響很大，要選擇他們喜歡的與餐廳宣傳密切聯繫的禮品，以造成良好的推銷效果。

4. 娛樂活動。兒童對新奇好玩的東西較感興趣，重視接待兒童的餐廳常常在餐廳一角設有兒童遊戲場，放置一些木馬、積木、翹板之類的玩具，還有的專門為兒童開設專場木偶戲表演、魔術和小醜表演、口技表演等，尤其在週末週日，這是吸引全家用餐的好方法。兒童節目中常常露面的主人翁如在餐廳露面，對兒童也是一種驚喜的誘惑。另外，餐廳還可透過放映卡通片、講故事、利用動物玩具等方式吸引兒童。這樣做的另一個作用是兒童盡情玩耍的時候，其父母也可悠閒地享用佳餚。

5. 兒童生日推銷。餐廳可以印製生日菜單進行宣傳，給予一定的優惠。現在的家長越來越重視兒童的生日，飯店通常推銷的生日宴如「寶寶滿月」、「週歲宴會」等等。

6. 抽獎與贈品。常見的做法是發給每位兒童一張動物畫，讓兒童用蠟筆塗上顏色，進行比賽，給獲獎者頒發獎品，增加了兒童的不少樂趣。孩子離開餐廳時，也可送一個印有餐廳名稱的氣球，作為紀念。

7. 贊助兒童事業，樹立餐廳形象。飯店可給孤兒院等兒童慈善機構進行募捐，支持兒童福利事業，樹立企業在公眾中的形象。也可設立獎學金，吸引新聞焦點。贊助兒童繪畫比賽、音樂比賽等也可收到同樣的效果。

（三）針對旅行團的促銷活動

團隊生意是飯店、餐廳的重要收入來源之一，尤其是在經營淡季，餐廳有足夠的場地來招徠各種團體活動。接待工作必須注意以下要點：

1. 瞭解旅行團的構成和特點，包括其客源國、旅行團成員的年齡、消費水平、飲食偏好和其他特別要求，只有弄清了客人的需求，才能提供相應的服務去迎合他們。

2. 加強與接待單位特別是有較多客源的當地接待旅行社的溝通和聯繫。飯店舉行餐飲娛樂活動要及時通報給旅行社。餐飲部門要與旅行社密切配合，保證客人用餐滿意，只有這樣，才能取得旅行社的支持。

3. 瞭解旅行團的參觀路線和各站的接待情況，做好充分的準備工作。只有產品和服務與眾不同時，才能給客人留下深刻印象。因此要精心設計每個團隊的菜單，避免與前一站或前幾站的菜單雷同，同時又能反映出地方特色。

4. 一般說，旅行團以觀光為主，希望多瞭解當地的風土人情、民族文化和自然景色，在吸引旅行團用餐時，可以安排一些民族藝術表演及其他文娛活動，讓他們邊享用美食邊欣賞演出，會造成最佳的效果。同時，增加一些特別娛樂活動，也可以增加綜合銷售的機會，使旅行團客人花了錢又開心。

5. 旅行盒飯是旅行團常帶的旅途食品，也是餐廳一筆可觀的收入，盒飯推銷成功的，還可以面向社會服務，成為餐飲部門的一項正常經營項目。

此外，從桌次安排到時間控制，從飯菜的數量和質量到禮節禮貌，都會反映飯店對旅行團生意的重視程度，這會直接影響到對旅行團業務的促銷結果。

第四節 餐飲產品銷售控制

餐飲銷售控制是從控制角度保證餐飲產品最終變為餐飲商品的過程。這一過程的圓滿實現，需要餐飲經營管理人員建立一個完整的餐飲銷售控制體系，包括對點菜單的控制、對出菜檢查過程的控制、對收銀員的控制、對酒吧銷售的控制，以及相應的銷售控制指標與銷售報表的建立與考核。

一、餐飲銷售控制的意義

銷售控制的目的是要保證廚房生產的菜品和餐廳向客人提供的菜品都能產生收入。成本控制固然重要，但銷售的產品若不能得到預期的收入，則成本控制的效率就不能實現。假如餐廳售出金額為 1000 元的食品，耗用原料的價值為 350 元，食品成本率為 35%。如果餐廳銷售控制不好，只得到 900 元的收入，則成本率會提高至 38.9%，這樣毛利額就減少 100 元，成本率就提高 3.9%。

由此可見，對銷售過程進行嚴格控制是多麼重要。如果缺乏這個環節，就可能出現內外勾結，鑽制度空子，使企業利潤流失等問題。銷售控制不力通常會出現以下現象：

1. 吞沒現款。對客人訂的食品和飲料不記帳單，將向客人收取的現金全部私吞。

2. 少計品種。對客人訂的食品和飲料少記品種或數量，而向客人收取全部價款，將二者的差額裝入自己腰包。

3. 不收費或少收費。對前來就餐的親朋好友不記帳也不收費，或者少記帳少收費，使餐廳蒙受損失。

4. 重複收款。對甲客人訂的菜不記帳，用乙客人的帳單重複收款，私吞一位客人的款額。在營業高峰期往往容易造成這種投機取巧的空子。

5. 偷竊現金。收銀員（或服務員）將現金櫃的現金拿走並抽走帳單，以便核對帳錢時查不出短缺。

6. 欺騙顧客。在酒吧中，將烈性酒沖淡或售給顧客的酒水份量不足，將每瓶酒超額量的收入私吞。

二、出菜檢查員控制

具有一定規模的餐廳，需要在廚房設置一名出菜檢查員，作為食品生產和餐廳服務之間的協調員。出菜檢查員必須熟悉餐廳的菜品品種與價格，瞭解各種菜的質量標準。其職位一般設在廚房通向餐廳的出口處。在西方，出菜檢查工作通常由廚師長親自兼任。出菜檢查員的責任是：

1. 保證每張訂單上的菜得到及時生產，保證服務員取菜正確並送菜到合適的餐桌。

2. 保證廚房只根據帳單副聯（點菜單）所列的菜名生產菜品，每份送出廚房的菜都應在點菜單副聯上有記載。這樣可防止服務員、廚師無點菜單私自生產並擅自免費把食品送給客人。

3. 有的餐廳要求出菜檢查員檢查客人帳單上填的價格是否正確，防止服務員為某種私利或粗心將價格寫錯或寫低。

4. 大致檢查每份生產好的菜品的份額和質量是否符合標準。

5. 注意防止客人將帳單副聯丟失。

三、酒吧銷售控制

有些小型酒吧為節省人力，由調酒師兼服務員，負責為客人訂飲料，提供服務，填寫銷售記錄，收取客人交付的現金並讓客人在帳單上籤字。這些工作如果全由一個人承擔而缺乏控制，會發生一系列問題。

如果酒吧使用收銀機，要求服務員或調酒師將向客人售出的飲料數量和金額輸入收銀機。但如果無其他控制手段，服務員也可輸入不正確或不足量的收入，將差額裝入自己的腰包。可見，酒吧也應該使用書面帳單。使用收銀機的酒吧，服務員收到現金後應立即輸入收銀機並打出帳單給顧客。這樣，如果現金不對，顧客會及時發現。單純使用帳單的酒吧，要將調酒師調製的向客人服務的酒水記在帳單上，這樣便於每日審查收入。大型企業的酒吧有專職收銀員，由於勞動有分工，舞弊較困難。

客房小酒吧是為方便客人使用飲料而設置的。為加強對客房小酒吧酒水銷售的控制，要在小冰箱上設小酒吧的飲料訂單，小酒吧內配備的飲料應有規定的品種和數量，客人飲用後，應填寫在飲料訂單上。每日，由客房服務員檢查小酒吧的飲料消耗並補充至額定量，服務員還要檢查客人是否填寫飲料單，如沒有寫，應幫助填寫並請客人簽字。在客人退房結帳時，前場收銀員要問客人是否使用小酒吧飲料，客房部也要及時將客人飲料帳單轉至前場。

四、餐飲銷售指標控制

餐飲銷售額是指餐飲產品和服務的銷售總價值。此價值可以是現金，也可以是保證未來支付的現金值，例如支票、信用卡等。銷售額一般以貨幣形式來表示。

影響餐飲銷售總額高低的主要控制指標有：

（一）消費者人平均消費額

管理人員一般十分重視平均消費額。平均消費額是指平均每位客人每餐支付的費用。這個數據之所以重要，是因為它能反映菜單的定價是否過高，瞭解服務員和銷售員是否努力推銷高價菜、宴會和飲料。通常，餐廳要求每天都分別計算食品的平均消費額和飲料的平均消費額，其計算方法是：

$$平均消費額 = \frac{總銷售額}{用餐客人數}$$

管理人員應經常注意平均消費額的高低，如果連續一段時間平均消費額都過低，就必須檢查食品飲料的生產、服務、推銷或定價有無問題。

（二）每座位銷售量

每座位銷售量是以平均每座位產生的銷售額除以平均每座位服務的客人數來表示的，其計算方法是：

$$每座位銷售額 = \frac{總銷售額}{座位數}$$

每座位銷售額可用於比較相同檔次、不同飯店經營狀況的好壞。

比如 A 餐廳的年銷額為 458 萬元，有餐座 200 個；而 B 餐廳的年銷售額為 250 萬元，有餐座 100 個；A 餐廳的每座位年銷售額為 22900 元，而 B 餐廳的每座位年銷售額為 25000 元，可見，B 餐廳的經營效益要好一些。

每座位銷售額也常用於評估和預測酒吧的銷售情況。在酒吧中，某位客人也許喝了一杯飲料匆匆而去；也許整個下午呆在那裡商談公務，要訂十幾次飲料。這樣難以統計座位周轉率和平均消費額，所以往往用每座銷售額來統計一段時間的銷售狀況。

（三）平均每座位服務的客人數

也常常被稱作座位周轉率，它以一段時間的就餐人數除以座位數而得。

$$座位周轉率 = \frac{某段時間的用餐人數}{座位數 \times 餐數 \times 天數}$$

如果 A 餐廳的就餐人數為 24 萬，而 B 餐廳的就餐人數為 11 萬，兩餐廳每天都供應兩餐，它們的座位周轉率分別為：

$$\text{A 餐廳座位周轉率} = \frac{240000}{200 \times 2 \times 365} = 1.64$$

$$\text{B 餐廳座位周轉率} = \frac{110000}{100 \times 2 \times 365} = 1.5$$

餐廳早、午、晚餐客源的特點不同，座位周轉率往往分餐統計。座位周轉率反映餐廳在吸引客源上的能力。上例中，A 餐廳吸引客源能力高於 B 餐廳，但每座位產生的收入卻低於 B 餐廳，說明 A 餐廳的菜單價格較低或銷售低價菜的比例較高。

（四）每位服務員銷售量

該銷售量也有兩種指標：一是以每位服務員服務的顧客人數來表示，它反映服務員的工作效率，為管理人員配備職工、安排工作班次提供依據，也是對職工成績進行評估的基礎。當然，該數據要有一定的時間範圍才有意義，因為服務員每天、每餐、每小時服務的客人數不同，不同餐別每位服務員能夠服務的客人數也不同，不同餐廳的服務員能夠服務的客人數也不同，高檔餐廳的服務員不如快餐廳服務員服務的人數多；二是用銷售額來表示。每位服務員服務客人的平均消費額是用服務員在某段時間中推銷產生的總銷售額除以服務客人數而得。例如某餐廳在月終對服務員工作成績進行比較時，應用下列銷售數據：

	服務員甲	服務員乙
服務客人數	1950	2008
產生銷售額	51675	51832.20
客人平均銷費額	26.50	25.81

上述數據明顯地反映了，服務員乙無論在服務客人數和產生的銷售額方面都超過服務員甲，說明他在積極主動接待客人方面以及工作量上都比服務員甲更為出色。但是他服務的客人平均消費額為：

$$\frac{51832.20}{2008}=25.81$$

比服務員甲少 0.7 元

$$26.5-25.81=0.7$$

說明服務員乙在推銷高價菜、勸誘客人追加菜和點飲料方面不如服務甲。管理人員可向服務乙指明努力方向，指出如在上述方面努力，則在提高餐飲銷售方面還有潛力。還能增加銷售額的潛力為：

$$0.7\times2008=1405.6$$

服務員的銷售數據可由收銀員對帳單的銷售數據進行彙總，也可由餐廳經理對帳單存根的銷售數進行彙總而得。

（五）時段銷售量

某時段（各月份、各天、每天不同的鐘點）的銷售數據對人員配備、餐飲推銷和確定餐廳最佳營業時間特別重要。

時段銷售量可以用兩種形式表示：一段時間內所服務的客人數和一段時間內產生的銷售額。

例如某咖啡廳下午 3：00 ～ 6：00 所服務的客人數為 40 位，產生的銷售額為 900 元；而在 6：00 ～ 9：00 所服務的人數為 250 位，產生的銷售額為 7000 元。很明顯，在這兩個不同時段應配備不同人數的職工。又如某餐廳原來在午夜 12：00 停業，但在夜晚 10：00 ～ 12：00 期間只產生 60 元的銷售額，經過計算發現兩個小時開業時間的費用和成本會超過收入，因此決定提前停業。

（六）銷售額指標

銷售額是顯示餐廳經營好壞的重要銷售指標。一段時間的銷售額指標可以透過下式來計劃：

一段時間的銷售額指標＝餐廳座位數×預計平均每餐座位周轉率×平均每位客人消費額指標×每天餐數×天數

各餐每位客人的平均消費額相差較大，故確定銷售額計劃往往要分餐進行。例如，A 餐廳計劃下一年晚餐每位客人的平均消費指標為 30 元，晚餐平均座位周轉率指標為 1.6，A 餐廳計劃下一年晚餐的銷售指標為：

$$200 \times 1.6 \times 30 \times 1 \times 365 = 3504000(\text{元})$$

本章小結

飯店餐飲銷售管理水平的高低直接影響到整個飯店的獲利能力，而飯店餐飲銷售的日常管理又牽涉到眾多方面，只要其中的一個環節發生問題，都會給整個餐飲經營管理帶來巨大的損失。

思考與練習

1. 試述餐飲產品的價格結構？

2. 餐飲價格結構中心毛利中包括哪幾個部分？

3. 常見的餐飲產品定價方法有哪幾種？

4. 分析餐飲單個產品毛利率、分類產品毛利率與餐飲綜合產品毛利率間的關係。

5. 餐飲銷售控制涉及哪幾方面的內容？

第 10 章 飯店餐飲財務管理

導讀

餐飲經營的目標是獲取盈利，而提高收入、降低成本費用是增加盈利的基礎。本章透過對餐飲成本費用的內容、分類，餐飲成本費用預算編制、控制程序和方法，以及常用財務評價方法等內容的介紹，旨在告訴讀者有效的餐飲財務管理對提高資金運轉率、降低成本是何等重要。

學習目標

熟悉餐飲成本費用的內容、類別，學會餐飲成本、費用預算編制

熟練掌握餐飲成本費用控制程序與方法

掌握常用餐飲財務評價方法

第一節 飯店餐飲營運中的成本、費用管理

現代飯店餐飲成本費用是指企業銷售商品、提供勞務等日常活動所發生的經濟利益的流出。成本費用的基本特徵是：①成本費用最終會導致資源減少，具體表現為企業的資金支出，或者表現為資產的耗費；②成本費用最終減少企業的所有者權益。

一、飯店餐飲成本費用的內容及分類

（一）按用途分

1. 餐飲直接成本

直接成本是直接用於客人的花費。根據成本費用憑證直接記入「成本」帳戶，即「主營業務成本」。「主營業務成本」是指飯店餐飲部在經營、服務過程中所發生的各項直接支出，包括：

（1）餐飲成本。是餐飲部耗用的食品原料及飲料成本。

(2) 商品成本。是銷售商品的進價成本，分為國內商品進價成本和國外商品進價成本。國內購進商品進價成本是指購進商品原價；國外購進商品進價成本是指在購進中發生的實際成本，包括進價、進口稅金、購進外匯差價、支付委託外貿部門代理進口的手續費等。

(3) 洗滌成本。是指洗滌部門洗滌布件（桌布、餐巾等）時耗用的用品、用料等。

(4) 其他成本。是指其他營業項目支出的直接成本。

(5) 車隊的運輸成本。

2. 餐飲期間費用

期間費用是在一定會計期間發生的、與生產經營沒有直接關係和關係不密切的營業費用、管理費用、財務費用等。期間費用不計入主營業務成本，直接體現為當期損益。

◆營業費用

營業費用是指餐飲部在經營中發生的各項費用，按經濟內容可以分為：

(1) 運輸費。指企業能直接認定的購入存貨發生的運輸費，內部不獨立核算的車隊發生的燃料費也計入運輸費。

(2) 保險費。指企業向保險公司投保所支付的財產保險費用。

(3) 燃料費。指飯店餐飲部耗用的燃料費用。

(4) 水電費。指飯店餐飲部耗用的水費、電費。

(5) 廣告宣傳費。指餐飲部進行廣告宣傳而支付的廣告費和宣傳費用。

(6) 郵電費。指餐飲部的郵資、電話等通訊費用。

(7) 差旅費。指餐飲部人員出差的差旅費。

(8) 洗滌費。指餐飲部洗滌工作服而發生的洗滌費。

(9) 物料消耗。指餐飲部領用物料用品而發生的費用。

(10) 折舊費。指餐飲部按規定提取的固定資產折舊費。

(11) 修理費。指餐飲部對固定資產和家具用品等財產的修理費用。

(12) 低值易耗品的推銷。指餐飲部領用低值易耗品攤銷費用。

(13) 工資及福利費。指餐飲部直接從事經營的部門人員的工資及福利費等。

(14) 工作餐。指餐飲部按規定為職工提供工作餐而支付的費用。

(15) 服裝費。指餐飲部按規定為職工製作工作服而支付的費用。

此外,營業費還包括裝卸費、包裝費、保管費、展覽費及其他營業費用。

◆管理費用

管理費用是指餐飲部為組織和管理經營活動而發生的費用以及由企業統一負擔的費用。按其經濟內容劃分為:

(1) 公司經費。指行政部門行政人員的福利費(按職工工資總額的14% 提取)、工作餐費、服務費、差旅費、會議費、物料消耗以及其他行政經費。

(2) 工會經費。指企業規定提交的工會經費。

(3) 職工教育經費。指企業管理部門職工業務進修、培訓等費用。

(4) 勞動保險費。指企業支付的離退休人員的退職金、退休金及其他各種經費。

(5) 勞動保護費。指企業按規定購買的勞保服裝用品、防暑降溫等費用。

(6) 董事會費用。指企業最高權力機構及其成員為執行職能而發生的各項費用。

(7) 外事費。指企業出國展覽、推銷、考察、實習培訓和接待外賓所發生的食、宿、交通費用。

(8) 租賃費。指企業租賃辦公用房、營業用房、低值易耗品等的租賃費用。

(9) 諮詢費。指企業聘請經濟技術顧問、法律顧問等支付的費用。

(10) 審計費。指企業聘請註冊會計師進行查帳驗資以及進行資產評估等發生的各種費用。

(11) 訴訟費。指企業因起訴而發生的各項費用。

(12) 排汙費。指企業按規定交納的排汙費用。

(13) 綠化費。

(14) 土地使用費。指企業使用土地而支付的費用。

(15) 土地損失補償費。指企業在生產經營過程中破壞的國家不徵用土地所支付的費用。

(16) 技術轉讓費。指企業使用非專利技術而支付的費用。

(17) 研究開發費。

(18) 稅金。指企業按規定交納的房產稅、車船使用稅、土地使用稅、印花稅等。

(19) 待業保險費。指企業按規定交納的待業保險費。

(20) 燃料費。指企業支付的燃料及動力費用。

(21) 水電費。指企業除營業部門外的其他水費、電費。

(22) 折舊費。指企業管理部門的固定資產折舊費。

(23) 修理費。指企業固定資產、低值易耗品發生的修理費用。

(24) 無形資產攤銷。

(25) 低值易耗品攤銷。指企業除營業部門外的其他部門領用的低值易耗品的攤銷費用。

(26) 開辦費攤銷。

（27）交際應酬費。指企業在交易過程中開支的業務招待費用。

（28）壞帳損失。指企業不能收回應收帳款而發生的損失。

（29）存貨盤虧和毀損。

（30）上級管理費。指企業上交集團和管理公司的費用。

（31）其他管理費用。

◆財務費用

財務費用是指企業籌集經營所需資金而發生的費用。包括利息支出（減利息收入）、匯兌損失（減匯兌收益）、金融機構手續費、加息及籌資發生的其他費用。

（二）按成本習性分

1. 固定成本費用。是指不隨經營業務量的增減而變動的成本費用，如工資福利費、折舊費、保險費、利息費等。

2. 變動成本費用。是指隨著經營業務量的增減而變動的成本費用，如物料消耗、食品原材料及飲料費用等。

3. 半變動費用。是指既包含固定費用部分又包含變動費用部分的成本費用，如水電費等。

二、飯店餐飲成本費用的作用

（一）成本費用是經營耗費補償的尺度

企業經營過程中的各種消耗和支出不僅透過實物形式來補償，而且透過現金形式來補償，這部分現金數額的大小就是以成本費用數額作為尺度的，即企業已實現營業收入能彌補成本費用，經營消耗才能得到補償。因此，成本費用是經營消耗補償的尺度。

（二）成本費用是確定收費標準的依據

現代旅遊企業各種收費價格，是旅遊商品價值的現金體現。我們知道，價格＝成本費用＋稅利，可見，成本費用是制定價格的關鍵。

（三）成本費用是檢驗企業工作質量的重要指標

1. 企業對經營中的重大問題進行決策時，必須比較分析，選擇經濟效益最佳的方案，而成本費用的高低直接影響經濟效益的大小，成為經營決策的主要依據。

2. 企業成本費用是一項綜合反映企業經營狀況的指標。企業的各項管理工作如營業收入的增減、服務質量的優劣、材料消耗的多少、資金應用是否合理等都會透過成本費用指標直接或間接反映出來。透過成本費用比較分析，能及時發現經營管理中存在的問題。因此，一個成本費用管理好的企業，其經營管理水平也一定較佳；反之，則管理水平較低。所以說，企業的成本費用是檢驗企業工作質量、管理優劣的重要指標。

三、飯店餐飲成本費用的管理原則

企業成本費用管理既要符合國家有關規定，又要切合企業實際情況。歸納起來有以下幾項原則：

1. 嚴格遵守有關成本開支範圍及費用開支標準的規定，不得隨意擴大開支範圍。例如，資本性支出、對外投資支出、股利分配、沒收財產的損失、支付各項賠償金、違約金、滯納金、罰款以及贊助、捐贈支出等不得列入成本費用。企業財務制度也規定了各項成本費用開支限額，必須嚴格執行這些法規、制度。

2. 正確處理降低成本費用與保持服務質量的關係。降低成本費用的含義是指在不影響產品質量和服務的前提下，從其內部挖掘潛力，力求節約，減少浪費，千萬不可為降低成本費用而降低服務質量。

3. 實行目標成本管理。所謂目標成本管理，是指對各項成本費用的發生進行前預測（預算），透過編製成本費用預算（計劃），確定目標成本，把總目標成本分解至各個月，落實到各個實施環節。

第二節 飯店餐飲營運中的成本費用預算編制管理

一、飯店餐飲成本費用預算的概念

飯店餐飲成本費用預算是在事前的調查研究和分析的基礎上，對未來的成本費用發展趨勢作出的一種符合客觀發展的定期預算，企業成本費用管理著眼未來，要求做好事前的成本費用預算，制定出目標成本費用，然後根據目標成本費用加以控制，以實現此項目標。所謂目標成本費用，是指企業在經營過程中某一時期作為奮鬥目標所要努力實現的成本費用。目標成本費用可以是計劃成本費用、標準成本費用、定額成本費用，也可以是國內外先進水平、本企業最好歷史水平、平均先進水平等。大多數飯店的餐飲部門都在目標利潤基礎上測算目標利潤成本費用，即營業收入扣除稅金和目標利潤後的餘額。企業成本費用預算是成本費用控制、成本分析、成本考核的依據，也是企業編制財務預算的重要依據，正確編制、認真執行成本費用預算有利於挖掘降低成本的潛力，貫徹經濟責任制，改善經營管理，提高經濟效益。

二、飯店餐飲成本費用預算

1. 餐飲成本預算

餐飲成本預算是在編制營業收入基礎上進行編制的，其方法有二：

一是根據營業收入和歷史資料、飯店星級、市場供求關係等確定本飯店餐廳的毛利率。其計算公式為：

$$\text{預算期餐飲成本} = \sum[\text{某餐廳預算餐飲營業收入} \times (1 - \text{某餐廳餐飲毛利率})]$$

二是根據標準成本法計算，對購進的食品原料進行加工測試，求加工後實際淨料成本，編制成本計算來確定每種食品（菜餚）主料、配料、調料等的標準成本，然後追加一定的附加成本，最後確定出餐飲製品的標準成本。其計算公式為：

$$\text{預算期餐飲成本} = \sum(\text{某餐廳預算餐飲營業收入} \times \text{標準成本率})$$

例如，某旅遊飯店餐飲部中餐廳預算營業收入為 600 萬元，毛利率 55%；西餐廳預算營業收入為 480 萬元，毛利率 60%；風味廳預算營業收入 300 萬元，毛利率 65%；自助餐廳預算營業收入 360 萬元，毛利率 40%，計算該餐飲部成本為多少？

$$\text{餐飲成本} = 600\times(1-55\%)+480\times(1-60\%)+300\times(1-60\%)+360\times(1-40\%)$$
$$=783(\text{萬元})$$
$$\text{平均成本率} = 783\div(600+480+300+360)=45\%$$
$$\text{平均毛利率} = 1-45\% = 55\%$$

2. 餐飲毛利率預算

飯店餐飲毛利率是指營業收入減去餐飲成本後的餘額除營業收入。其計算公式為：

$$\text{毛利率} = \frac{\text{營業收入}-\text{餐飲成本}}{\text{營業收入}}\times 100\%$$

3. 餐飲費用預算

費用是指營業費用、管理費用、財務費用。

編制費用預算有以下作用：第一，能明確奮鬥目標。透過費用預算指標的下達和控制，明確經濟責任，以及達到目標應採取的措施，從而使經濟活動與企業的經營目標聯繫起來；第二，使企業內部密切配合，協調一致，統籌兼顧；第三，有利於控制費用支出；第四，有利於考核企業業績。分析和考核費用預算的執行情況，是完成企業目標成本費用的有力保證。

(1) 營業費用預算和管理費用預算

①營業費用。係指飯店餐飲部為保持正常的營業運行而發生的直接支出，主要項目有：

固定費用：工資、福利費、養老金、服裝費、折舊費、保險費、租賃費；

變動費用：物料消耗、水費、電費、燃料費、洗滌費、郵電費、差旅費、日常維修費、廣告費、果品費及其他費用。

②管理費用。係指為保證包括餐飲部在內的飯店營業部門的正常運行，後場行政職能部門用於維持正常管理的費用支出。按實際狀況分攤至相關部門。主要項目有：

固定費用：工資、福利費、養老金、工作餐、服裝費、折舊費、保險費、教育費、遞延資產攤銷、有關稅金；

變動費用：物料消耗、水費、電費、燃料費、辦公費、郵電費、差旅費、日常維修費、交際應酬費、綠化費、董事會會費及其他費用。

（2）固定費用預算

在費用中不隨業務量增加而發生變化的部分為固定費用，如工資、福利費、養老金、工作餐、服裝費、折舊費、保險費、租賃費、工會和教育經費、遞延資產攤銷、土地使用稅、印花稅、車船牌照稅、房產稅等。這些費用在預算期內比較穩定，可以根據上半年固定費用水平預算期內營業收入、利潤計劃等綜合情況，編製出預算期固定費用總額，然後分解到包括餐飲部在內的各營業及管理部門，以便進行詳細考核。

（3）變動費用預算

餐飲部變動費用是隨接待業務量（或營業額）變化而變化的，如燃料（煤氣）物料消耗、能耗、洗滌費、日常維修費等。變動費用一般均按消耗定額計算，對水電等消耗量較大的能源，其計算方法如下：

①根據前幾年水電燃料能源費用的實際消耗數，分析費用消耗合理性，據此確定能源消耗量較大的費用。其計算公式為：

$$\text{餐飲部水電燃料能源費用} = X \cdot (1 + r) \cdot (1 - \Delta N)$$

式中：X 為上年餐飲部水電燃料能源費用實耗數；r 為預算期內營業收入增減百分比；ΔN 為預算期內水電燃料能源費用降低率。

②按部門營業收入額百分比分攤。其計算公式為：

$$\text{餐飲部水電燃料能源費用} = X \cdot Y(1 - \Delta N)$$

式中：X 為上年餐飲部水電燃料費用實耗數，Y 為各部門預算營業收入額占餐飲部營業收入額的百分比，ΔN 為預算期內水電燃料費用降低率。

第三節 飯店餐飲成本控制管理

一、飯店餐飲成本控制的概念和作用

飯店餐飲成本費用控制是按照成本費用管理有關規定的成本預算要求，對整個過程的每項具體活動進行監督，使成本費用管理由事後算帳轉為事前預防性管理。

飯店餐飲部門要提高經濟效益，就必須對成本費用進行嚴格的控制。成本費用控制在財務管理中起著很重要的作用：

1. 透過成本費用控制，可以及時限制各項成本費用的發生，把成本費用控制在事先制定的標準之內，促使企業降低成本費用，增加利潤。

2. 成本費用控制與成本費用預算是密切相關的，日常成本費用控制是按預算進行的，從而保證企業全面完成成本費用預算。

3. 透過成本費用控制，能促使企業正確地貫徹執行有關成本費用方面的法令和制度，以確保企業實現降低成本費用的目標。

二、飯店餐飲成本費用控制程序

1. 制定現代飯店餐飲成本費用控制的標準

成本費用控制標準是對各項成本費用開支和資源消耗規定的數量界限，是成本費用控制及成本費用考核的依據，具體包括：

（1）目標成本費用（即預算成本費用）；

（2）各種消耗定額（是指原材料、物料用品、低值易耗品等消耗定額）。

2. 衡量成效

執行控制標準是對成本費用的形成過程進行具體的監督和調節，然後將實際執行結果和原定標準比較，根據發生的偏差判斷成本控制的成效。實際耗費小於控制標準為順差，表明成本費用控制取得良好成效；反之稱為逆差，表明成本費用控制的成效不好。如果實際耗費脫離成本費用的目標，應分析偏差的程度和性質，找出原因，為糾正偏差提供依據。

3. 糾正偏差

針對產生偏差的原因，採取措施，使實際耗費達到標準的要求。

為了按上述程序有效進行成本費用控制，企業必須建立成本費用控制體系，實行成本費用分別歸口管理責任制，把成本費用分解為各項指標層層下達，調動部門和全體員工的積極性，從各個角度開展全面的成本費用管理，使成本費用預算落實到實處，然後與工效掛鉤。

三、飯店餐飲成本費用控制方法

（一）傳統成本費用控制方法

1. 預算控制法

預算控制法是以預算指標作為經營支出限額目標；預算控制以分項目、分階段的預算數據來實施成本控制。具體做法是，把每個報告期發生的各項成本費用總額與預算指標相比，在接待業務不變的情況下，要求成本不超過預算。當然，這裡首先要有科學的預算指標，一般編制滾動預算，使預算具有較大的靈活性，更加切合實際情況。

2. 主要消耗指標控制法

主要消耗指標是對企業成本費用有著決定性影響的指標。主要消耗指標控制，也就是對這部分指標實施嚴格的控制，以保證完成成本預算。控制主要消耗指標，關鍵還在於規定這些指標的定額，定額本身應當可行。一般企業都制定原材料消耗定額、物料消耗定額、能源消耗定額、費用開支限額等。

定額一旦確定，就應嚴格執行。在對主要消耗指標進行控制的同時，還應隨時注意非主要消耗指標的變化，把成本費用控制在預算之內。

3. 制度控制法

制度控制法是利用國家及飯店內部各項成本費用管理制度來控制成本費用開支的一種方法，如各項開支消耗的審批制度，日常考勤考核制度，設備的維修保養制度，各種材料物資的採購、驗收、保管、領發制度及程序、報審批制度等都是控制的依據。成本費用控制制度還應包括相應的獎懲辦法，對於努力降低成本費用有顯著效果的要予以重獎，對成本費用控制不力造成超支的要給予懲罰。只有這樣才能真正調動員工節約成本費用、降低消耗的積極性。

（二）標準成本控制法

標準成本是指企業在正常經營條件下以標準消耗量和標準價格計算出的各經營項目的標準成本。標準成本控制就是以各經營項目的標準成本作為控制實際成本時的參照依據，也就是對標準成本率與實際成本率進行比較分析：實際成本率低於標準成本率的稱為順差，表示成本費用控制較好；實際成本率高於標準成本率的稱為逆差，表示成本費用控制欠佳。

四、飯店餐飲成本控制

餐飲成本控制包括三個方面：①食品原材料及飲料進貨成本控制。即從食品原材料及飲料採購至加工處理這一過程的成本進行控制。②飲食製品生產中的控制。即從食品原材料購進後經過加工處理形成淨料，再到烹飪製作等各個環節的成本控制。從成本控制角度來看，應重點掌握飲食製品成本和成本率。③屬於成本範疇的費用控制。

（一）旅遊飯店飲食製品成本的概念和構成

1. 飯店飲食製品成本的概念

飲食製品成本是指凝結在製品中物化勞動的價值和活勞動支出中為自身勞動的價值的貨幣表現。在實際工作中，飲食製品成本只計算食品原材料的價值；物化勞動轉移價值，水、電、能源消耗及活勞動消耗費等成本都計入營業費用。

2. 飲食製品成本的構成

（1）主料成本。主料指製成各飲食製品的主要原材料，如米、面、雞、鴨、魚、肉、蛋等。

（2）配料成本。配料指製成各飲食製品所用的輔助原材料，一般以各種蔬菜、瓜果等為主。

（3）調味品（即調料）成本。調料指製成各飲食製品所用的調味品用料，如油、鹽、醬、醋、味精、胡椒、料酒、蔥、薑等。

（二）食品原材料及飲料進貨成本控制

食品原材料及飲料採購具有面廣、品種規格複雜、品質易變、生產季節性強、價格漲落快等特點。因此，掌握好食品的採購技能是採購工作中非常重要的一環：

1. 靈活選擇採購方式，如市場現購、預先購買（期貨訂購）等。

2. 根據標準菜譜（Standard Recipe）要求，確定採購品質。

3. 實行定額採購，控制採購數量。如採用以銷定購的方法，按飯店飲食製品的銷售總計劃確定採購資金周轉金額；依據倉儲和廚房的訂貨數量，控制採購數量。

4. 控制採購價格，降低成本。

具體措施有：①規定採購價格；②規定訂購渠道和供應單位；③控制大宗和貴重食品材料及飲料的購貨權；④提高購貨量和改變購貨規格；⑤根據市場行情適時採購。

5. 制定採購規格，統一採購標準，如食品原材料名稱、質量要求、規格要求、上市形態等。

6. 購入食品材料及飲料後必須嚴格驗收，為飯店生產提供符合質量要求的飲食製品。驗收要求有：

①進入飯店的食品原材料及飲料必須符合規定的質量要求。

②進入飯店經驗收的食品材料及飲料的數量、價格等必須符合經批准的訂單上的要求。

③所收到的食品原材料及飲料的發票或送貨單必須是合法的，單上所列數字必須正確（與實際交貨數量相符）。

7. 食品材料及飲料庫存管理做到經濟、合理。控制儲備定額和儲存損耗及資金周轉快慢。

8. 嚴格辦理領料手續，從而達到對進貨成本的有效控制。

（三）標準成本及售價的確定

根據飲食製品的質量要求和配料用量標準，事先制定食（菜）譜份量。一是預防短斤缺兩；二是減少加工過程中的耗損浪費。

1. 根據加工過程中的耗損，確定淨料價格

飲食製品的菜譜成本是以淨料用量標準為基礎來確定的，購入毛料經過加工處理以後用來配製成品的原材料稱為淨料。淨料與毛料的比例為淨料率。為了確定食（菜）譜標準成本，必須將毛料價格換算成淨料價格，其計算公式為：

淨料價格＝毛料價格÷淨料率

2. 制定標準食（菜）譜和標準份量

所謂標準食（菜）譜，就是將每一種菜或米面製品制定出配方，規定數量、重量、烹飪方法，並建立成本卡，附加文字說明和照片，這種卡片稱為「標準配方」，也就是飯店常用的「飲食製品原材料耗用配料定額成本計算單」。在製作標準配方卡時應注意三個方面的問題：

①合理確定主、配、調料用量標準。

②正確掌握附加成本，其成本率大小一般為5%，高檔飯店不超過10%。

③正確掌握毛利率。飯店應根據貨源、工作量、設備條件、烹飪人員的技術和客人的口味，制定自己的配方，並且計算每份菜餚（或西點）的標準成本。餐廳銷售每一種菜餚，都要事先填寫標準菜譜配方（見表10-1），經測算成本，定下售價後方可出售。

表10-1 標準菜譜配方

菜名：鳳尾河蝦仁　分數:1　日期:
每份成本:33.60　預計售價:67.20　編號:　單位:元

名稱		單位	用量	淨料價格(元)	成本金額(元)	備註
主料	活河蝦仁	克	500	30元/500克	30	
	雞蛋清	顆	1	0.5元/顆	0.50	
	青豌豆	克	50	4元/500克	0.40	
配料	料酒	克	10	2元/500克	0.04	
	精鹽	克	5	0.5元/500克	0.005	
	味精	克	1.25	15元/500克	0.038	
	澱粉	克	15	4元/500克	0.12	
	沙拉油	克	50	8元/500克	0.80	
	麻油	克	5	10元/500克	0.10	
食品原料成本合計		元			32	
附加成本率		%			1.60	5%
總成本合計數		元			33.60	
售價		元			67.20	
成本率		%				50%

3. 確定銷售價格

根據不同的毛利率，分別測算出銷售價格：

銷售價格＝總成本/(1－毛利率)＝33.6/(1－50%)＝67.20

再根據價格和成本，計算菜餚標準成本率：

標準成本率＝總成本/售價

餐飲成本控制組將「標準配方」全部計算後報餐飲部經理室，作為最終確定菜餚銷售價格的參考。

（四）根據銷售預測確定餐廳和部門標準成本率

餐廳和部門標準成本率制定方法是以歷史資料為基礎，分別預測各餐廳主要飲食製品的銷售，在這基礎上確定餐廳和部門的標準成本率，其計算公式為：

標準成本率＝成本/銷售收入×100%

例：某旅遊飯店風味廳銷售 6 種飲食製品，經過加工測試，其菜餚成本、價格和銷售份數統計見表 10-2，計算確定該餐廳飲食製品標準成本率。

表 10-2 某飯店風味廳 6 種飲食製品成本、價格銷售統計

I 單元

菜餚名稱	成本(元)	售價(元)	前5年銷售份數					備　註
			1	2	3	4	5	
水晶鱖魚	20.26	40.52	3285	3103	3558	3248	3212	
香酥鴨子	12.48	31.20	3920	2884	306	2957	3103	
銀耳鴨舌	15.64	31.28	2555	2520	2628	2738	2774	
鳳尾河蝦仁	16.71	33.42	3670	3680	3758	3802	4050	
刺猬圓子	3.59	7.93	7840	7895	8012	8212	5424	
蝴蝶海參	18.54	37.08	3066	3048	2898	4860	3669	

根據上述資料，先用移動加權平均法計算出預測銷售份數，再算出風味廳標準成本率（見表 10-3）。

表 10-3 某飯店風味廳標準成本率試算表

菜餚名稱	成本（元）	售價（元）	銷售份數	總成本（元）	銷售收入	標準成本率%
水晶鱖魚	20.26	40.52	3167	64163.42	128326.84	52%
香酥鴨子	12.48	31.20	3198	39911.04	99777.60	40%
銀耳鴨舌	15.64	31.28	2886	45137.04	90274.08	50%
鳳尾河蝦仁	16.71	33.42	4231	70700.01	141400.02	50%
刺猬圓子	3.59	7.98	8760	31448.40	69904.80	45%
蝴蝶海參	18.54	37.08	4175	77404.50	154809	50%
合計				328764.41	684492.34	48%

在實際工作中，根據食（菜）譜標準配方，按上述方法分別確定各餐廳的標準成本率，並在此基礎上確定整個餐飲部標準成本率。

（五）計算實際成本率

1. 計算各餐廳的實際成本發生額

餐飲部每天統計各餐廳的實際成本發生額。飲食製品實際成本發生是從食品原材料的領用和加工處理開始的。

①採購部門和廚房每天必須將直撥廚房使用的食品原材料做好原始記錄，編制原始憑證，其內容包括名稱、實收數量、單價、成本金額、屬於哪個餐廳使用等。當天將原始憑證送餐飲成本控制組，作為實際成本的原始記錄。

②每天從倉庫領用食品原材料必須開具倉庫領料單，當天必須將領料單送餐飲成本控制組，也作為實際成本的原始憑證。

③如遇到領料太多而客源突然不足，或突然發現某材料變質不能使用而需要轉貨時，廚房必須開出憑證，當天送餐飲成本控制組。

④各餐廳每天根據歷史資料從倉庫領取酒水飲料時，必須開具領料單，當天將領料單送餐飲成本控制組，以便計算餐廳每天飲料成本實際發生額。

⑤根據內部調撥數，開出內部轉貨支出憑證，送餐飲成本控制組。

⑥根據上述資料，餐飲成本控制組彙總當天每個餐廳實際成本發生額，編制各餐廳每天成本分析表（見表 10-4）。餐飲成本計算公式為：

本期實際耗用＝期初結存＋本期直撥＋本期領用＋內部調進－內部調出－期末結存

表 10-4 某飯店食品成本日報表

20××年×月×日

餐廳	直撥廚房	倉庫領用	內部調撥數		職工餐廳	主營業務成本		營業收入		實際成本率	
			調進	調出		當日數	累計數	當日數	累計數	當日數	累計數
中餐廳	1300	1900	2200	120	300	4800	12600	12600	325400	38.1%	39.2%
西餐廳	9200	4500			500	13200	31500	31500	504500	41.9%	42%
風味廳	1100	8000			1000	18000	56400	56400	1500000	32%	31%
……											

2. 計算餐飲營業收入

餐飲部每天統計各餐廳營業收入，為計算實際成本率來提供依據。各餐廳收銀員每天做好銷售記錄。

餐飲成本控制組每天根據銷售記錄編制餐飲部每日營業收入統計表。

3. 計算各餐廳的每日實際成本率

實際成本率計算公式為：

$$實際成本率=\frac{實際成本總額}{實際營業收入}\times 100\%$$

以餐廳為基礎，根據餐廳飲食製品銷售和成本發生計算餐廳每天食品實際成本率；以餐廳為基礎，根據飲料銷售額和成本發生額計算出餐廳每天飲料實際成本率，然後彙總整個餐飲部的實際成本率。

（六）實際成本率與標準成本率的差異分析

實際成本超過標準成本時，其成本差異就表現為正數，即為不利差異或逆差；實際成本低於標準成本時，其成本差異就表現為負數，即為有利差異或順差。只有分析差異產生的原因後，才能提出改進措施，切實控制成本消耗，提高管理水平。

例：某飯店餐飲部有 6 個餐廳，餐飲成本控制組經過預算和加工測試，已制定出 20×× 年 ×× 月的預算營業收入額和標準成本率（見表 10-5）。

表 10-5 某飯店餐飲部各餐廳成本統計表

單位：萬元

餐廳 項目	合計	其中					
		中餐廳	西餐廳	風味廳	宴會廳	自助餐廳	咖啡廳
預算營業收入額	73.83	23.81	12.96	17.36	9.30	6.52	3.88
實際營業收入額	79.44	25.60	10.80	20.20	12.40	7.20	3.24
預算標準成本率（%）	——	45	50	41	40	42	30
實際成本率（%）	——	44	51	40	39	40	29

在經營過程中，發現餐飲部各餐廳的實際營業收入額、成本率與預算指標發生了差異，其分析見表 10-6。

表 10-6 某旅遊飯店各餐廳成本差異額分析表

單位：萬元

餐廳／項目	實際成本	按預算營業收入額計算成本	標準成本	成本差額		
				營業收入差額	成本率差額	實際成本差額
中餐廳	11.26	10.48	10.71	0.78	−0.23	0.55
西餐廳	5.51	6.61	6.48	−1.1	0.13	−0.97
風味廳	8.08	6.94	7.12	1.14	−0.18	0.96
宴會廳	4.84	3.63	3.72	1.21	−0.09	1.12
自助餐廳	2.88	2.61	2.74	0.27	−0.13	0.14
咖啡廳	0.94	1.13	1.16	−0.19	−0.03	−0.22
合計	33.51	31.4	31.93	2.11	−0.53	1.58

① 中餐廳實際成本＝實際營業收入額×實際成本率

＝25.6×44%＝11.26(萬元)

② 中餐廳按預算營業收入額計算成本＝預算營業收入額×實際成本率

＝23.81×44%＝10.48(萬元)

③ 中餐廳標準成本＝預算營業收入額×標準成本率

＝23.81×45%＝10.71(萬元)

④中餐廳營業收入差額＝實際成本–按預算營業收入額計算的成本

＝11.26－10.48＝0.78(萬元)

⑤中餐廳實際成本差額＝實際成本－標準成本

＝11.26－10.71＝0.55(万元)

⑥中餐廳成本率差額＝按預算營業收入額計算的成本－標準成本

＝10.48－10.71＝－0.23(万元)

分析原因如下：

①營業收入差額：是由於銷售量的變化而引起的。由於實際營業收入額比預算營業收入額增加，其中主要有中餐廳 0.78 萬元，風味廳 1.14 萬元，宴會廳 1.21 萬元，自助餐廳 0.27 萬元，從而引起實際成本增加 2.11 萬元。

②成本率差額：整個餐飲部屬有利差異，但其中西餐廳實際成本率比標準率增加了 1%，因而使按預算營業收入額計算的實際成本比標準成本增加 0.13。

③實際成本差額：是由於實際銷售量和實際成本都發生了變化而引起的。實際成本超過預算標準成本 1.58 萬元（中餐廳 0.55 萬元、風味廳 0.96 萬元、宴會廳 1.12 萬元、自助餐廳 0.14 萬元）。

當由於成本率提高而成本增加時，餐飲部應責成有關人員查明原因，及時採取措施，使成本控制落實到實處。

例：某飯店某餐廳某月實際成本 40 萬元，標準成本 42 萬元，營業收入 100 萬元，則：

$$\text{實際成本率} = 40/100 \times 100\% = 40\%$$
$$\text{實際成本率} = 42/100 \times 100\% = 42\%$$

實際成本率比標準成本率小 2%。一般來說，實際成本率與標準成本率差異數控制在 5% 以下。

酒水成本的控制已在本書第六、第九兩章中涉及，在此不再重複。

第四節 飯店餐飲營運狀況財務評價

一、財務評價的概念

財務評價是透過運用各種分析方法和技巧，評價企業過去的經營業績，衡量企業現在的財務狀況，預測企業未來的發展趨勢，為企業做出正確的決策提供合理的依據。它是財務管理的一個重要組成部分，能夠幫助企業管理者做出正確的投資選擇及融資規劃，並且有助於外界對企業做出正確的評估。

二、飯店餐飲常用財務評價法

（一）定性分析法

定性分析法主要依靠熟悉企業經營業務和市場動態、具有豐富經驗和綜合分析能力的專家和財務管理人員進行預測、分析、判斷等一系列財務管理活動的方法。它分為以下兩種：

1. 經驗判斷法

又稱為主觀估計法，主要依靠熟悉經營業務、具有豐富經驗和綜合分析能力的人員進行分析，可以先提出一些指定的問題，然後徵求有關人員的意見，再進行綜合歸納，作出判斷。

2. 調查研究法

調查研究法主要根據某一目的，透過調查，取得必要資料，進行加工整理和分析研究，據以判斷的一種方法。

定性分析方法能發揮財務管理人員的主觀能動性，比較靈活，方法簡單；其缺點是側重於人的經驗和判斷分析能力，容易受主觀因素影響，科學性不強。

（二）定量分析法

定量分析法亦稱為技術分析法，是數量分析方法，它主要運用各類財務指標及其變化關係來評價企業的經營情況及財務狀況。

定量分析法主要包括比較分析法、比率分析法、趨勢分析法、圖表分析法、平衡分析法、因素分析法等。現代旅遊企業側重於運用比率分析法、比較分析法、趨勢分析法、因素分析法。

1. 比率分析法

比率分析法就是用兩項相互依存、相互影響的財務指標的比率來分析評價企業財務狀況和經營水平的一種方法。在市場經濟條件下，財務分析比較注重對企業財務支付能力、營運能力、盈利能力等的分析。因此，比率分析已經成為當前財務分析的主要方法。

2. 比較分析法

比較分析法亦稱對比分析法。它是將同一個經濟指標在不同時期（不同情況）的執行結果進行對比，從而分析差異的一種方法。可以用實際與預算進行對比，也可以用當期與上期進行對比，還可以在同行業之間進行對比。對比分析法一般有以下三種形式：

(1) 絕對數比較。是利用絕對數進行對比，從而尋找出差異的一種方法，如主營業務收入、主營業務成本、營業費用、利潤等本期實際數額比預算、比上年同期升降情況，從而分析出本期經營業績。

(2) 相對數比較。是用增長百分比或完成百分比指標進行分析的一種方法，如實際利潤比去年同期增長百分比、預算利潤完成百分比等。

(3) 比重分析。是研究某一整體中每一部分占整體的比重，並找出關鍵的比重數據，以掌握事物的特點進行深入研究，如用本期費用比重與上期比較等。比重分析法要注意指標的可比性，計算口徑、計算基礎、計算的時間等都應盡可能保持一致。

3. 趨勢分析法

趨勢分析法就是將兩個或兩個以上連續期的財務指標或比重進行對比，以便計算出它們增減變動的方向、數額，以及變動的幅度的一種方法。它可以從企業的財務狀況和經營成果的發展變化尋求其變動的原因、性質，從而預測企業未來的發展趨勢。

(1) 絕對數趨勢分析法。透過編製連續數期的會計報表，將有關數字並行排列，比較相同指標的金額變動幅度，以此說明企業財務狀況和經營成果的發展變化，如編制的比較利潤表、比較資產負債表等。

(2) 相對數趨勢分析法。主要用於分析企業的償債能力、投資報酬率、資產負債率等，可採用兩種趨勢分析方法：

①環比動態比率，即分析期指標 ÷ 分析前期指標，可以看出該指標的連續變化趨勢。

②定基動態比率，即分析期指標 ÷ 固定基期指標，可以將分析期與基期進行直接對比，尋找挖掘潛力的途徑和方法，從而不斷提高有關指標的先進性。

運用趨勢分析法時要注意，用於對比的不同時期的指標的計算口徑力求一致；不同時期的一些重大經濟活動對有關指標造成的影響，在分析時應加以剔除，以利於作出正確判斷。

4. 因素分析法

因素分析法又稱因素替代法。它是對某項綜合指標的變動原因按其內在的組合因素進行數量分析，用以確定各個因素對指標的影響程度和方向，因素分析法有連鎖替代法（或連環替代法）和差額分析法兩種。

（1）連鎖替代法的計算程序

①確定影響財務指標變動的因素，列出關係式。

②對影響這項經營指標的各個因素進行分析，決定每一因素的排列順序，逐項進行替代。

③逐項計算各個因素的影響程度。

④對各因素影響程度進行驗證。

例：某飯店餐飲部 × 年 × 月有關餐具損耗資料如表 10-7 所示。

表 10-7 某飯店餐飲部有關餐具損耗資料表

項　目	計劃數	實際數	差異數
主營業務收入額（元）	1000000	1200000	+200000
餐具損耗率（%）	0.3	0.4	+0.10
餐具損耗額（元）	3000	4800	+1800

餐具損耗額 = 餐飲收入 × 餐具損耗率

第一步，餐具計劃損耗額：

1000000×0.3% = 3000(元)……①

第二步，逐項替代，先替代主營業務收入（設餐具損耗率不變）：

1200000×0.3% = 3600(元)……②

再替代餐具損耗率（設主營業務收入不變）：

1200000×0.4% = 4800(元)……③

第三步，分析各因素對餐具損耗的影響程度：

由於主營業務收入額變動的影響：②－①

3600 − 3000 = 600(元)

由於餐具損耗率變動的影響：③－②

4800 − 3600 = 1200(元)

第四步，驗證，兩個因素共同影響，使餐具損耗增加 1800 元：

600 + 1200 = 1800(元)

（2）差額分析法

差額分析法是直接用實際數與相對數之間的差額來計算各因素對指標變動的影響程度。我們仍以表 10-7 為例：

①由於主營業務收入額變動而影響餐具損耗額：

(1200000 − 1000000)×0.3% = 600(元)

②由於餐具損耗率變動而影響餐具損耗額：

1200000×(0.4% − 0.3%)= 1200(元)

③兩個因素共同影響，使餐具損耗發生的差異為：

$$600+1200=1800(\text{元})$$

三、飯店餐飲盈虧臨界點分析

（一）本、量、利的相互關係

本量利分析法是成本—業務量—利潤分析法的簡稱。由於本量利分析的重要內容是進行保本點的計算和分析，故又稱為「保本分析」或「盈虧臨界分析」。

成本—業務量—利潤分析是對業務數量、銷售價格、固定費用、盈虧等相互之間的內在關係進行的分析、研究，是計算保本點和評價計劃工作的一種模式，這一模式主要研究有關因素的變動對利潤的影響，為實現利潤目標應採取哪些措施，如何以最低成本獲得最大效益。

進行成本—業務量—利潤分析時，一般運用數學計算方法或圖解方法求出保本點，然後在保本點的基礎上，計算實現目標利潤所需達到的銷售數量，作為實現目標成本、目標利潤的重要手段。

（二）保本點

保本點也稱盈虧臨界點、損益平衡點，是主營業務收入額等於成本費用總和，也就是說企業既無虧損也無盈利。保本銷售量是企業主營業務收入與成本費用恰好相等時的銷售量。

例：某飯店自助餐廳 3 月份固定費用為 25280 元，每位收費標準 25 元，變動費用為 9.20 元（見表 10-8）。

表 10-8 某飯店自助餐廳保本表

單位：萬元

項　　目	單位數	總額
主營業務收入（1600名客人）	25	40000
減：變動費用	9.20	14720
邊際貢獻	15.80	25280
減：固定費用		25280
利　　潤		0

從表中可以看出，邊際貢獻剛夠抵補固定費用 25280 元，因此既無盈利又無虧損，達到保本點。

（三）邊際貢獻及邊際貢獻率

邊際貢獻（或稱邊際利潤）是主營業務收入減去變動費用（包括變動成本）後的剩餘部分，即邊際貢獻＝主營業務收入額 - 變動費用，這部分金額是對抵補固定費用和盈利所做出的貢獻。如果我們將接待客人數增加到 2000 名，就能產生盈利（見表 10-9）。

表 10-9 某飯店自助餐廳盈利測算表

單位：萬元

項　　目	單位數	總額
主營業務收入（2000名客人）	25	50000
減：變動費用	9.20	18400
邊際貢獻	15.80	31600
減：固定費用		25280
利　　潤		6320

固定費用相對不變，在固定費用得到補償後，邊際貢獻的增加意味著淨利潤的增加，所以爭取獲得較高的利潤也就是爭取較高的邊際貢獻。如在飯

店中，客房部變動費用較小，邊際貢獻較大；而餐飲部變動費用比較大，邊際貢獻較小。以同樣主營業務收入額而論，客房部比餐飲部收益更多。因此，我們在注意提高主營業務收入時，還應注意營業的組成情況。

邊際貢獻率是邊際貢獻與主營業務收入的百分比。其計算公式為：

$$r=\frac{M-f}{M}\times 100\%$$

式中：r 為邊際貢獻率，M 為主營業務收入，f 為變動費用

根據表 10-9，主營業務收入 50000 元，占 100%，變動費用 18400 元，占 36.8%，邊際貢獻 31600 元，占 63.2%，即：

$$r=\frac{M-f}{M}\times 100\%=\frac{50000-18400}{50000}\times 100\%=63.2\%$$

說明每百元主營業務收入中，變動費用占 36.8 元，邊際貢獻占 63.2 元，邊際貢獻率為 63.2%。

本章小結

飯店餐飲財務管理是飯店餐飲能夠獲取利潤，走向成功的重要環節。透過對餐飲成本費用的預算編制，可使餐飲經營在起始階段就走上預定軌道；透過對餐飲營運階段的即時控制，可使餐飲經營成本費用處於理想狀態；透過對餐飲營運狀況的財務評價，可及時掌握營運的實際情況，便於管理者總結經驗、吸取教訓。

思考與練習

1. 飯店餐飲成本費用的作用是什麼？

2. 飯店餐飲成本費用管理的原則是什麼？

3. 飯店餐飲成本費用的控制方法有哪些？

4. 飯店餐飲財務評價的概念是怎樣的？

5. 飯店餐飲財務評價的常用方法有哪些？

6. 什麼是財務比率分析？

7. 什麼是財務因素分析法？

8. 什麼是餐飲盈虧臨界點分析？

9. 什麼是邊際貢獻？

後記

後記

本書系統地編排了飯店餐飲運行管理的內容，涉及餐廳、酒吧、宴會服務與管理；更著眼於飯店餐飲管理中的主要環節，如原料管理、生產管理、服務管理、銷售管理和財務管理，突出理論性、科學性和實踐性。本書在編寫體例和編排形式上做了一些嘗試，例如，在各章開始安排了導讀和學習目標，在各章結尾安排了本章小結和思考練習題。

本書第一章由校余炳炎教授編寫；第二、三章樂盈編寫；第四章由朱水根副教授編寫；第五、七章由鄧敏編寫；第八章由劉新文編寫；第六、九、十章由李勇平副教授編寫。主編為余炳炎教授，副主編為李勇平副教授。

編者

國家圖書館出版品預行編目（CIP）資料

飯店餐飲管理 / 余炳炎主編 . -- 第一版 . -- 臺北市
: 崧博出版 : 崧燁文化發行 , 2019.03

面； 公分
POD 版
ISBN 978-957-735-697-0(平裝)

1. 餐飲業管理

483.8 108002146

書　　名：飯店餐飲管理
作　　者：余炳炎 主編
發 行 人：黃振庭
出 版 者：崧博出版事業有限公司
發 行 者：崧燁文化事業有限公司
E-mail：sonbookservice@gmail.com
粉 絲 頁：　　網 址：
地　　址：台北市中正區重慶南路一段六十一號八樓 815 室
8F.-815, No.61, Sec. 1, Chongqing S. Rd., Zhongzheng Dist., Taipei City 100, Taiwan (R.O.C.)
電　　話：(02)2370-3310 傳　真：(02) 2370-3210
總 經 銷：紅螞蟻圖書有限公司
地　　址: 台北市內湖區舊宗路二段 121 巷 19 號
電　　話:02-2795-3656 傳真 :02-2795-4100　　網址：
印　　刷：京峯彩色印刷有限公司（京峰數位）

定　　價：650 元
發行日期：2019 年 03 月第一版
◎ 本書以 POD 印製發行